U0094797

學數學
從「笨問題」開始

為什麼1+1=2?「1」為何不是質數?
理解數學的邏輯思維,重拾探索數學的樂趣

Is Maths Real?:
How Simple Questions
Lead Us to Mathematics'
Deepest Truths

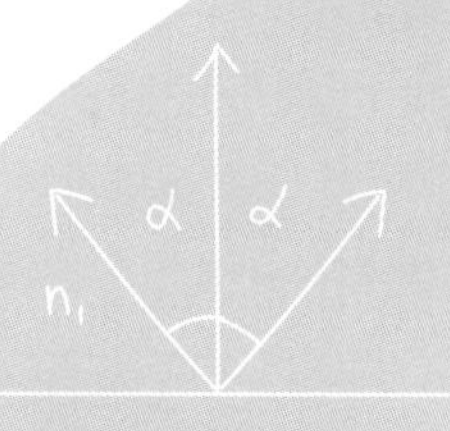

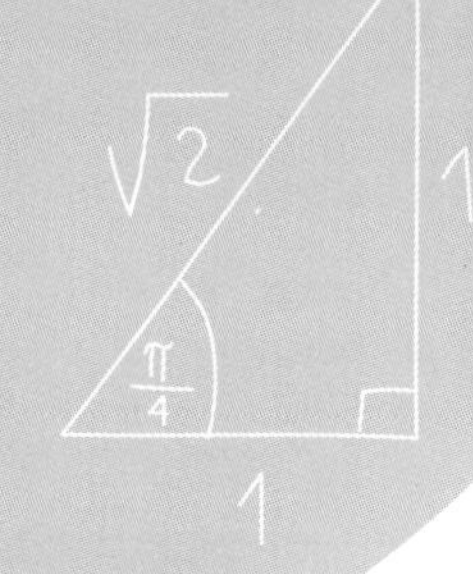

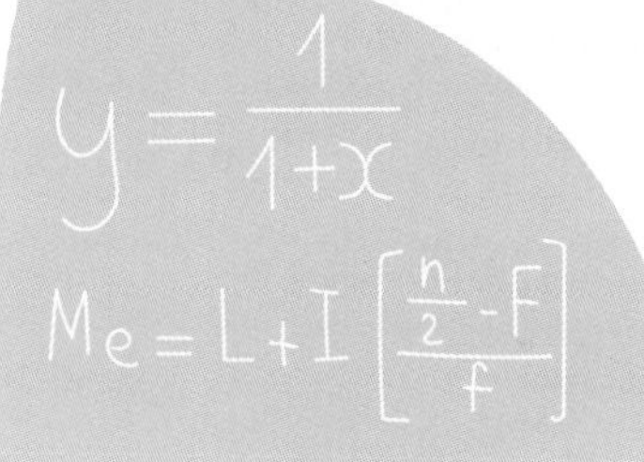

作者:
鄭樂雋
Eugenia Cheng
譯者:
甘錫安

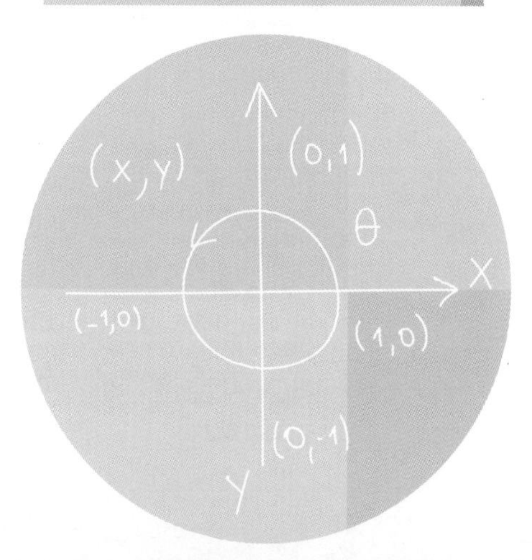

科普漫遊 FQ1087

學數學，從「笨問題」開始

為什麼1＋1＝2？「1」為何不是質數？理解數學的邏輯思維，重拾探索數學的樂趣

Is Maths Real?: How Simple Questions Lead Us to Mathematics' Deepest Truths

作　　者　鄭樂雋（Eugenia Cheng）
譯　　者　甘錫安
責任編輯　黃家鴻
行　　銷　陳彩玉、林詩玟
業　　務　李再星、李振東、林佩瑜
封面設計　杜浩瑋

副總編輯　陳雨柔
編輯總監　劉麗真
事業群總經理　謝至平
發 行 人　何飛鵬
出　　版　臉譜出版
台北市南港區昆陽街16號4樓
電話：886-2-2500-0888　傳真：886-2-2500-1951
發　　行　英屬蓋曼群島商家庭傳媒股份有限公司城邦分公司
台北市南港區昆陽街16號8樓
客服專線：02-25007718；02-25007719
24小時傳真專線：02-25001990；02-25001991
服務時間：週一至週五上午09:30-12:00；下午13:30-17:00
劃撥帳號：19863813　戶名：書虫股份有限公司
讀者服務信箱：service@readingclub.com.tw
城邦網址：http://www.cite.com.tw
香港發行所　城邦（香港）出版集團有限公司
香港九龍土瓜灣土瓜灣道86號順聯工業大廈6樓A室
電話：852-25086231　傳真：852-25789337
電子信箱：hkcite@biznetvigator.com
新馬發行所　城邦（馬新）出版集團
Cite（M）Sdn. Bhd.（458372U）
41, Jalan Radin Anum, Bandar Baru Seri Petaling,
57000 Kuala Lumpur, Malaysia.
電話：＋6(03)-90563833　傳真：＋6(03)-90576622
電子信箱：services@cite.my

一版一刷　2024年11月

城邦讀書花園
www.cite.com.tw

ISBN　978-626-315-522-0（紙本書）
EISBN　978-626-315-521-3（EPUB）

定價：NT$450

圖書館出版品預行編目資料

學數學，從「笨問題」開始：為什麼1+1=2?「1」為何不是質數?理解數學的邏輯思維，重拾探索數學的樂趣／鄭樂雋（Eugenia Cheng）著；甘錫安譯. -- 一版. -- 臺北市：臉譜出版，城邦文化事業股份有限公司出版：英屬蓋曼群島商家庭傳媒股份有限公司城邦分公司發行, 2024.11
面；　公分. -- (科普漫遊；FQ1087)
譯自：Is maths real? : how simple questions lead us to mathematics' deepest truths
ISBN 978-626-315-522-0 (平裝)

1.CST: 數學

310　113008502

獻給每一位曾經對數學感到頭痛的人

不是你們放棄數學，是數學放棄了你們

目　次

前 言

我唸書的時候，最喜歡的一門課是製作布娃娃，我做了絨毛貴賓狗，還有一隻睡著的小狗，耳朵是天鵝絨做成的。我非常喜歡這個過程，從剪布、看它們如何神奇地組合成一隻動物，再把它們縫起來。最後則是那個驚奇時刻，把成品內外翻轉，再塞進填充材料，讓它看起來栩栩如生。

既然布娃娃平常也買得到，我們為什麼要自己做？市面上有那麼多現成的產品，我們又為什麼要自己製作這些東西？

有時候是因為自己做的東西比較好。我覺得自家做的蛋糕比店裡買來的好吃；不過有時候我們自己做的東西客觀說來不一定「比較好」。我喜歡彈鋼琴，但如果播放別人的錄音或去音樂會，可以聽到「好得多」的演出。我甚至也喜歡偶爾製作衣服給自己穿，雖然這些衣服常常做不好。

有時候則是因為便宜。對我而言，自己剪頭髮便宜得多，所以儘管專業髮型師剪得「比較」好看，我還是會自己剪。

但很多時候，自己做東西只是為了滿足感，對我而言，食物、音樂和衣服都是如此，然而讓每個人感到滿足的東西都不一樣。這個話題的另一種形式是徒手攀岩（這個我沒辦法）、無氧攀登聖母峰（這個我也不行），或是划船橫越大西洋（這個我也先不要）。

又或者是自己背著糧食和帳篷去露營探險，這段時間內在野外自給自足。

對我而言，數學也是自己做東西。數學是自己發掘**事實**，是在充滿各種概念的野外自給自足。我覺得這樣的經驗非常刺激、詫異、令人驚嘆，而且極度喜悅。我想講的就是這樣。

我想描述一下數學給人的**感覺**，但和大多數人想的很不一樣，我會描述數學開闊的一面，富創造力、充滿想像、引人探究的一面。我們在這裡追逐夢想、跟從感覺、傾聽自己內在的直覺、感受理解的樂趣，就像撥開迷霧、看見陽光一樣。

這本書既不是數學教科書，也不是數學史書籍，而是一本數學情感書。

數學在不同的人身上會引發不同的情緒，對某些人而言，這類情緒大半是恐懼，還有覺得自己很笨的糟糕記憶。我想用另外一種觀點來呈現數學。

有人很喜歡數學，有人很討厭數學，但可惜的是，有些數學愛好者談論數學的方式讓討厭數學的人更討厭數學。關鍵在於讓人喜歡數學的理由有兩個，但這兩個理由差別很大。有人喜歡數學是因為覺得數學答案的對錯壁壘分明，要找出答案很容易，因此感到自己很聰明；有些人不喜歡數學的理由其實和前者大致相同，只是方向相反：數學答案對錯分明，但要找出答案很困難，因此感到自己很笨，更常出現的狀況是其他人比自己更容易找出答案，因此覺得自己很笨；不喜歡數學的人甚至連對錯分明都不喜歡，他們知道人生相當微妙，對錯這麼分明的事物難以完全呈現生命在他們心目中的有趣之處。

不過，把數學視為對錯分明又死板的領域，這樣的觀點其實非常狹隘。抽象數學真的沒有這樣對錯分明的答案，在研究層級尤其如此，但只有一小部分人有機會踏進這個階段，得知它的實際樣貌。特別的是，數學家喜歡數學的理由通常和恐懼數學的人不喜歡數學的理由相同：數學家喜歡它的細緻和微妙，用於表達和探索生命最有趣的事物。實際上，數學要探究的不是明確答案，而是越來越細緻入微的世界，我們可以在這個世界中探索不同但同樣成立的事物。

因此產生了這個奇怪的結果：研究型數學家和害怕數學的人對數學的態度相當雷同，只是前者的態度受到鼓勵和讚賞，但對後者而言，他們的態度受到輕蔑甚至嘲笑，而且後者可能永遠不知道他們的想法和感受其實非常接近研究型數學家。

數學的真實面貌和感覺上的樣子有不小的落差，我想要弭平這個落差。太多人不必要地抗拒數學，太多人提出聽起來很基本、但其實重要又有深度的數學問題，後來因為其他人的反應而覺得自己很笨。他們提出的問題很重要，卻被其他人說這些問題很笨，或是不應該用數學方式來問這些問題，但其實這些問題在數學上非常有趣。我想解答這些問題，除此之外，我還想認可和讚賞這種想了解得更多，而不是把數學視為理所當然的感覺。這點相當重要，因為數學的目標就是**不**把任何事物視為理所當然。

我的目標不是宣揚或說服每個人都要愛數學，每個人喜歡和抗拒數學的原因都不一樣，所以沒有單一解決方案可以讓所有人對數學感興趣。我的目標只是說明數學的真實面貌，破除關於數學的迷思，釐清誤解，以及讓大眾不會因為這些錯誤理由而抗拒數學。如果讀者已經了解數學的真實面貌，但還是不喜歡數學，這也沒有問題，不是每個人都一定要喜歡某一樣東西。我只是覺得，許多人只看到數學非常狹隘、缺乏想像力又專制、不容許我們有任何個人貢獻和好奇心的一面，就武斷地覺得自己不喜歡數學，而這樣非常可惜。

對我而言，個人貢獻的感覺很重要，尤其是上了一整天的課之後，我經常累得不想做晚餐，即使晚餐已經做好，只要打開來加熱，我還是不想動。然而不知怎麼回事，我再累也不會不想做蛋糕——原因就在於個人貢獻，如果我覺得一件事沒有個人貢獻也不具創意，或許就不會有精力做這件事，但看起來比較費力的事還是會有精力去做，因為這些事情具有個人貢獻和創意，感覺比較值得去做。

這是許多人抗拒數學的理由之一。如果喜歡個人和創意貢獻，會覺得依循預設演算法的常規數學不有趣，因此太浪費力氣，還不如用黏土做一套12件茶具組。有一次我在課堂上帶學生用黏土玩數學活動，我告訴他們可以在討論的時候繼續用這些黏土，有個學藝術的學生就這麼做。

我們教授數學時，往往因為台下有各種不同類型的學生而產生焦慮，這種焦慮來自我們希望未來打算從事研究或數學相關工作的**某些**學生能把每樣東西都做得「正確」又精準，但也知道在一般數學課程中，大多數學生不會從事這類工作。想讓每個人都達到從事數學相關工作的水準，就像用訓練專業廚師的方式教小朋友做菜一樣，其實比較好的方式（我覺得上面兩個狀況應該都適用）是讓學生了解各種可能性，培養喜好和好奇心，相信他們如果需要也想要，以後就會學到更精準的技能。

通常我這麼說的時候，就會有人站起來反對，說：「但是有些基本數學技能在日常生活中非常重要！」我知道確實有，但我覺得沒有那麼多，而且其實也沒那麼重要，能讓這些技能「非常重要」的情境大多相當牽強。無論如何，我們都會教授許多完全不重要的東西，而且還必須考慮缺乏想像力又侷限的方法，導致許多人抗拒數學所造成的危害。

數學似乎經常源自死板的規則，也因此造成恐懼。但是，數學其實源自好奇心，它源自人類與生俱來的好奇心，源自不滿意原本的答案、永遠想了解得更多的人，數學源自疑問。

你是否曾經想提出某些數學問題，卻被別人說是笨問題？有很多幼稚問題連小孩也會問，例如數學是真實的嗎？數學從何而來？我們怎麼知道數學是對的？可惜的是，太多人不敢提出這些問題，別人會說這些問題很「笨」。但數學裡其實沒有笨問題，事實上，這些「笨」問題正是數學家提出的問題，也是推動數學研究、挑戰數學理解邊界的問題。

數學最重要的似乎是**解答**問題，但數學最重要的部分之一其實是**提出**問題。在這本書中，我將會說明這些問題看來或許幼稚、模糊、天真、單純或混亂，但也可能帶我們進入最深奧的數學領域。這些問題具有我們通常不會跟數學聯想在一起的特質，包括創意、想像、打破規則、玩樂等。

我們應該鼓勵這類問題，而不是禁止提出它們。

如果我們讓學生產生不應該提出這類問題的印象，就是讓他們覺得數學死板又專制、不可以提出質疑，這和數學的真實面貌完全**相反**。數學的核心關鍵在於它精確地建立在嚴謹的基礎上，經得起深入的質疑。我們無法解答問題時，不是禁止這些問題，而是帶著對數學的衝勁，做更多的數學研究，以解答這些問題。

所以問題能帶我們進入深奧的數學領域。

當你成為博士生開始研究時，最困難的事情之一就是找到值得研究的好問題，這也是指導教授最重要的角色之一。我的研究領域是抽象的範疇論，在這個領域中，大部分工作通常是探討我們提出的問題究竟是什麼。在學校的數學課中，我們太過強調**解答**問題，而不是提出問題。我曾經試著在網路上搜尋「兒童提出的重要數學問題」，結果天啊，我找到的都是用來**考問**兒童的重要數學問題，彷彿世界上所有資料來源都認為應該是**大人**提出問題，兒童負責解答，這樣完全不對。

我想鼓勵和肯定提出問題，包括我們一直想問但從來沒有人解答的問題；許多人認為不是重點的問題；許多人要我們認真做功課就好的問題；因為數學考得好的人似乎不會**這麼**問，所以讓我們覺得自己不是「數學人」的問題；因為我們不滿足於只是寫出別人要我們寫出的答案，因此使我們慢下來的問題。這本書要討論的是這些問題，因為它們是最深奧的數學形式。這種數學不是把數相加或相乘之後得出答案，或是計算三角形的角度、某些怪異形狀的面積，或者別無其他目的，只為了在考試裡拿到高分而去解一些沒有意義的方程式。我要討論的是推動抽象數學領域前端學者努力不懈的數學；讓人投入半輩子、幾百年，甚至幾千年去研究還只是一知半解的數學；似乎無法直接運用到日常生活上、無法立即解決生活中某些問題的數學；或是用來製作新機器的數學；那些大多只存在我們心中的數學。

這種數學是真實的嗎？

我唸書時做的絨毛動物是真實的嗎？嗯……它們不是真實的動物，不過是真實的毛茸茸的玩具。

數學不是「真實生活」，但仍然是真實的。它是真實的概念、真實的想法，也產生真實的理解。我很喜歡它帶來的明確感，也很遺憾這個特質有時候似乎沒有把一切從含糊變清晰，而是變得死板、黑白分明。我能體諒有些人會有這樣的印象，因為數學確實經常給人這樣的印象，我唸書的時候也有這樣的經驗。

下圖說明我對數學的喜愛程度隨時間推移的改變，或者說是我對**數學課**的喜愛程度隨時間的改變。

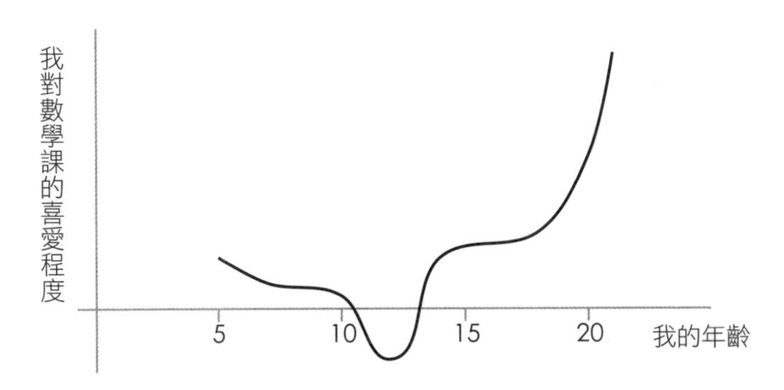

我五歲時認識數學之後就非常喜歡數學，但喜歡程度在小學期間不斷降低，後來到了中學初期，我覺得數學乏味又迂腐，所以非常不喜歡數學課。我完全不怪當時的老師，只怪課程和考試制度。我踏入比較高階的數學之後，狀況開始好轉，尤其是GCSE（英國中學教育普通證書）的研究單元，這是我唯一喜歡的部分，這是在學期中進行數個星期的開放式研究計畫，從一個相當有條理的問題開始，逐步提出無限的可能性，用來進行獨立探索。最後我在預科課程（A-level）修讀高等數學時，真的很喜歡純數學的某些部分，尤其是抽象代數、歸納法證明，以及極座標（在這本書中稍後會談到）。我進入大學以後，才真正漸入佳境。我開始做博士研究時，對數學的喜愛再度突破天際，但這時我們已經不用再上課，而是透過讀書、討論和參加研討會來學習。

我對**數學**的喜愛其實沒有隨時間改變。在這張圖中，我可以把它畫成穩定的水平直線，高高地懸在我對數學課的喜愛程度曲線上方。很幸運的是，我母親讓我看到數學有趣、刺激、神祕又超乎想像的特質，完全不同於我在學校裡看到的一面。這讓我相信，數學不只是課程內容，而是有趣、刺激、神祕又超乎想像的學科，我對數學的喜愛從來沒有動搖。我知道大多數人的母親不會告訴他們這些、解答他們幼稚的問題，所以他們對數學的喜愛程度可能像我一樣一落千丈，但沒有機會回升——這就是我希望能改變的事情。

我想協助害怕數學的人克服恐懼（或是創傷），了解研究型數學家為什麼喜愛數學，這和單純「喜歡數」或得出正確答案很開心不一樣。我想證明許多人抗拒數學的理由其實只是運氣不好，而不是因為數學的真實本質。我想證明幼稚、開放、聽起來很「笨」的數學問題都應該存在，都是好問題，而且這類問題對數學而言非常重要。我想告訴讀者，如果覺得自己數學很差，或是在學校被貼上數學很差的標籤，你們很可能只是在尋求更深入的理解，只是沒有人協助你們達成這個目的。我想說明研究數學、探究數學世界，逐步進入神祕的深層世界，發現更深更深的事實是什麼感覺。

我會在每一章開頭提出一個有時被歸類為「笨問題」的幼稚問題，但我會說明深入探討這個問題的過程將如何帶領我們進入重要的數學領域，甚至整個研究領域。這個逐步探究之後稍微後退、看看實際狀況的過程相當緩慢，有時我們似乎還必須後退好幾步，以便看清楚自己在做什麼。我們前進的步伐可能看起來非常小、哪裡都到不了，但之後回顧的時候，才發現已經爬上一座高山。這些事情可能讓人感到挫折，但接受一點心理上的不適（有時候可能不只一點）是讓數學進步的關鍵所在，這樣的不適通常是發展和成長的起點。我們發現縝密邏輯思考的結論和直覺不相同，或是兩種直覺互相矛盾時，有時會感到昏頭轉向，就像我跟朋友因為疫情而分隔兩年之後，第一次見面時覺得有點熟悉又有點陌生一樣。

我會從關於數學的粗淺概念開始，然後逐漸縮小範圍。首先是數學的特定主題，接著是個別案例，因此，前四章將會探討數學的一般概念：數學從何而來（第1章）、數學如何產生作用（第2章）、我們為什麼研究數學（第3章），以及數學有什麼優點（第4章）。接著我會探討數學的幾個特定面向：運用字母（第5章）、公式（第6章）和圖形（第7章）。

最後的第8章中，我將從天真問題開始探討幾個案例，說明數學家如何建立問題和現有知識之間的連繫，通常在研究型數學最深的部分尋找答案。

我會試著說明憑藉直覺、一步步進行數學思考，和依照指令、在時限內快速進行數學思考，會是什麼感覺。這兩者就像因為必須到達森林另一頭而被帶著走過去，以及學會如何穿越森林之後自己走到另外一頭，同時欣賞路上看到的生物和草木一樣，有很大的差別。前者確實有它的優點，後者則有更重大的目的，這個目的更長遠、更困難，但也可能更讓人有成就感。我當然覺得自己探索這片風景更有成就感、確實很有樂趣，而且具啟發性得多。此外我稍後會解釋，這在日常生活中對我也很有用，所謂的有用不只是付帳時分攤帳單或報稅等特定事項，而是具有更廣泛的意義：它讓我更清楚地思考任何事物。

有明確定義、容易描述的用途，和比較概括籠統、難以明確說明的適用性之間或許彼此矛盾。但難以明確說明並不表示我們應該忽略，相反，難以明確說明的事物，做起來才最有價值，這些不是容易記憶、容易背誦的數學事實，而是深刻的真實。

所以這本書談的是數學的深刻真實，更明確地說，這本書談的是我們如何探知數學的深刻真實。深刻真實本身很重要，但我想說明如何探知這些真實。這就像「授人以魚不如授人以漁」這句俗話一樣，如果我告訴你關於數學的深刻真實，你會得到的只有這些真相，但如果我告訴你如何探知數學真實，你就能自己探知所有數學真實。在某個層次，這本書談的是某些問題和答案。然而在更深入、更重要的層次，這本書談的是問題如何帶領我們踏上一段旅程、這段旅程會把我們帶到哪裡、我們為何踏上這段旅程，以及我們會在旅程中看到什麼。

數學的目標看來似乎是獲得正確答案，但它真正的目標是發現的過程、探索的過程、探求數學真實的旅程，以及如何確定自己已經找到數學真實。這段旅程從好奇心出發，而好奇心呈現在外的方式就是問問題。

第1章　數學從何而來

為什麼1＋1＝2？

這個問題有個可能答案是「它就是這樣！」。其實這只是換個方式來表達「因為我說是這樣！」——但這樣的答案讓一代代的小朋友感到氣餒。「因為我說是這樣」代表有權威人士制定規則，他們不需要說明這些規則的理由，但可以隨意制定任何規則，其他小人物只能被動地遵守這些規則。

對這種狀況感到氣餒非常合理。事實上，有一種強大的數學衝動是想立刻打破所有規則，或是找出這些規則不成立的特別狀況，證明這個假想權威人士的權威性其實沒有其他人想的那麼高。

數學看起來似乎有一大堆規則必須遵守，讓它顯得死板又無聊。然而，我喜歡數學多少是因為我喜歡打破規則，或者至少也要挑戰這些規則。我不大好意思提到這點，因為這讓我顯得像個永遠長不大的青少年。我喜歡數學的另一個原因是，我總是喜歡對各種事物問「為什麼？」，這又讓我顯得像個永遠長不大的小孩。但這兩種衝動對於促進人類理解萬物扮演相當重要的角色，尤其是在數學理解方面。這類衝動是數學起源的重要因素，我們將在本章探討這一點。

我想強調的是，我在日常生活中恪守法律，因為我了解規則的用意是維繫群體和保障民眾，我信奉這些規則，我願意遵守有明確目的的規則。我不信奉的是看來似乎沒有理由的抽象規則，或是有理由但我不贊同的規則，例如「你必須每天整理床鋪」（這實在不合乎我的習慣）或「不可以用微波爐融化巧克力」（這樣做當然容易破壞巧克力，但只要做到每15秒攪拌一下，我發現就沒問題）。

所以我想探討這些顯而易見的數學「規則」從何而來，以及數學本身又從何而來。我會說明數學如何從小小的種子萌發，再以有機的方式慢慢長到又高又大。這些種子是任何人都可能有疑問、小朋友也經常直率提出的幼稚問題，例如小朋友可能會好奇為什麼1＋1等於2，而不會只滿足於知道結果。數學和種子一樣，必須以正確的方式培養，需要肥沃的土壤、伸展根部的空間，而且需要營養。可惜的是，我們的幼稚問題經常無法以這種方式培養，而是被當成「笨問題」丟到一邊。但深奧數學問題和幼稚問題間的差別可能只是培養的方式，也就是種子相同，兩者其實沒有差別。

許多人不喜歡數學的原因是數學經常專制地宣告某個答案正確又不提出解釋，例如「1＋1**就是**等於2」。但想知道某件事為什麼是真的，可讓我們建立堅實的數學基礎，進而提出清楚嚴謹的論證。有些人覺得這樣的清楚和可信讓人輕鬆自在，有些人則覺得受限又專制。但「1＋1為什麼等於2」這類問題可以促使我們探究數學沒有清楚的正確答案，更有甚者，在不同的脈絡下，正確的事物可能不一樣。這可以促使我們探討數字最初從何而來、我們如何產生算術的概念，以及我們如何把這些概念運用到思考形狀等其他數學脈絡上。這將觸及關於數學發展的許多重要主題，從建立事物間的連繫、認真看待抽象，再擴展我們的思考過程，一點點地涵括範圍更大的周遭世界。

所以我們暫時先不談1＋1為什麼等於2，而是更進一步，一起思考這句話是不是永遠都是對的。

挑戰界線

小孩似乎天生就愛尋找反例，反例的意思是證明某個說法不正確的例子。宣稱某個說法永遠正確，如同在某個說法周圍畫上一道界線，尋找反駁這個說法的例子，就像挑戰這類界線。這是相當重要的數學衝動。

我們可以試試看用1＋1來挑戰小朋友，例如這麼說：「如果我給你一個小蛋糕和另一個小蛋糕，這樣你一共有幾個蛋糕？」小朋友可能會非常開心地大聲講：「0個，因為我都吃掉了！」或者講：「0個，因為我不喜歡小蛋糕。」我看到家長在網路上貼出小朋友的奇特答案時，總是覺得非常開心。我最喜歡的一個例子是我朋友的小孩回答「喬有7個蘋果，做蘋果派用了5個，現在喬還剩下幾個？」這個問題時，寫的答案是「他把蘋果派吃掉了嗎？」我很喜歡能被算作正確，但絕對不會馬上被視為正確的答案。這點展現了數學重要的一面，小朋友的思考過程也展現了數學直覺中常被忽略、但其實相當重要的一面，這樣的直覺就是挑戰不具充分理由的權威。

小孩想挑戰權威，理由可能是想要探索各種狀況的界線，或是想要在自己幾乎無法控制任何事物的世界中尋求自我。我清楚記得自己小時候永遠必須聽大人的話，有多麼令人氣餒。如果大人問我引導性問題，故意不按常理出牌會非常好玩，例如說我不喜歡小蛋糕。

這種衝動有點不敬和調皮，但我認為它也是一種數學衝動。沒錯，數學本身或許就是不敬和調皮，但另外一種解讀方式是數學在尋找事物的界線，就和小朋友一樣。我們想弄清楚事物為真的界線，這樣才能確定自己確實在「安全」區域內，但如果想冒險或感到好奇時，也會向外探索。就像幼兒朝遠處奔跑，看看自己跑到什麼地方時，大人會追過來一樣。思考1＋1不等於2的狀況就是個例子。

如果我說「我不不累」，這代表我累了，有些小孩覺得說「我不不不不不不不不不不不累！」很好玩，但是往往很不開心，因為沒有人弄得清楚他們究竟講了幾個「不」，這裡的關鍵是1個「不」加上1個「不」相當於0個「不」。這讓我想到我曾經評分過某些可怕的考試題目，計算冗長又麻煩，中間又經常可能弄錯負號。這類題目評分起來格外辛苦，因為如果學生犯了兩次這類錯誤，甚至犯了四次，答案一樣是對的。但在數學裡，計算過程一定要對，答案才真正算是對的（下一章我會談到這一點），所以即使答案是「對的」，我還必須仔細看清楚計算過程是否正確。

另一種1＋1等於0的狀況是所有事物本來就是0，就像我小時候生活的糖果世界一樣。我對人工食用色素過敏，但各種糖果都有人工食用色素，所以無論我有多少糖果，其實都等於0。

1＋1有時可能因為四捨五入誤差而大於2。如果我們只使用整數，1.4會變成1（最接近的整數）。但如果做兩次，就是2.8，進位後變成3（同樣是最接近的整數）。所以在四捨五入的世界中，1＋1等於3。另一個相關但不大一樣的狀況是如果我們身上的現金夠買1杯咖啡，朋友也夠買1杯，那麼兩個人或許夠買3杯，因為即使我們有1.5杯咖啡、甚至1.9杯的錢，還是只能買到1杯咖啡。

1＋1有時候可能因為繁殖而大於1，如果我們把2隻兔子放在一起，最後可能會變成很多隻兔子。有時候原因可能是我們相加的事物比較複雜：如果1對網球選手跟另1對網球選手一起打了一場下午網球賽，最後的組合數可能超過2組，因為他們可能會以不同的組合打球。假設第一對選手是A和B，另一對是C和D，那麼總共會有AB、AC、AD、BC、BD、CD等組合，所以1對網球選手加上1對等於6對。

1＋1有時候只等於1。如果把一堆沙放到另一堆沙上，最後還是只有一堆沙。或是我有個學藝術的學生說過，把一種顏色和另一種顏色混合，最後還是只有一種顏色。另外我也看過一個網路迷因，把一片千層麵放在另一片千層麵上，最後還是只有一片千層麵（只是變得比較厚）。

另一個稍有不同的狀況也是1＋1等於1：如果我們有一張咖啡和甜甜圈的兌換券，但每人最多只能換一組，所以即使還有一張優惠券，還是只能換到一組（除非拿給別人兌換）；或者我們在電車上按「開門」按鈕，不管按幾次，結果都和按一次相同，至少以按鈕對車門的效果說來是相同的，但以我們想表達的挫折感來說或許不同，或許就是因為這樣，許多人會一直按開門按鈕。

現在，你或許會認為以上這些狀況不是1＋1等於其他答案，因為這幾種狀況**其實**不是加法，或者**其實**不是數，或是因為其他理由所以不算。你可以這麼想，但數學可不這麼想。

數學會說：我們來研究這些情境是什麼，它們代表什麼意思；我們來研究這樣的情境會有什麼結果，看看我們是否能找出狀況類似的其他情境。我們來進一步了解1＋1真的等於2的情境，以及1＋1不等於2的情境，藉此更進一步了解世界。

數學就是來自這裡，為了探索1＋1等於和不等於2的情境，我不只要研究這個方程式從何而來，還要研究各種數學從何而來。

數學的起源

數學源自想更了解事物，為了更了解事物，我們找出思考的方法，使事物變得更容易，而其中一種方法，就是直接忽略困難的部分，但還有一個更好的辦法是提出一個觀點，讓我們專注於現在和我們有關的部分，同時沒有完全忘記其他部分。

這有點像在相機鏡頭前面裝上濾鏡，讓我們暫時專注於某些色彩，接著再換成另一個濾鏡觀看其他色彩。也可以說像燉煮東西時，到了某個階段會過濾液體，把湯汁收乾變稠。我們不會丟掉濾出來的東西，而是以後再放回去。

數學最為人所知的起點是數。數是大多數小朋友最初接觸的數學，也是對數學的第一印象，同時也是許多人對數學一向抱持的印象。但是數學探討的範圍比數大得多，即使數學看起來是在探討數的時候，探討的通常**其實**也不是數，而是我們從自己的世界進入數世界的過程，以及我們能從中學到什麼。

數學與數關係十分密切，最大的問題是喜歡模稜兩可、創意、大膽探索和想像的人往往會覺得數很無趣。我不打算聲稱數很有趣，而且正好相反：數確實很無聊，但無聊就是它最重要的意義。

它存在的意義是代表周遭世界的某個層面，讓我們能盡快解決這個部分，讓大腦中比較有趣的部分做其他更有趣的事。這就像用電腦執行生活中最無趣的事情（對我而言是付帳單、訂購日用品和計算食譜分量），這樣我的大腦就能用來做其他更有趣的事，例如跟別人交流、演奏音樂、烹調可口的餐點等。

數字源自人類想簡化周遭世界，因此結果當然簡單，所以也就無趣。但人類當初發明數字的方式相當深奧，數字出自我們找出不同狀況之間的相似點，並且選擇性地忽略這些狀況中的某些部分。我們可能看見兩顆蘋果和兩根香蕉，發現兩者有某些相似點，我們在大腦中以「2」的概念來代表這個相似點，但為了達成這個目的，我們必須忽略蘋果是蘋果、香蕉是香蕉，只把這些東西看成抽象的物體，沒有其他特定性質。

這是抽象的重大躍進，這個躍進很難達成，難怪小孩要花上一段時間才能做到。我們可以經常在孩子面前數東西，鼓勵他們這麼做，但他們終究還是必須得自己達成，我們沒辦法替他們做。

問題是完全忘記這些物體的重要特徵似乎有點過度簡化，而且我們如果只注意「使事物變得無趣」的部分，將會使一切都聽起來很無趣，而不會專注於最重要的部分，也就是開拓令人驚奇的新理解途徑。

抽象的用意

人類發明數字之後，帶來的影響相當深遠：我們從此有了抽象概念。抽象的意思是忘記事物的某些細節，以「理想」版本來研究問題。這個理想版本和具象（真實）版本不同，但同樣具有我們要研究的特徵。這個方法讓我們暫時跳脫真實狀況，同時有個重要目的，就是找出不同狀況間的相似點，讓我們不用花費太多力氣，就能夠同時理解更多狀況。就某方面而言，這個方式是簡化組成元件，以便更有創意地進行建構。兩者的差別就像必須以特定方式結合才能組成圖片（而且每一片只有一種結合方式）的拼圖，以及每一片的功能較多、能以多種方式結合的拼圖。後者這類拼圖的目標不是組成特定的圖片，而是盡量嘗試組合出多種不同的結構。由於這個緣故，我一直很喜歡七巧板。七巧板只是幾個常見的幾何形狀，包括一個正方形、幾個大小不等的三角形和一個平形四邊形。據說七巧板發源於18世紀的中國，但中國數學家更早之前就已經製作出類似的東西。這幾個形狀可以拼成下圖左邊的正方形，也可以組合出無限多種形狀，呈現人、動物或我們想像得到的各種物體，不過不是非常寫實，例如下面右邊這隻兔子：

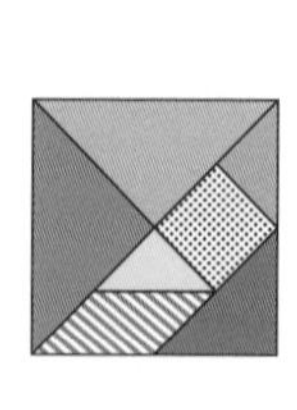
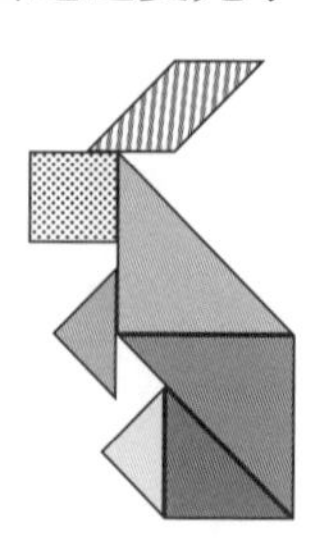

數也是開拓出擁有無限可能性的世界的方法，只不過看起來不那麼鮮活生動（第7章將會探討圖像在數學中的運用方式）。除了看起來不賞心悅目，如果數對我們的用途只是回答具有明確答案的特定問題，再依據答案判定我們對或錯，數看起來往往還相當封閉。

數當然不是數學的全部，但確實是我們學習以抽象概念推理的開端，這個過程中最重要的步驟就像下面這樣。

首先決定我們對狀況中的哪個層面有興趣，我們或許發現不同狀況間的相似之處，很好奇為什麼會有這些相似處。接著進行抽象過程：只看這些狀況中相似的部分。如果看的是量，我們就會提出類似數的東西，這就是現在我們注意的「精華」。這個過程創造出一個新的抽象世界，讓我們在其中探索，研究這個世界如何運作、裡面有什麼生物、又有些什麼奇特或美妙的風景。

如果我們在這個世界覺得受到限制，可以創造另一個新世界來探索，而且我們經常這麼做；另一方面，如果我們想進一步知道這個世界和我們周遭世界的關係，也可以這麼做；如果我們想在周遭世界和抽象世界之間建立另一種關係，同樣可以這麼做。舉例來說，我們可以用不同的方式測定量、用不同的方式數東西，或是以很多不同方式建立數和事物間的關聯，例如依據各種不同的情境來評比餐廳。如果想專注於周遭世界的另一個層面，例如從量改成形狀，就可以這麼做。

這有點像拿到一盒新顏料，決定把顏料混合起來，看看可以變出什麼。但數學顏料最棒的一點是永遠用不完，我們不用擔心因不喜歡混合出來的顏色而「浪費掉」，所以可以盡量嘗試。嘗試各種方式不會把數用完，各種抽象概念也是一樣。對我而言，這是數學最好玩也最有成就感的一面，但這也帶來「抽象概念是不是真實的？」這個令人費解的問題。

抽象概念是不是真實的？

我看到這個問題時，首先想到的是「真實」是什麼意思？有什麼東西是真實的？如果我想得太認真，很可能會讓我覺得我自己不是真實的，沒有什麼東西是真實的。

如果你曾經質疑過數學是不是真實的，得到的回應可能是這個問題很笨。你可能環顧周遭，發現那些「數學好」的人從來不研究這類問題，只會動手找出正確答案。

不過請你放心，數學家、尤其是哲學家，確實曾經質疑數學的地位——數是不是真實存在的？我不是哲學家，所以不打算從哲學層面來探討，只想說一下我的想法。

要探討某個事物「為真」是什麼意義，先想想我們認為哪些事物真實或不真實，或許會有所幫助。世界上有許多事物看得見、摸得到，而且我們都認為是真實的——世界是真實的、人是真實的、食物也是真實的。有些事物我們看不見、摸不到，但也都認為是真實的，例如飢餓、愛、貧窮等。有些事物我們都認為不是真實的，例如復活節兔子、牙仙和耶誕老人。有些事物則是每個人的看法不同，例如上帝、幽浮、鬼，很可惜也包含COVID-19。

不過先等一下，因為我**其實**相信耶誕老人和牙仙是真實的。現在你或許會覺得我腦袋有問題，但讓我解釋一下。

某些文化中的兒童認為（或是大人告訴他們），耶誕老人留著蓬鬆的白鬍子、穿著紅色服裝，駕著馴鹿拉的雪橇，在空中到世界各地送禮物給小孩。後來這些小孩長大了，發現這些禮物（如果他們過耶誕節的話）其實都是父母親準備的，而且是趁他們睡著之後直接放在耶誕樹下，幻想就此破滅。我們通常認為小孩已經了解耶誕老人「不是真實的」。

然而我覺得這只證明不符合現實的耶誕老人傳統形象不完全正確，但不表示耶誕老人不是真實的。在這當中，有**某個事物**確實存在，有某個事物讓世界各地的小孩在耶誕節當天早上收到禮物。這個事物是個抽象概念，也就是耶誕老人的意念。你或許認為耶誕老人的意念確實存在，但耶誕老人仍然不存在。然而，數學概念非常抽象，所以只有意念，沒有其他東西。2這個數字的意念**就是**2這個數字，這個意念是真實的。我很習慣把抽象數學意念視為真實的物件，所以願意認為耶誕老人也是真實的抽象概念。認真看待意念，把意念視為真實事物，是數學發展中重要的一環。

數學如何發展

數學研究的好像都是數和方程式，但如果我們回想一下小時候學校教的數學，或許還記得數學也講到其他東西，可能是形狀和模式，以及長條圖和文氏圖等圖像表現方式。我做的研究（數學中非常抽象的分支，稱為範疇論〔category theory〕）就完全沒用到數和方程式。如果數學研究的不只是數和方程式，那又是什麼？我通常喜歡說數學是「研究事物如何運作的學科」，但它不是研究老東西的學科，也不是很老的學科。我說：

數學是研究合乎邏輯的事物如何運作的邏輯學科。

這句話的第一個議題是世界上**其實**沒有什麼東西合乎邏輯，生活中一切事物運作時的依據都混合了邏輯和其他事物，例如隨機性、混沌、情緒等。另一種觀點是這些事物其實也合乎邏輯，只不過太複雜，我們無法藉助邏輯來理解，舉例來說，天氣其實很合乎邏輯，只是我們一直沒辦法取得足夠精確的大氣狀況來測量數據，藉以運用邏輯來精確地預測天氣，天氣不是不合邏輯，只是很難理解而已。

數學探究這個問題的方法主要是先前提到的過程：抽象。我們先忽略狀況中的某些細節，以便從混亂的「真實」世界跳進抽象的意念世界。在這個世界裡，事物確實都符合邏輯，因為我們已經為了方便而（暫時）忽略不合邏輯的部分。不過我不想說非抽象世界「真實」，因為我也不認為抽象世界不真實，所以我比較喜歡說非抽象世界「具象」，它是我們看得見摸得著的世界。

數學有個非常迷人的層面，就是它不完全以研究對象來定義。歷史、生物學、心理學、經濟學等大多數學科是以研究對象來定義，再開發出各種技巧來研究這些對象。但數學是個循環，在數學中，我們可研究的**對象**是以**研究方法**來定義，因此我們可以發現要研究的新事物，也能發現新方法來研究這些事物，就像這個樣子：

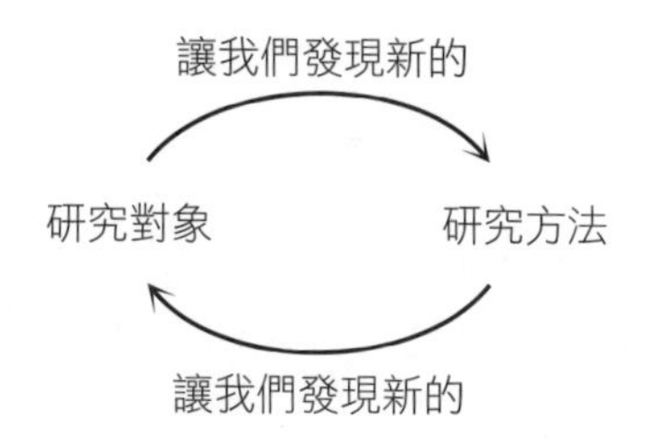

每個箭頭其實都會帶來新的事物，所以我們不是持續重複同一個循環，而是比較像螺旋，我們順著螺旋不斷轉圈圈，但同時也在不斷上升。我們不斷發現運用新方法研究的事物，再發現用來研究這些事物的新方法，如此不斷盤旋升高，有點像由底部從數開始，沿著螺旋形的樓梯向上爬升：

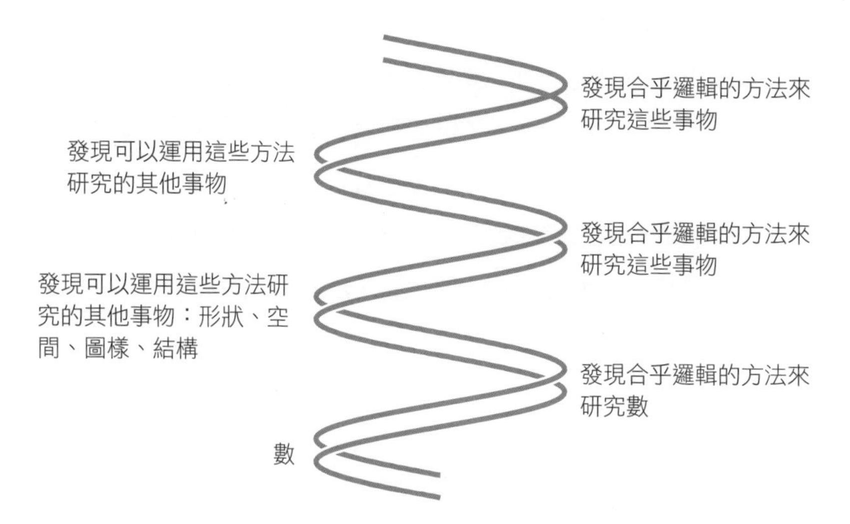

所以這個螺旋樓梯可以向上爬升到無限高。我想演示一下這個過程，沿著樓梯爬上去一些，看看會有什麼結果。這麼做無法直接解決 1 ＋ 1 的問題，但可以進行一些背景探索，幫助我們以有意義的方式解決這個問題。

這個「樓梯」完全由我們設立，用來研究如何對周遭抽象化，以產生數。數的表現比餅乾、母牛或我們想計算的任何東西都更合乎邏輯，因此我們想出好幾種方法來研究數，例如藉助加減乘除來研究數和數之間的關係。

後來我們發現可能有更多事物能用類似的方法研究，或許是形狀。我們發現可以對周遭事物抽象化，找出（例如）一扇窗戶、一道門和一個桌面的相似之處——因為它們都是矩形。我們發現半圓捲起來可以變成圓錐形，當成帽子戴，也很適合做成交通錐，（如果用另一個方式捲）也是很好用的冰淇淋容器。順便一提，我剛剛說的這些都是感性的數學敘述，而不是數學史。當然了，早在交通錐和冰淇淋甜筒出現之前，就有人研究圓錐了。

那麼我們該如何運用為了研究數而開發的技巧來研究形狀？我們或許會想到形狀的加法和減法，也就是把形狀結合在一起和切掉一部分；我們可能還會想到形狀的乘法，但這比較難一點，而且它可促使我們更深入地思考乘法的**意義**，現在我們就來談談。

擴展乘法概念

數的乘法對我們而言可能相當熟悉，也可能有點可怕，但無論如何，我們可能都已經習以為常。然而，如果我們不對某樣事物習以為常，而是認真思考它真正的意義或如何運作，有時可讓我們更深入地認識它。當然不一定永遠如此，有時候這只代表我們在心理上已經麻痺，就像太認真思考生命的意義。但如果我很認真地思考一件事，例如我的舒適區，就能更深入地認識它，並且擴展我覺得熟悉的事物，而不一定感覺自己走出舒適區。

我們將會認真思考數的乘法，這樣可以讓我們發現形狀等其他事物相乘的方法，進而擴展乘法的概念。在這方面，數學家已經向前推進一步又一步，逐漸形成完整的理論，說明什麼時候可以把任何東西相乘。抽象數學家對各類數學概念都這麼處理，目標很可能是對所有數學概念都這麼做，不只是算術。

我們開始把數相乘時，可能認為4×2是「四個二」，也就是2＋2＋2＋2。我們可以先擺兩個籌碼，接著再擺兩個、再擺兩個、再擺兩個，最後數數看共有幾個籌碼。

數乘以形狀或許也可以說得通，因為「4×1個圓」可能確實是4個圓，但形狀乘以形狀就說不通了，如果我們把1個正方形乘以1個圓形，「圓個正方形」究竟是什麼意思？如果我們的乘法概念比較廣闊或有想像力，可能會認為它具有某種意義。有個方法是重新思考4×2，這次從一行2個籌碼開始，然後沿著排成一排的4個籌碼複製它們，形成4行2列的網格，像這樣：

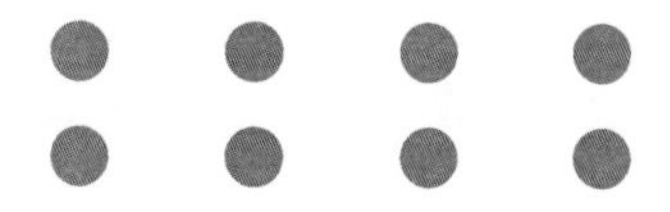

我們可以運用一點想像力，把這個步驟套用到圓和正方形上。我們讓正方形沿圓形路徑移動，同時持續複製這個正方形。這個動

作有點難以畫在紙上，但我們或許可以選擇其他不同的形狀，例如一條直線和一個圓。如果我們從一個垂直的圓開始，在空中沿直線「複製」這個圓，可以得到這個形狀：圓柱體。

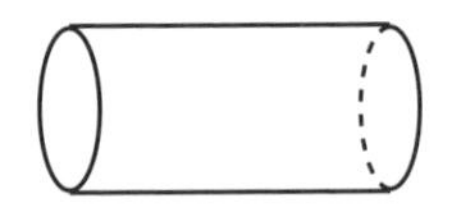

如果我們反過來做，讓直線在空中沿著圓形路徑移動，也會得出一個圓柱體（這兩種狀況中，我們都必須確定移動方向與形狀之間的角度正確）。這就像毛衣的袖子有兩種不同的編織法：可以用輪針，再一圈圈織上去，變成圓柱形的袖子，也可以用一般針織出矩形，再接起來變成袖子（我知道其中一頭要寬一點，才能織成漂亮的袖子，但我這麼說只是為了說明）。

這麼講相當模糊，但可以大致說明我們對於「形狀相乘」的想法。我剛剛說的是：

圓 × 直線＝圓柱

此外：

直線 × 圓＝圓柱

所以我們得出這樣的結果：

圓 × 直線＝直線 × 圓

這個結果類似於另一個常見的等式：

$$4 \times 2 = 2 \times 4$$

這又稱為「乘法交換性」。這個例子說明我們可以運用研究數的方法來研究形狀。我們稍後再說明更多後來出現的方法，包括試圖了解各個世界的基本組成元件是什麼。

現在我們已經擁有把形狀納入邏輯研究的概念，可以想出更多研究形狀的方法，讓我們沿著這道「螺旋階梯」更上一層樓。

繼續攀登螺旋階梯

我們已經看過由數的乘法產生的形狀研究方法，還有一種方法和數的關聯較少，稱為對稱（symmetry）。形狀比數更微妙，而對稱就是這個微妙之處的一部分。

舉例來說，正方形和矩形在某些方面相似，某些方面不同。要確定兩者的不同之處，有個方法是看對稱。

正方形比矩形更加對稱，因為我們可以把正方形沿對角線對摺，而兩邊完全重疊，但一般矩形則沒辦法這樣。* 事實上，這個特質讓我們不需要用尺，就能輕易地用矩形做出正方形，方法是把矩形的一個角向下摺，如同下圖所示，這樣其實是運用正方形（原

* 我說的「一般矩形」當然是指正方形以外的其他矩形。在數學中，正方形被歸類為特殊的矩形，但在日常用語中，如果我們說一張正方形的紙是矩形，會有點奇怪，就像說擁有博士學位的人是高中畢業一樣。

則上）的對稱來製作正方形。

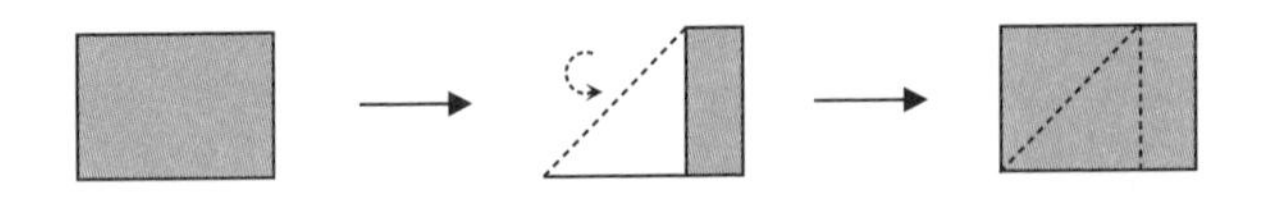

我們可以進一步納入其他種類的對稱，加強我們對於對稱的理解。「摺疊」的對稱叫做**反射**對稱（reflectional symmetry），因為這種狀況像是用鏡子把形狀的一部分反射到另一部分。另一種對稱比較像風車，我們可以旋轉這個形狀，把一部分形狀放到另一部分上，這種狀況稱為旋轉對稱（rotational symmetry）。

正方形和矩形具有兩種對稱，我們其實還可以想到把兩種對稱結合起來，看看會有什麼結果。這麼做將進入**群論**（group theory）的領域，群論由對稱和對稱結合方式產生抽象結構。我們進入群論之後，將會發現有其他事物能以類似方法研究，這些事物有點像對稱但和形狀無關，帶我們沿著螺旋階梯更上一層樓。有個例子是文字的對稱，也就是迴文（palindrome），例如：

Madam, I'm Adam

A man, a plan, a canal, Panama

Taco cat

我們很容易就能看出這幾行字反過來看也相同，只差了幾個空格和標點符號。方程式中也有一種對稱，舉例來說，如果看到這樣的算式：

$$a^2 + ab + b^2$$

其中的a和b的角色相仿，也就是說，如果我們把算式中的所有a和b對調，將會變成：

$$b^2 + ba + a^2$$

這個算式和第一個算式相同（前提是加法和乘法的順序沒有影響），這是另一種類型的對稱，研究這種對稱的領域稱為**伽羅瓦理論**（Galois theory）。所以我們現在已經進一步把包含字母的算式納入我們的數學中（如果字母讓你感到緊張，我可以理解，後面我會解釋這些字母的功能）。

接著我們發展出更多方法來思考這些包含字母的算式，像是非常認真地思考它們可能和形狀有什麼關係。所以我們先前研究形狀，也研究包含字母的算式，現在我們來思考這兩者之間的關係，這將會帶領我們進入我的研究領域，也就是範疇論。這個學科研究的是事物之間的關係，並且一次次地推進這個概念，讓我們能研究幾乎任何事物之間的關係。此外，即使事物原本沒有關係，我們也可以把事物**視為**「關係」，以便用類似的方式研究它們。舉例來說，我們可以把對稱視為物件和本身之間的關係，這聽起來或許有點奇怪，但其實是效果非常好的小小頭腦體操。

這是非常重要的一點：因為數學由抽象開始，所以如果我們能想出新方法來執行抽象化，就能用數學方式研究更多事物，這樣將可把更多例子帶入先前似乎不存在的比擬。這和研究海豚等其他事物不同，研究海豚時，我們無法把不是海豚的東西當成海豚來研究，但對於關係等抽象概念就可以這麼做。我們可以把對稱視為物件和自身的關係、把火車旅行視為起點和目的地之間的關係，也可以把數視為其他數之間的關係，例如3是2和5的差，所以是2和5之間的關係。

如此一來，數學的起點可以說是頭腦體操，目的是找出方法來靈活思考各種狀況，以便在原本看來沒有關係的事物之間建立關聯。擁有活潑又具創意的想像力，大大有助於建立這些關聯。

建立關聯

抽象化聽起來似乎是更進一步地遠離具象世界，但其實是在事物之間建立比擬，找出關聯。我真的很喜歡尋找事物之間的關聯，我喜歡建立人與人之間的關聯，我喜歡一段音樂讓我想到另一段音樂的時候，我喜歡自己想到某部電影中的某個演員曾經出現在我看過的另一部電影，尤其是不甚明顯的時候，例如克里斯賓·邦漢－卡特（Crispin Bonham-Carter）曾經在BBC的《傲慢與偏見》

（*Pride and Prejudice*）裡演過賓利先生（Mr Bingley），後來又短暫出現在《007首部曲：皇家俱樂部》（*Casino Royale*）裡。我格外喜歡發掘不同狀況間的相似之處，知道這代表我已經了解在另一個脈絡中的這個狀況，所以不需要從頭開始研究。克莉絲蒂（Agatha Christie）推理小說裡的瑪波小姐（Miss Marple）就是用這種方法來破解殺人疑案，我也很喜歡她的推理小說。

在生活中，我們往往會留意事物之間的不同。我們強調每個人的經驗差異，避免把同一族裔的所有人當成整體，或是假設所有女性的投票行為都相同。我們不僅會指出某個人在哪些方面屬於受壓迫的少數，還會指出各個受壓迫少數在哪些方面受到壓迫，以避免抹煞個人經驗。

這點當然很重要，但不忽略我們之間的關聯也很重要。事實上我認為，如果我們想讓社會脫離白人父權體制的掌控，強化我們之間的關聯是非常重要的一環。把少數族群分割成更多不同的族群，更有利於白人父權體制，唯有各個少數族群不合作改變這樣的權力結構，白人父權體制才能繼續掌握權力。各個少數族群建立足夠的連繫，通力合作，就能成為多數。

在數學中，我們不會這麼做，但我們的思考方式仍然能保持靈活，因為我們會指出事物在哪些方面有關聯，也指出事物在哪些方面不同。我們不是一直停留在同一個觀點，而是採用這個觀點，看看可以從這裡知道什麼，再採用另一個觀點，看看可以知道另一些什麼。這種「做數學」的感覺和必須遵守一套死板規則的感覺完全不同。

找出事物間有哪些方面相同是起點，讓我們從這裡開始，同時研究不同的事物，就像我們剛剛踏入數的世界一樣。

另一個例子是形狀，我們在形狀的世界裡思考各種形狀，這些形狀不完全相同，但可能只是彼此之間的大小不同，例如這兩個三角形：

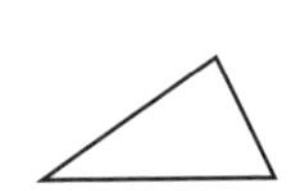
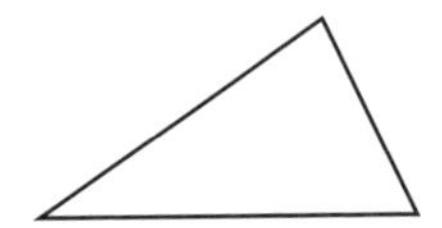

在某些狀況下，三角形必須在各方面完全相同，才能視為相同，舉例來說，如果我們把兩個三角形疊在一起，只有一模一樣的三角形會完全重疊，這樣的相同稱為全等（congruence）。

在某些狀況中，三角形的大小不重要，例如我們只想計算某個角，或是要縮小或放大整個形狀。**相似**（similar）三角形的概念因此誕生，這類三角形除了大小有差別外，其他地方都相同，就像上面那兩個三角形，重要的是這些三角形完全按比例縮放，因此三個角的大小相同，三邊的比例也相同。

在另外某些狀況中，三角形是什麼形狀也不重要，只要它是某種三角形就可以。舉例來說，如果我們想讓矩形相框更堅固，只需要在相框背後加幾條斜桿，在四個角形成三角形就行，三角形是什麼樣子不重要。

我們最初的「三角形」概念就是這麼來的：三角形是由三條直線構成的形狀，所以有三個角。

如果我們只想知道三角形是全等、相似或兩者皆非，研究全等和相似三角形似乎沒有意義又浪費力氣。對我而言，我們**在什麼脈絡**下會關注三角形這幾種不同的「相同性」，這個問題有趣得多。甚至在某些脈絡中，可以視為三角形的事物更多。在抽象數學中，我們可以接受三角形的一或多條邊的長度為0。此外對於某些結構而言，這些物體被視為三角形不僅可以接受，而且相當重要。這些物體稱為退化（degenerate）三角形，所以下面兩個形狀雖然看起來是直線和點，但還是被視為三角形，我覺得這點頗具顛覆性卻很是讓人滿意。

第一個形狀是三角形的某一邊長度為0，我們可以想像下圖中虛線的一邊越來越短，最後變成0：

第二個形狀則是三邊的長度都是零，所以整個三角形縮小成一個點。

在我研究的範疇論中，只要形狀有三條邊，無論這三條邊是否為直線，都稱為三角形。這是因為在範疇論中，我們只關注事物的關係，我們畫出的形狀代表抽象關係，舉例來說，這個關係：

$$A \longrightarrow B$$

和這個關係沒有什麼不同：

以下兩者則視為「相同的」三角形：

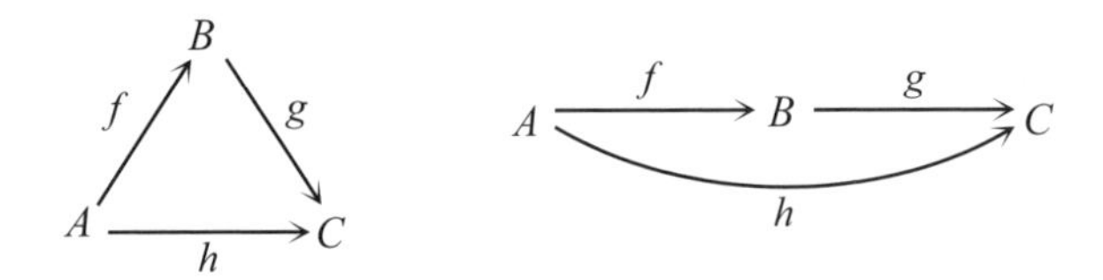

這聽來或許有點奇怪，但如果我說明以下的狀況，你或許比較能夠理解：我讀研究所時，生活基本上就是在住處、學校和數學系之間的三角形裡。我稱它為「三角形」，但我在這幾個點之間走的路線當然不是直線，因為街道本身就不是直線。它感覺起來像個三角形，但實際上右圖是這個樣子。*

找出事物在哪些方面相同或不同的學科，是所有數學的出發點。當我們思考1＋1什麼時候會等於或不等於2的時候，也是由數學出場來解決。我們一開始以三角形等相當簡單的東西來練習這個學科，再慢慢運用到比較複雜的事物。可惜的是，如果沒有人解釋我們要練習的是什麼，簡單的事物也可能看起來沒有意義。我們充分練習之後，就能更輕鬆地在更複雜的狀況中看出關聯，例如病毒散播的過程。

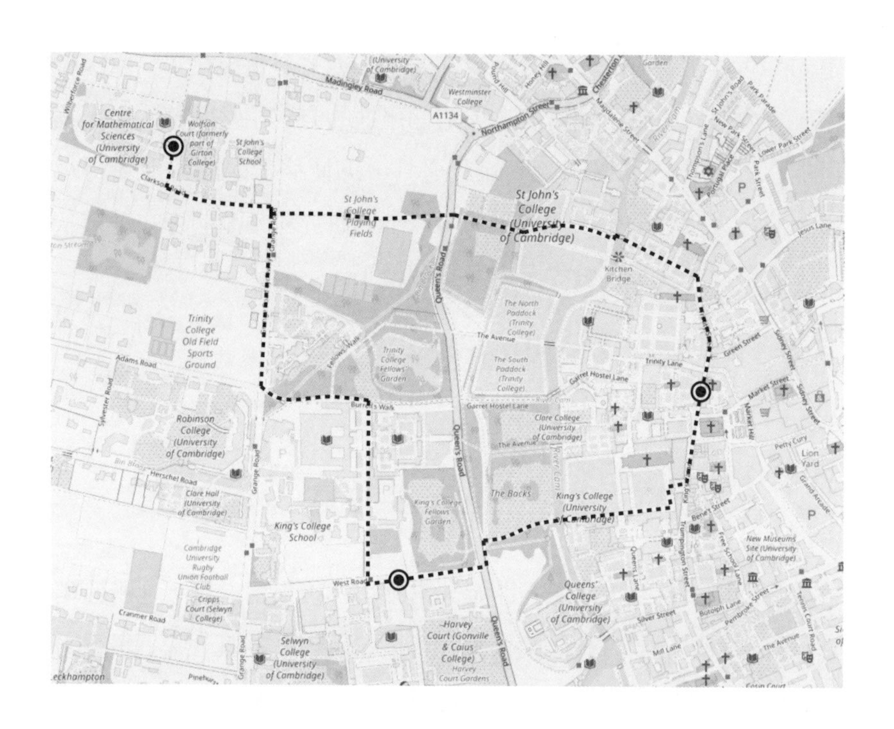

病毒性傳染病散播的過程是重複乘法（repeated multiplication），概念是每個感染者平均可傳染給特定的人數。假設這個數字是3人，接著這3人（平均）各傳染給另外3個人，因此這時的人數是3×3＝9；這9個人再各傳染給另外3個人，因此人數是3×9＝27，每個階段的新感染總人數都乘以3。

數學家以抽象方式研究重複乘法，就像研究重複加法一樣。重複乘法形成指數（index），這一點十分重要：如果我們在日常生活裡說「呈指數增長」，通常只是說它增加得非常快。但在數學中，

---

* 地圖影像 ©OpenstreetMap contributors。資料依據Open Database License取得授權，請見：https://www.openstreetmap.org/copyright。

這句話有非常明確的意義，代表它的增加方式是重複相乘。重複相乘確實會導致事物迅速增加，但這個迅速的方式相當明確，以後我們能以其他技巧加以研究。除此之外，即使病毒剛開始散播得很慢，感染人數也很少，我們仍然可以由此研究和預測病毒在各種狀況下的散播方式。指數的圖形是這個樣子：

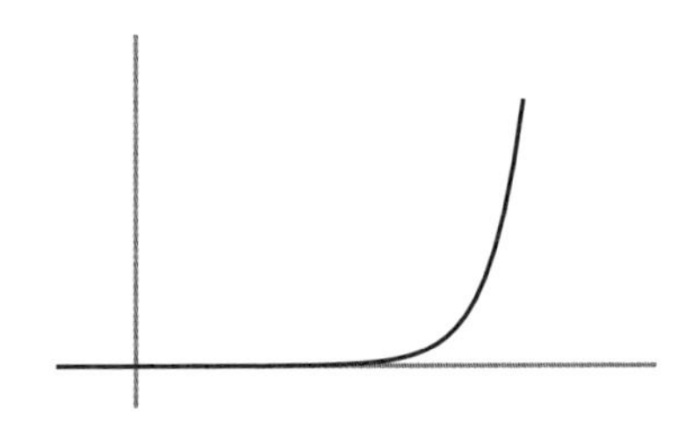

我們可以看到，曲線一開始非常平坦，後來相當誇張地迅速爬升。科學家以抽象方式研究指數，可以在感染人數似乎還不嚴重的時候更深入了解病毒爆發過程。可惜的是，不了解指數的人往往認為這是在製造恐慌。

這點和網路爆紅影片有關，一段影片在網路上爆紅時，經常令人感到驚訝，而且發生得相當突然。重點是這類狀況可以像病毒性傳染的散播一樣建立抽象模型，但我們要研究的不是感染，而是影片分享的狀況。一個人分享這段影片，讓他的好友或追蹤者再分享出去，即使平均人數相當少，假設是3個人，如果這個過程一直持續下去，在指數作用下，人數將會迅速增加，只要一層層分享13次，總人數就會超過100萬。

各種看起來和指數無關的狀況，其實都受指數掌控，例如一塊肉烹煮時的溫度。你可以買一支多功能肉類溫度計，不只能在烹煮肉類時測量溫度，還能和手機應用程式連線，讓應用程式預測還要多久才能達到你預期的內部溫度，這個計算過程就和指數有關。放射性衰變也和指數有關，不過是重複乘以一個小於1的數，所以會越來越小。

除了某些狀況對生命的威脅較大，這些狀況之間還有一些差別。對病毒性傳染病和網路爆紅影片兩者而言，散播的限制在於可感染（或觸及）的總人數。已經感染（或看過影片）的人數在總人數中一旦達到某個比例，因為剩餘的人數已經不多，即使我們不刻意阻止，散播速度也會減慢。烹煮肉類時不會有這種現象，但我覺得如果放著不管，很長一段時間之後，肉也會燒焦分解。指數性成長受有限資源限制時，就會出現這種狀況。一個族群的食物資源即將枯竭時，族群成長也會如此。受有限資源束縛的指數性成長模型比一般指數性成長更微妙。首先研究它的是19世紀中期比利時數學家韋呂勒（Pierre François Verhulst），它的曲線圖是這個樣子：

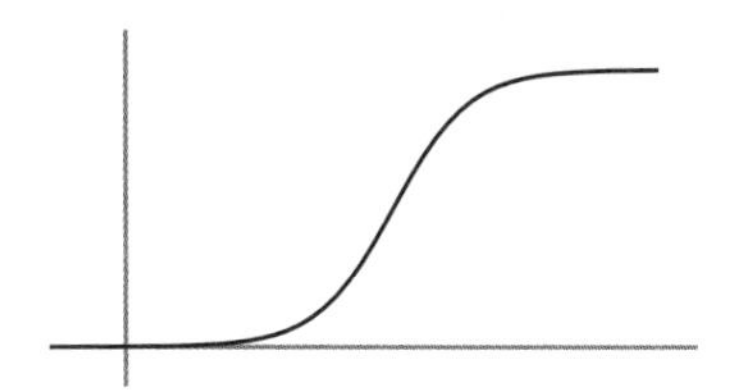

這條曲線起初看來很像指數，但不會永遠持續成長，而是在一段時間後變得平直。

這個意思是研究這類狀況的數學不僅要找出不同狀況之間的相似之處，還要找出差別在哪裡，避免過度擴大相似程度。這個方法也能協助我們避免過度擴大「正確答案」的概念，因此我們必須找出某個前提成立下的不同狀況之間的相似之處，並以這些相似處當成線索，協助我們了解使這個前提在特定脈絡下成立的因素。我們探討1＋1的各種可能答案時，就是採用這個方法。

1＋1什麼時候不等於2

這一章一開始，我們看了1＋1等於各種不同答案的例子，我們可以說這些例子「其實不是數學」或「其實不是數」，甚至「其實不是加法」，但數學家喜歡研究這類情況究竟怎麼回事，一部分是為了更了解這些情況，另一部分是更了解1＋1什麼時候**等於**2。我學開車的時候，教練要我刻意讓車子熄火，讓我更了解離合器怎麼操作。探討某個事物什麼時候不成立，也能讓我們更了解這個事物什麼時候確實成立。

探討1＋1什麼時候等於其他答案，也要探討相似和不同的地方。我們曾經看過1＋1＝0的例子，但也發現它們之間的某些異同之處。有些例子等於0的原因是某些部分「互相抵消」，就像考試裡的否和交叉一樣。有些例子等於0的原因是整個世界都是0，就像我小時候的零甜點世界一樣。這幾種狀況各有不同。

整個世界都是0的時候，1＝0。這看起來似乎是「錯」的，但只有在一般數的世界裡才是錯的，它在0世界裡是對的，在物件更加複雜、1和0的概念也更加複雜的其他世界裡也是對的。

有某些部分互相抵消的世界則不一樣，原因是在這類世界之中，1和0本來就不同，只是1正好能抵消自己。所以這類世界可以概括描述成包含兩個物件和一個結合方法的抽象結構，結合方法滿足這個「互相抵消」的關係。我們可以用下面這個表格來說明這個關係：

	0	1
0	0	1
1	1	0

如果我們把這裡的0解釋成「0個負號」，1解釋成「1個負號」，那麼從這個表可以得知正數和負數相乘的結果，它的模式和奇數與偶數相加相同：

×	正數	負數
正數	正數	負數
負數	負數	正數

＋	偶數	奇數
偶數	偶數	奇數
奇數	奇數	偶數

在數學中，我們經常可以看到一個模式出現在不同的地方，我們先試著分析模式（就像這個表格一樣），分析出來之後，就會發現它出現在以往從未想過的地方。我曾經運用這個模式協助研究寬容度（tolerance）。如果我們希望自己寬容，有時會很生氣，覺得這樣是不是代表必須容忍那些不寬容的人。然而，我認為這種狀況和以下表格呈現的模式相同：如果我們容忍不寬容的人，將使不寬容的人更加氾濫，所以我們不應該容忍不寬容的人，這樣可以視為寬容。

	寬容	不寬容
寬容	寬容	不寬容
不寬容	不寬容	寬容

以上是事物可以互相抵消、使1＋1＝0的所有情況。這類抽象結構稱為二階循環群（cyclic group），通常是大學部的高等數學課程範圍。

那麼因為後面的1沒有影響，所以1＋1＝1的狀況呢？這類狀況可以概括描述成同樣具有兩個物件（和前面的模式相同），但關係類型不同的抽象結構。在這類結構中，物件不是互相抵消，而是堆疊在自己之上，不造成進一步影響。我們可以用以下這個表格來說明：

	0	1
0	0	1
1	1	1

這有點像顯性和隱性基因的表格。以基因而言，1代表顯性、0代表隱性，所以要得到結果為0，必須原本就是兩個0，其中只要有一個1，結果就一定是1。

「寬容度」模式和「顯性／隱性」模式是兩種不同的結構，但我們觀察到這點之後，將可把這些結構本身當成我們已經了解的微小包裹來思考。

包裹

把物品包在一起，是一次攜帶更多物品的好方法。雞蛋如果沒有放進蛋盒，要攜帶一打蛋應該相當困難。有些物品可以用相當常見的包裝材料來包裝，只要把物品放進袋子裡就好，但雞蛋等物品使用更為仔細和特別的包裝會比較好。此外，發現某種包裝可以改成其他用途，也讓人很有成就感，例如把它當成油漆調色盤或用來育苗等。

在不同事物間建立抽象連繫，也是一種打包東西的方式，讓我們能更有效率地帶著它們移動，只是我們要打包的物品也是抽象的，所以這裡說「帶著它們移動」的意思是把它們化成大腦中的概念帶著移動，而不是真的把它們帶到另一個地方。數學家可以把所有「寬容／不寬容」類型的狀況全部視為「二階循環群」，它是單一概念，可以帶著移動，讓大腦有空執行更多思考。其實我們從小就會學著這麼做，例如我們學習閱讀的時候。

我們學習閱讀時，一開始是辨認個別字母，接下來學習如何解釋字母組成的單詞。我們處於只能一次辨認一個字母的階段時，很難閱讀整個句子，所以我們會（有意無意地）不再一個一個字母看，而是一次辨認整個單詞。這個方法其實是把一組字母打包成一個單位，方便大腦帶著它移動。這也代表大腦能夠「校正錯誤」或是填補空缺，因此即使單詞裡少了字母或打錯字，我們還是能辨認出來。

我們接著進入下一個層次，不再一個一個單詞地讀，而是把單詞打包成整個句子，這是速讀的層面之一。我們研究音樂作品時，也使用這個逐漸增加打包物品的方法，尤其是又長又複雜的作品。我們看到鋼琴家看著樂譜演奏時，或許會覺得他們能迅速地解譯這些豆芽菜相當神奇，但他們其實大多是一包一包地解譯。我們不會一次看一個音符，因為音符就像字母和單詞一樣，要一個個地看完整部作品會非常困難。我們其實是辨認和弦中的一組組音符，進而辨認和弦進行中的一組組和弦。如果一部作品又長又複雜，我們會把和弦再打包成樂句、樂句打包成樂段、樂段再打包成樂章。我們把一組樂句集合成樂段之後，就能把這個樂段視為一個單位，找出所有樂段之間的關係。依照這個方法，一段30分鐘的作品最後可能只有5個樂段，比思考1萬個音符容易多了。*

數學的重點是開發打包概念的技巧，讓我們能更進一步發揮有限的腦力。在重複相加和重複相乘中，我們已經看過幾個例子。

數學包裹

我們思考重複相加時，想的是類似2＋2＋2＋2這樣的東西。我們可以繼續這麼想，但如果有很長一大串數要相加的話會很辛苦，所以我們把這些數打包成新的包裹，稱為乘法，在這個例子裡是4×2。如果次數不是很多的話，乘法或許沒那麼重要，例如我把兩顆蛋拿出冰箱，拿到流理台上，不用包裝也沒問題。但如果我要用六顆蛋做蛋糕，就需要拿出整盒蛋，打六顆蛋之後再把蛋盒放回去。（我現在住在美國，蛋必須放在冰箱裡，通常是盒裝，至少一打。）

把4×2寫成重複相加沒有那麼困難，不過如果要用這種方式寫出44×22將會非常麻煩（而且不是很具啟發性）。乘法比加法困難，因為它是一包物品，但如果我們能理解它是單一包裹，就能進一步發展我們的想法。舉例來說，我們可以重複相乘，例如3×3×3×3，它和重複相加一樣，可讓我們把東西放進單一包裹。在這個例子中，我們可以把它寫成指數，也就是3^4。這個動作很小（就像包裝禮物一樣），卻是讓我們進入指數世界的起點，以了解病毒散播等現象。

這個把物品打包成單位的概念也可用在不是數的事物上，就像我們先前試著把不是數的物品相加或相乘一樣。我們也可以用這種方式包裝我們的論證（或其他人的論證）的邏輯，藉以了解更加複雜的論證，就像我們閱讀複雜的數或演奏複雜的音樂作品一樣。

邏輯論證由「若……則」的陳述句（statement）組成，稱為邏輯蘊含（logical implication）。我們說：「若這個事物為真，則另一個事物一定為真。」我們把這些邏輯陳述句一個個堆疊起來，或是把它們頭尾連接起來，中間不留下空隙，讓我們能順著這些陳述句走，從起點到達結論。小孩比較不擅長以這種方式循著邏輯或因果步驟思考，舉例來說，他們可能會想：「如果我晚一點睡，現在就有更多時間玩玩具。」然而他們不會想：「但我也會睡眠不足，早上會精神不好。」老實講，就算我已經是大人了，常常也不大擅長這個論證方法，喜歡熬夜做自己感興趣的事。然而我的邏輯是有依據的，我不是不依循這個額外邏輯來思考，而是我依循這個邏輯思考，認為整體看來，為了現在能享受更多樂趣，早上痛苦一點是值得的。

下西洋棋最出名的特色是必須超前思考，預見我們的每一步可能會有什麼結果。初學者思考的可能只是現在吃掉對手的某個棋子，但沒有注意到這一步以後會曝露的弱點；相反，比較高段的棋

---

* 我試著大致估計貝多芬《悲愴》（*Pathétique*）奏鳴曲的音符總數，結果是1萬個左右，但它的時長其實只有約莫20分鐘。

手會為了取得優勢而刻意犧牲一個棋子。我承認我自己的西洋棋程度不超過中級太多，但很擅長建構和依循複雜的邏輯論證，這證明我們雖然在某些情境中不擅長這類過程，不過可在另一些情境中很擅長和喜歡。

把邏輯論證打包成單元，可以協助我們辨認模式，這點同時適用於邏輯謬誤和良好的邏輯論證。「稻草人」謬誤（我想在這裡去除性別）*是故意把我們的論證換成另一個虛弱許多的說法（也就是稻草人），接著攻擊這個說法。舉例來說，有些人反對白人特權概念，理由是有錢的黑人確實存在。然而這個論點反對的不是白人特權概念，而是所有黑人都貧窮的說法，不過其實根本沒有人這麼說，這就是稻草人。我們了解結合成單一單元的一連串想法（稻草人謬誤）之後，會更容易思考實際狀況，在其他地方也能輕易辨認出來。例如有人反對拆除歷史上的奴隸交易商遺址時，宣稱我們不應該「抹煞歷史」，但沒有人要抹煞歷史，這也是稻草人謬誤。拆除遺址和抹煞歷史不同，歷史永遠都存在，差別在於我們要不要頌揚它而已。

事實上，稻草人謬誤本身一定存在某種錯誤的對等關係，因為它的基本概念就是刻意扭曲一個人的真實論證，假稱它等同於另一個虛弱許多的說法，再打破這個較弱的說法。我們現在做的不只是打包論證，還要檢視可以把它們分成哪些較小的單元。這麼做就像把行李箱裡的衣物裝進更小的收納包裡，我以前很不喜歡這麼做，後來突然變成忠實擁躉。

把論證打包之後視為單元來理解，有助於我們理解這些論證是否適用於更多脈絡。此外還有相反的過程：把論證分成數個部分，則有助於理解它的確實含意，以及它究竟從何而來。

組成元件

如果想從其他人的觀點來理解**他們**為什麼這麼想，理解論證的基本組成元件非常重要。即使我們看來不合邏輯，但任何事情一定有理由。如果要當個有同理心的人，找出這些理由並加以承認十分重要，這是把事物分解或濃縮成基本組成元件的重要原則。

以人類的思想而言，基本組成元件是每個人的個人基本原則或基本信念。理解這些基本原則有助於了解人與人之間意見分歧的根源，這類分歧通常源自某些非常基本的原則差異，而不像我們通常認為的一方合乎邏輯、另一方不合邏輯。

就某方面而言，人生就是分解及建立事物並加以理解，我們具備的相關技巧越多，能理解的事物也就越多。我們應該承認事物相當困難，所以需要先分解成多個基本部分以便理解。此外我們還需要了解如何從基本部分著手，把它們組合起來，建構這些困難的事物。這個過程就像製作多層蛋糕，首先分別做出每一層蛋糕，再製作糖霜，最後把整個蛋糕組合起來。蛋糕本身的強度足以支撐其他蛋糕相當重要，否則我們就必須添加其他結構或蛋糕架來支撐整個蛋糕。

比較正式的數學中有數學世界的基本**公理**（axioms）。我們先

* 譯註：稻草人的英文一般為straw man（稻草男），而作者原文為straw person。

設定這些公理是正確的事實，再看看那個世界中的基本事實能夠建構出哪些事實。重要的是我們不是說這些基本公理絕對正確，而是說我們要研究這些公理成立的脈絡，看看會出現什麼結果。我們也可以用這個方法來理解其他人的想法：找出他們的基本原則，看看這些基本原則會形成什麼結果，而不需要同意或相信相同的事物。這是研究由不同原則掌控的不同世界，就像1＋1在不同世界中是不同結果一樣。

所以1＋1＝2可能在某個世界中是基本公理（一般數的世界），但在另一個世界中，1＋1＝0是基本公理（二階循環群），而在另一個世界中，1＋1＝1才是基本公理（顯性和隱性的世界）。所以問題不再是「為什麼1＋1＝2？」，而是「1＋1**在哪裡**等於2？」以及「在1＋1＝2的世界中還有什麼為真？」或是更基本的「1＋1＝2的世界是什麼？」

1＋1什麼時候等於2

我們終於談到「1＋1為什麼等於2？」這個問題的抽象數學版本。這個問題的答案其實是1＋1不一定永遠等於2，因為它取決於我們處於什麼情境之中，我們可以思考它的基本組成元件來探索這個情境。我們先提出1的概念以及把一樣東西和另一樣東西放在一起的概念，再指出這樣一定會變成2個東西，而不是0個東西、1個東西或3個東西。接著問我們自己，這樣會形成什麼情境，也就是在具有這些起始點的世界裡，還有什麼一定為真？

「一般數」，也就是1、2、3、4等整數和計算數就是這麼來的。這些數有時稱為**自然數**（natural numbers，但自然數可能也包含0，這又是另一個完全不同的故事）。我們由1和沒有中斷、消失或重複的加法過程建立這個世界，在抽象數學中，這個過程稱為「自由產生結構」。所謂「自由」是說我們除了基本公理之外，不對這個狀況施加其他規則，讓它自然成長，然後悄悄地觀察出現什麼結果。

所以1＋1並非在**所有**脈絡下都等於2，但在很多地方確實如此。我們可以先了解1＋1等於2的抽象世界，以便在具象世界中尋找這點確實成立的地方，並且知道我們對1＋1＝2的抽象世界所知的一切，也能套用在具象世界的相對部分。

這個1＋1＝2的世界裡有許多事物可以探討，我們可能會對一件事感到好奇：如果事物可以加進去，那麼可以取出來嗎？這個問題完全屬於另一個層次，將帶領我們進入負數的神祕世界，且等下一章分解。

第2章 數學如何產生作用

為什麼−（−1）＝1？

有些人認為這個令人困惑的「事實」顯而易見，也有人認為它很難理解。它是我們必須接受和記住的「事實」嗎？事實上，世界上有沒有我們必須接受和記住的數學事實？事實究竟是什麼？

有些人很快就接受−（−1）等於1，但令我覺得困惑的是，這類人往往被視為「數學好的人」，而質疑的人則被視為「數學不好的人」。我困擾的是這些標籤的存在，把數學能力講成是與生俱來，有些人就是沒有，但其實每個人都擁有某種數學能力，而且只要有適當輔助就能進步。

接受−（−1）等於1的人就只是接受−（−1）等於1的人，質疑的人就只是質疑的人。重要的是這件事不是非黑即白，一個人有可能既接受又質疑。數學的重點是提出質疑，還有深深地疑惑事物為什麼為真。如果認為−（−1）等於1神祕難解而不是顯而易見，也不代表你「數學不好」，只代表你的思考方式像數學家。對其他人認為顯而易見的事物感到疑惑，是許多深奧數學發展的起點。在這一章中，我們將會探討要嚴謹地得出這個看來顯而易見的方程式，需要多少抽象思考過程。然而，我的目的其實不是解釋這個方程式（但確實也有這個效果），而是解釋我們在數學中如何決定什麼為真。在研究某樣事物為什麼為真的過程中，我們必須研究我們在數學中如何知道某樣事物是對的。事實上，我們究竟是怎麼知道任何一樣事物是對的？這一章談的就是我們在數學中如何決定何者為真的架構。

在接受某樣事物為真這方面，每個人的容許度都不一樣。有些人看到網路上的文章，無論作者是誰、資料來源和引用是否正確，以及是否有其他文章支持，都認為文章內容是對的；有些人則是很容易接受自己相信的人或組織所說的事，可能是資深教授、可信的新聞來源、宗教領袖，或是明星政治人物等；有些人相信自己認為正確的事物，例如占星術很準或順勢療法有效；或是以我自己為例子，我認為聽巴哈能讓我們在解數學題時更順利。

所有學術科目都有用來評估事物真實性的架構，希望在評估時做得比「這個看起來是真的」、「我說過，所以它是真的」，或是「我在網路上看過，所以一定是真的」更好一點。它的目標是讓我們對周遭世界的理解比隨便亂講或猜測更加穩固，因為這些都禁不起進一步檢視。它的用意是想由我們的理解繼續向上發展，就像我們要建造高樓大廈時，需要的基礎就比只想搭個單人帳篷穩固得多。至於我們為什麼想建造比喻的或真實的高樓大廈，在我們探討學術研究和殖民政策之間某些令人不自在的關聯時會再度提到。

儘管有某些令人不自在的關聯，學術學科依然都是由某個出發點開始，這個出發點需要有個架構。有了架構以後，我們才能對良好資訊的定義達成共識，進而以適合這個架構的方法向上發展。這個狀況有點像對某種競技運動的規則達成共識，依據這個架構成立隊伍、舉辦公開賽和錦標賽。這不代表這些公開賽的結果是「正確」的，只代表它們是依據架構決定的結果。

此外，這類架構必須客觀，而且不單單依靠相信某個權威人物。然而這類架構最後往往看起來像是依靠權威，原因是架構的功能之一是認定「專家」，而專家又依據這個架構來驗證。所以這些專家的地位不是來自隨便的權威：他們都被架構認定為精通這個學科，而且原則上，任何人只要被這個架構認定為更精通，就能成為更厲害的專家。

數學的架構符合邏輯，而我受數學吸引的理由是，我不希望自己必須相信其他人才能決定什麼資訊是真的。我也不希望自己必須相信某些書，但理解邏輯架構讓我更能決定要相信哪些書，還有要信任哪些文章，即使這些文章是在網路上看到的也一樣。有些人太容易相信網路上看到的東西，因此出現一種反彈想法，認為我們不應該相信有偏見的新聞來源，也不應該相信維基百科（等等）。比較有效的態度是我們應該學習如何評估事物，這樣一來，我們就不需要相信這些來源，但我們也不需要毫不考慮地直接拒絕。

我們如何知道數學是對的？

這一章談的是數學如何運作，我們將從某個意義來思考這件事：數學中用來判定事物是否正確的架構是什麼？每個學術科目各有不同的架構，用來判定什麼資訊可以視為正確。科學看的是證據，而且有明確的架構用來判定證據的正確性。重要的是，有證據基礎的科學結果並非絕對真實，它在科學上是真實的，也就是受到某個科學架構支持。這通常代表我們進行了一定程度的檢驗，而且證據支持結論的確定性達到一定程度，例如95%或99%，依狀況的重要性而定。這樣說來，科學好像什麼事都無法確定，因為它的確定性不可能達到100%。這麼說也沒錯，如果科學本來就有不確定性，我們就不應該宣稱科學絕對正確。我們應該理解這個不確定性的含意，而不是假裝它不存在，如此我們將能理解「不大確定」不等於所有事物的可能性都相同。如果科學家說他們95%確定全球暖化現象大部分屬於人為，就代表這件事為真的可能性非常大。

數學判斷對錯的依據不是證據，而是邏輯。邏輯的功能是讓我們決定某樣事物在數學中是不是「對的」，這不代表它就是對的，只代表它在數學架構下是對的，這就是邏輯。

這帶出了一個重要問題（也可能是抱怨），就是在數學裡為什麼必須「呈現過程」。這是許多孩子數學生活中最頭痛的一件事，孩子必須回答數學問題，他們知道答案，把答案寫了出來，答案是對的，但他們沒有「呈現過程」，所以沒有拿到滿分。

這樣公平嗎？

關鍵在於數學的用意不只是知道事物的正確答案，而是經常看起來只是為了得到正確答案。它讓人覺得我們必須知道某些事實，這些事實由老師宣布，學生的角色是學習這些事實，而不是質疑它們。結果，教師的角色變成宣布這些事實，而不是說明或解釋事實。這個例子比較極端，我不是說所有數學教學都是如此，但很多時候相當接近這樣。這讓學生產生數學以權威為依據的印象，認為世界上有個高高在上的真實，就像獨裁政權頒布的命令，人類只能遵守這些命令，不可質疑。以這種態度看待數學不僅不正確，傳遞給孩子也相當危險。*如果孩子認為知識來自權威，長大之後很可能習慣透過權威人物取得知識，而不是藉助客觀架構吸收知識。這樣將使他們的想法完全來自心目中的權威人物，也就是以權威為依據，而非透過理性思考，因此將無法和他們理性討論。

這樣和數學的真實面貌幾乎完全相反。數學最重要的是依據邏輯進行推論，除了邏輯基礎本身之外，權威不需要提供任何東西。問題是學校數學通常包含問題和答案，還有解答可以告訴我們答案。我們可以比對自己的答案跟解答，看看自己的答案是否「正確」。

但我們還不知道研究型數學的答案是什麼，所以研究型數學沒有解答。人生當然也沒有解答，所以問題是：如果解答不存在，我們又怎麼確定自己的答案沒錯？數學的重點就是這個：學習在沒有解答的狀況下判定適當的答案是什麼。呈現過程非常重要的原因就在此：因為過程就是數學。數學的重點不是「得出正確答案」，而是提出論證來支持答案。

我們將提出許多關於這些事物的真實意義的問題，探究−(−1)的概念。數學家經常用這種方法深入探索自己的直覺並加以理解。解答追根究柢的問題可以大大強固我們的邏輯基礎，但這類問題的目的必須是進一步理解事物，而不是為了打擊和推翻這些事物。

---

* 關於這點，龔仲孝（Dave Kung）教授在TEDx演講「進階數學」（Math for Informed Citizens）中說明得十分生動有趣。網址：https://youtu.be/Nel5PF8jtsM。

假設要為小朋友設計一個攀爬架，我們會想以各種可能方式測試，確保它的安全性。我們測試時不會只用一般合理的方式來玩它，而會在上面跳動、擺盪、用力撞擊它、從上面跳下來，試著把它拽出地面，而不是單純地相信我們做得很穩固。數學的穩固性來自不相信任何事物，只想用跳動和擺盪的方式確定我們的架構十分穩固。這個架構非常穩固的原因正是我們大力提出質疑，提出那些看似簡單的問題不僅「不笨」，而且尤為重要。

我承認深入探究這些問題有時顯得有點麻煩。在日常生活中，我們接受某些事物為真，以便讓生活正常運作。幼兒以永不停息的好奇心對各種事物提出疑問時，是探索世界的好機會，但有時候真的必須要他們趕快穿上鞋子，不然就出不了門了。

但在數學中，我們想要的不是「讓生活正常運作」，而是建立堅固的結構。為房子建立堅固的結構看來或許麻煩，但還是優於為了早點完成工作而省略某些步驟。儘管如此，我們在研究數學時，一開始通常會比較概略，盡量在腦中的印象消失前找出方向。這樣就像先畫出大樓設計的初步構想，再坐下來實際建造。

要理解為什麼 $-(-1)=1$，必須認真思考負數和負數的意義，這樣一來又必須認真思考0和0的意義，接著又必須思考數和數的意義。思考這些時，我們將可了解數學家發現自己對事物的真實意義太視為理所當然之後，如何開發更好的推理方法。

負數的概念

負數很難，但正數本身已經很難。我們已經知道，正數源自我們發現不同組物件之間的相似處，並把這個相似處轉換成抽象概念。但負數不可能源自具象事物之間的相似處，因為我們不可能看到「負的事物」，我們不可能數出−2顆草莓和−2根香蕉，然後說：「啊哈！這兩組物件之間的共同點是−2的概念。」

相反，有些方法可以讓我們理解負數的概念，其中之一是用方向改變來思考。如果我們向前走10步，再向後走10步，就會回到開始的地方，這兩個方向互相抵消，我們就把向後的方向稱為「負」。這個直覺非常好，但不完全符合邏輯（不過也不是不合邏輯），也沒法輕易運用到其他地方。它怎麼協助我們理解負10個其他東西，例如負10顆蘋果或是負10塊錢？

另一個理解這個概念的方法是借貸。如果我們欠某個人10塊錢，代表我們不只沒有10塊錢，而且更糟，因為我們其實還欠10塊錢。但這已經是抽象概念，對於從來沒有欠過任何人任何東西的小孩而言，這個概念很難理解。要麼就是有餅乾，不然就是沒有餅乾，什麼叫做欠朋友1片餅乾？

它的真實意義是我們必須從其他地方取得一片餅乾來給朋友。一般說來，如果有人給我們1片餅乾，我們就有1片餅乾。但欠朋友一片餅乾，代表如果有人給我們1片餅乾，道德上我們有義務把這片餅乾拿給朋友，最後的結果是我們有0片餅乾。

把道德義務帶進數的討論似乎有點奇怪，這麼做的用意都是為了凸顯負數真的是個很難的概念，我們應該承認這件事。負數的抽象程度比正整數高了一個等級，因為正整數至少是具象事物（物件）的抽象呈現，負數則是抽象事物的抽象呈現。我擔心你現在就高舉雙手投降，但我很高興我們的大腦其實做得到。我很高興隨著年齡逐漸增長，我們處理假說的能力也會逐漸增加，只要我們能運用想像力，在想像世界中四處漫遊。這有點像是魔幻寫實主義，它在某方面已經比虛構高出一個等級，虛構是依據真實世界構思的想像情境，但魔幻寫實主義是依據想像的真實世界構思的想像情境。在這個想像的真實世界中，可能出現稍有不同的事物。幻想可能比魔幻寫實主義更進一步，是依據想像的真實世界構思的想像情境。這個想像的真實世界的出發點往往不是真實世界，而是完全不同的世界。

我覺得我們的懸置懷疑（suspension of disbelief）範圍受到限制時相當有趣。有些書籍（我還是不要寫出書名，否則就破哏了）整本都是書中某個人物創造的虛構情節，儘管這本書實際上是作者寫的，但讀者顯然能接受一個真人寫出篇幅長達一本書的虛構故事，而無法接受一個虛構的人在真實的書籍裡寫出篇幅長達一本書的虛構故事。

每個人對小說中的幻想的寬容度不同，對數學中的抽象的寬容度也不一樣。有些人只喜歡讀非虛構故事，有些人喜歡虛構但不喜歡魔幻寫實主義——我個人喜歡魔幻寫實主義但不喜歡幻想。然而，我非常喜歡數學中的抽象，我不只接受它，而且喜歡和欣賞它。我喜歡抽象本身，也欣賞它想達成的目標。抽象數學包含勾畫想像或假想的現實，有時還會一層又一層地提高假想程度，不過這一切都有其目的，就是說明現實。在某方面，負數就是數學家創造的虛構物，用來代表生活中各種與單純計數不大相同的情境。向前和向後的情境看來似乎不像借貸，但如果我們用抽象一點的方式來思考，或許就能看出兩者之間的關聯，方式和我們在前一章中發現事物之間的關聯相同。

在向前和向後的情境中，我們說向前走10步再向後走10步，就會回到開始的地方。在借貸的情境中，我們說如果欠朋友10片餅乾，那麼如果其他人給我們10片餅乾，結果是我們沒有餅乾，因為我們必須把這10片餅乾還給朋友。這兩個情境都用到了回歸到無的概念，因此，要理解負數，我們必須先理解0。

零

0是個莫名其妙的數，因為它代表無，但本身仍然是有，它以有來代表無。我們很難觀察0顆草莓和0根香蕉，找出兩者之間的共同點，因為我們看不到0個東西。我曾經很開心地發現我有3個三孔打孔器、2個兩孔打孔器，還有1個單孔打孔器。有人說我還有0個零孔打孔器，但我倒不那麼確定，或許不能打孔的東西都可以說是零孔打孔器？如果是這樣，我的水瓶就是零孔打孔器，我的電腦和所有咖啡杯也是，事實上我的東西幾乎全都是零孔打孔器。

同樣地，我們無論看什麼地方，幾乎都能「看到」0顆草莓，還有0個很多東西。這很令人困惑。如果你跟我一樣，知道我們無論看什麼地方，都能看到0個無限多種東西，應該會有點頭暈。我需要先眨眨眼睛，深呼吸幾下，以便回到現實世界。事實上，突然在想像中「看到」這些非事物，正是我研究數學時常有的感覺。它出現的時候會有少許眩暈感、一種無邊無際的想像世界突然出現在眼前的感覺，還有困擾、困惑、激動，接著回到現實。我喜歡這種感覺。

0的概念擁有漫長又多變的歷史，可以寫滿一整本數學史書籍。但我現在的目標不是這個，而是證實0真的有點奇怪。0的概念和把它視為實際的數並納入數系有一點不同，這個差別很微小但相當重要，對我而言，它和「數學是被發明還是被發現」這個問題有關：我的看法是這些概念已經存在，因此是人類發現的，但我們寫出這些概念和運用它們推理的方法，則是人類創造的，因此是人類發明的。有時候，一個概念和研究這個概念的方法不容易區別，所以我覺得沒辦法說數學是被發明的還是被發現的（而且我也覺得這麼做不重要）。

埃及、馬雅、巴比倫和印度等許多古文化*都曾經思考過0的概念，也用符號來代表它。古希臘人更常探討它的地位，認為不應該把它視為數。不同的人對哪些事物可以視為數的接受程度各不相同，在今天大多數人似乎都能接受0、負數和分數，但到了虛數等更高階的概念就比較困難（你或許不知道虛數是什麼，第4章會談到它）。曾經有人生氣地寫電子郵件給我，說虛數不是數，所以不應該稱之為數（不是說它被稱為虛數是我的錯，但這樣還是無法阻止對方發出這封郵件）。真的，想知道哪些事物可以被視為「數」，讓我們不得不探問數究竟是什麼。這提醒我們，從古至今，我們接受事物可以視為數的程度越來越高，不過有些人進步得沒那麼快。這並不令人意外，如同社會上對各種事物的接受程度逐漸越來越高，不過有些人進步得沒那麼快，有些人或許能接受女性和黑人，但無法接受同性戀；或是能接受男同性戀、女同性戀和雙性戀，但無法接受跨性別。

要迅速解決0是不是數的困難問題，有個方法是輕巧地避開它。「數」是什麼很重要嗎？我們可以不用在意這點，直接研究0是基本組成元件的世界，看看那是什麼樣的世界。在這個系統中，我們不需要說明0是什麼或0代表什麼，只要說明0和系統中的其他成員如何交互作用就好。

在數學中，達成這個目標的方法通常是從先前的世界建立。我們目前已經建立了從1開始並以加法累積的世界，因此得到1、2、3等所有的數。我們把0納入這個世界時，必須知道如果我們把它「累積」在其他數上會有什麼結果，也就是如果我們把它加在其他數上會有什麼結果。我們心裡知道要呈現的是無，所以我們可以指出，把0加在任何數上，都不會改變這個數。

所以$1+0=1$、$2+0=2$、$3+0=3$……以此類推。類似的方程式有無限多個，沒辦法全部列出，因此我們可以如此概括這個想法：

> 如果把任意數加上0
> 結果和原本的數相同。

這樣有點冗長，所以我們可以給任意數取個名稱。我們可以稱它為x，讓它代表「任意數」。現在我已經把一個數轉換成字母，

---

* 請注意，有些我們通常稱為「古希臘人」的人其實來自希臘帝國的其他地區，而不是真正的希臘人。第4章會詳細說明。

這樣或許會讓你不大習慣，稍後我們會再說明這個概念。但目前我希望你至少可以了解（和看到）這麼做可以把上面的陳述句改得短上許多，像下面這樣：

對任意數 x 而言，$x+0=x$。

這看起來或許有點偷懶，因為我們其實沒有解釋0在哪個意義上是可以代表「無」的數，就直接以我們把它加在其他事物上的結果當成它的性質。在抽象數學中，這種方法相當常見，可以視為務實而不具啟發性。我們已經把本能的事物變成可以用來推論的事物，結果是我們可以用它來推論，但對它的直覺或許較少，這些事物之間的矛盾在抽象數學中經常出現。*

無論如何，我們建立包含0的世界的方法是：直接把0加進來。我們說：「我宣布有個東西叫做0，它的表現如同以上的陳述句。」接著就可以好好玩它了。運用類似的方式，可以進一步產生負數。

負數

要建立一個有負數的世界，我們也和處理0的時候一樣，運用類似的迴避手法：不說明負數是什麼，只說明負數的功能。這就像「向後走10步」回到開始的地方一樣，負數的概念是「回到開始的地方」的方法。在這裡，我們開始的地方是0，所以這個世界必須包含0的概念。

為了回到開始的地方，我們決定在這個世界中納入幾個新的組成元件。−1的定義是「抵消1的事物」，就像反物質一樣。我很小的時候，以為胡椒是鹽的反物質，也就是說，我以為如果加了太多鹽，可以加一些胡椒來抵消它。我一直覺得有點可惜事情不是這樣，而且東西如果太鹹，其實沒什麼方法可以挽救。此外我不喜歡胡椒，所以我長大之後對胡椒感到加倍失望。

−1抵消1的正式說法是1加上它會變成0。某個事物抵消另一個事物的概念稱為「反元素」（inverse）。在這裡，它把加法的過程消去，所以是加法反元素。現在我們不只是想要抵消1，還想要抵消任何數。

我知道你可能完全不想抵消任何東西，但我想解釋這些過程背後的數學衝動。我說「我們想」的意思其實是「這是數學上的衝動」。我知道人的衝動各不相同，有些人看到餐具櫃的門開著，就有衝動要把它關上，但我不會！有些人看到山就很想去爬，但我也不會。然而我確實感受得到數學衝動，它有時候是推斷的衝動：我抵消了一個事物，現在想看看是否能抵消其他事物。我在廚房裡就會有這種衝動，例如我已經用過一種麵粉來做蛋糕，現在我想看看用其他粉來做會有什麼結果，例如全麥粉、燕麥粉、杏仁粉、米粉、可可粉等等。

我們依循這種數學衝動，可以發現如果把−1當成抵消1的組成元件，就能用它來建立抵消其他所有整數的各種事物。這是因為所有整數都是把1加在一起許多次而形成的，所以我們可以用相同

---

* 貝希斯（David Bessis）在《數學》（*Mathematica*）中深入探討了這一點。

次數的−1來抵消這些整數。

舉例來說，如果我們把兩個負1放在一起，將會抵消兩個正1，把這句話用符號寫出來是這個樣子：

$$(-1) + (-1) = -2$$

這看起來或許像是−2的定義，但其實不是：從這個觀點看來，−2的定義是「抵消2的事物」，* 步驟如下：

- 有個組成元件1。
- 依據這個世界的定義，2的形成方式是1＋1。
- 依據這個世界的定義，−2是抵消2的任何事物。
- $\{1+1\} + \{(-1) + (-1)\} = 0$，所以（−1）＋（−1）抵消2。
- 所以（−1）＋（−1）等於−2。

現在如果我們保持，冷靜，就可以看出−（−1）是什麼。請記住負數是抵消其他事物的事物，這麼說相當模糊，所以我要再次使用字母，用來代表某個「事物」：$-x$代表「（依據定義）抵消x的事物」。

所以−（−1）代表「抵消−1的事物」。接下來，抵消−1的是1，所以−（−1）＝1。我們可以把這個過程寫成以下的步驟：

- 有個組成元件1。
- −1是抵消1的任何事物，因此1＋（−1）＝0。

- －（−1）是抵消−1的任何事物。
- 但方程式1＋（−1）＝0也告訴我們1可抵消−1。
- 所以1等於－（−1）。

這樣看來或許麻煩，或許有啟發性。我一向樂於指出，在學校被視為「數學很好」的人很可能會覺得它麻煩，但在學校被視為「數學不好」的人則可能覺得它有啟發性（就像我的藝術系學生一樣）。我不記得我第一次學到這點時的感覺，但我知道它一直是我唯一感到滿意的解釋，因為它真正深入探討事物的根源和意義。

你或許會好奇我們為什麼需要思考這個。事實上，我不認為每個人都**應該**思考這些，因為我們思考的事物各不相同，而我真正希望每個人都思考的是減輕人類的苦難、暴力、饑荒、偏見、排斥和傷心。在那之後，我希望每個人都更深入思考我們為何和如何決定事物是否為真。

如果別人認為自己是對的，但沒有評估自己的正確性的架構，就會碰到問題，我們會碰到矛盾、意見不合、陰謀論。這個平衡有點難以掌握，因為我們混合了各種觀點和兩個方向的事實：有時候所有觀點同樣可信，但有人宣稱不是如此。有時候並非所有觀點同樣可信，但有人宣稱一樣可信。

有些事物本身只是觀點，但每個人都有資格提出不同的觀點，例如與個人品味，像是食物、音樂、電影等。然而，人有時候也會

---

* 這裡有個細微的差別，就是我們還必須確定，對任何x而言，只有一個事物能抵消它，否則這個$-x$的定義就不夠明確。

認為品味和對錯有關。我不是吐司或莫札特的超級粉絲，不代表我是錯的，因為品味沒有對錯可言，我只是兩者都不喜歡（但總是有人告訴我這樣不對）。

不過在有些狀況下，不是所有觀點都同樣可信。如果某個事物有許多證據支持，我會覺得相信它比相信地球是平的或是民主黨靠大量舞弊贏得2020年美國總統大選等沒有證據支持的事物好得多（沒有人發現大量舞弊的證據，反而有很多證據指出有利於共和黨的不當重劃選區和壓制選民行為。這不代表某一方一定對、另一方一定錯，而是代表證據對某一方不利）。

數學家尤其不會假設自己是對的，無論某些東西感覺上多麼正確。這種感覺通常是起點，但這種感覺也可能讓我們走偏，所以我們經常提出質疑以為了確定，而且除非有嚴謹邏輯論證支持，否則我們不會認為它是對的。這種自我質疑對我們的自尊不一定好，但通常能讓數學基礎更加穩固，進而讓數學繼續發展。直到最近（以數學史而言），數學家試圖闡明數究竟是什麼的時候，仍然可以看到這類狀況。

數學家沒有把握的時候

數是什麼？先前我們迴避了這個問題，但如果我們想探討更複雜的數，這個問題就越來越難迴避。要建立包含負數的整數世界，需要相當繁複的過程，但我們可以做到。建立分數世界的過程更加繁複，分數代表比例，所以又稱為有理數（rational numbers）。然而如果要思考所謂的無理數（irrational numbers），就是截然不同事了。以無理數而言，要說明它們描述的事物其實不那麼難，但要把它們建立成數學世界相當困難。我們建立整數世界時，一開始是把1當成組成元件，接著繼續下去。以無理數而言，連組成元件應該是什麼都完全不清楚。

你或許不記得（或是根本不了解）無理數是什麼，所以我應該說明無理數是什麼，麻煩的是說明無理數是什麼極為困難。無理數有時被認為是「永不停止而且不重複的小數」，但這究竟是什麼意思？如果一個小數永不停止而且不重複，我們又怎麼知道它是什麼？無論我們列了多少位小數，還是會有一些沒列出來（其實是無限多），我們也無法用模式來描述它，因為重點在於它永遠不會重複，所以沒有模式讓我們用來描述它。

此處和許多地方一樣，如果你覺得奇怪、天旋地轉、頭暈、不知所措，這些都是很好的數學直覺。「數學好」的人往往好像對這些反應不大，使得對它們感到困惑的人覺得自己「不是數學人」。但其實應該反過來講，如果有人對此沒有反應，表示他忽略了某些細微差異。

無理數的故事相當長，它的概念出現很久之後，數學家才想出理解它的方法。古希臘的數學家已經知道，世界上有些事物無法用分數描述，要找出這類「數」不算很難（但要證明它不是分數就有點難），舉例來說，我們來看看這個正方形：

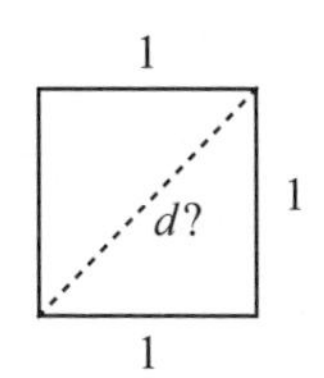

這個正方形每條邊的長度都是1。你可能想知道我用什麼單位，但抽象數學最棒的一點是單位不重要。它可以是我喜歡的任何單位，因為單位不重要，所以我不需要指定。

現在我們想知道這個正方形的對角線多長（和之前一樣，你可能沒有想知道，但我的意思是這是一種數學衝動）。如果你還記得畢達哥拉斯，應該就能算得出來：依據畢式定理（Pythagoras' theorem），直角三角形「兩短邊的平方之和等於長邊的平方」。

用下面這個方式（用字母！）寫出來比較簡潔一點：

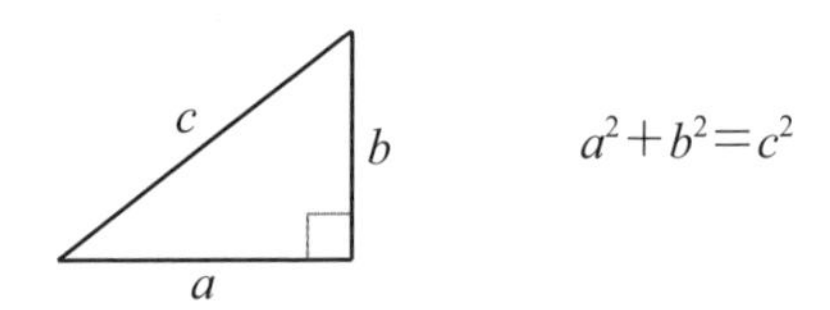

我們可以把這個定理套用到想研究的正方形上：如果對角線的長度為d（這裡又用了一個字母），公式告訴我們：

$$1^2 + 1^2 = d^2$$

因此：

$$2 = d^2$$

它的意思是d這個數具有自乘後等於2的性質，不過我們可以證明，d是分數時不可能滿足這個性質。這代表我們只有兩個選擇：不是這個正方形的對角線長度不可測量，就是一定有某些長度能以非分數的數測量。

第一個選擇在邏輯上不算很糟糕，只是限制很大而且讓人不滿意。世界上怎麼可能有沒長度的線？依據良好的數學直覺，這點十分奇怪。如果我們只容許分數是數，數與數之間就會出現沒有數的微小空隙。我們可以在空隙中放進另一個分數，但放大一點的話，還是看得到有空隙，就像我們不斷放大電腦螢幕上的曲線，曲線最後會變成一個個畫素一樣。

如果數與數之間有微小的空隙，也代表我們在長大過程中，會有某些時刻沒有身高。這個說法聽起來相當奇怪，解決方法是引進一些新的數。

我們當然可以下定決心不在生活中加入更多事物，許多人也堅定拒絕接受新的生活態度（例如同性婚姻或非二元性別，或是女性數學家），但數學不會這樣。* 許多人認為數學嚴格又死板，其實恰恰相反，數學一向喜歡納入新事物。它不一定想讓某個世界納入更多事物，但一向喜歡探討新事物能和原有事物開心共存的世界。

所以數學在正方形對角線方面選擇了納入更多事物的選項，而不是宣稱它沒有長度。我們承認一定有某些不是分數的數，接下來的問題是：如果它不是分數，那究竟是什麼？

1872年，數學家康托（Georg Cantor）和戴德金（Richard Dedekind）分別探討了如何更嚴謹地教學生學習數。我喜歡想像這個情境：他們身為傑出教師，在備課時想像學生的反應，對他們表達同理，先思考學生到時候可能提出哪幾種問題。這可以促使優秀

---

* 可惜的是某些數學家確實如此。

教師更深入地理解，因為要向抱持許多不同觀點的學生解釋概念，就必須自己從許多不同的觀點理解這個概念。康托和戴德金都發現數學家並沒有嚴謹地建立數系，所以他們準備自己來做。

人類有個奇特的特色，就是他們兩人幾乎在相同的時間做了這件事，但方式大不相同。如果不藉助許多技術背景，很難解釋他們兩人的方法，但我會盡量說明這些概念。康托的概念比較接近「永不停止而且不重複的小數」：他發現了一種方法，運用另一位數學家柯西（Augustin-Louis Cauchy）先前的某些概念，精確說明這句話的意思，他的系統通常稱為柯西實數（Cauchy real number），這個系統有點難懂但非常優秀；戴德金的概念比較接近思考切蛋糕的各種方法，而不是找出所有碎片，如果找出所有切蛋糕的方法，其實就等於找到所有碎片，只是方法有點迂迴。這兩個系統都能讓我們以非常嚴謹的方法「填補」分數間的空隙。

但我現在的目標不是解釋康托和戴德金的「實數」系統，實數包含無理數。我只想傳達一個概念，就是我們必須更深入地理解事物，才能教得好，這樣的理解是促進數學研究發展的因素之一。康托和戴德金使實數精確的研究成果，促成整個微積分領域的發展，進而促進現代世界的發展。這一切都來自兩位教授認真思考是否能好好對學生解釋課程內容。

學生的問題的重要性

對我而言，這些都凸顯出學生的問題的重要性，所以我很讚賞學生提出追根究柢的問題。他們提出的這類問題不只接受我們給出的答案，還想知道為什麼，以及這個答案從何而來。這類答案聽起來或許幼稚，但其實很深奧。碰巧的是，這種問題跟學生只想試探或測試教授，或是想抓出教授的疏忽或弱點的試探性問題截然不同——我覺得有些學生確實會這麼做（對女老師可能更常這麼做，而且大多是針對非白人女性老師）。

我不怪學生這麼做，整個教育體系有很大一部分相當看重和獎勵這類「聰明」。這種聰明是在辯論中勝過對方，或是把對方逼到無路可走，讓對方無法回答。可惜的是，這樣往往造成一種氣氛，就是老師必須讓自己跳出陷阱，有時必須說學生的問題很笨。我希望我們能遏阻這樣的惡性循環。

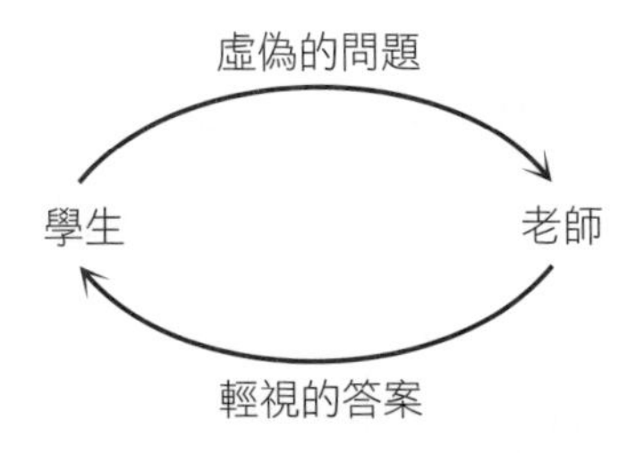

遏阻的方法之一是不再重視這種零和聰明（這種手法是讓對方看起來很笨），同時鼓勵真誠、幼稚的問題。我們經常認為世界上有「好」問題和「笨」問題，然而我偏好把問題分成發問者真心想了解某些事物而提出的問題，以及發問者只想表現自己有多聰明的問題。

在我看來，發問者真心想了解某些事物而提出的問題一定是好問題，而最幼稚的問題通常讓我思考得最認真。我很喜歡小朋友想知道圓有幾條邊：是沒有邊（因為圓的邊緣沒有直線）、一條邊

（環繞一圈），還是無限多條很短的邊？

我們很容易認為這些答案彼此矛盾，所以一定有一個是對的，而其他答案是錯的。這是人類的不良習性之一，喜歡把人生變成零和遊戲，而不是嘗試找出每個人都對的面向，讓我們更深入地理解。我運用我在《x + y：數學家重新思考性別的宣言》（*x + y: A Mathematician's Manifesto for Rethinking Gender*）中提出的名詞，稱這種零和方式為「侵略式」，一起尋求深入理解為「合作式」。尋求深入理解的方式具有的細微差異比數學多出許多。

二元邏輯與細微差異

這裡有點矛盾。一方面，在許多狀況中，兩個顯然矛盾的看法各自有某個面向是正確的，代表這不是對或錯的二元狀況。但是數學必須依據邏輯，而且依據的大多是二元邏輯，因此一個陳述句不是對就是錯。我現在是不是自相矛盾？希望你看得出來，我打算提出一個面向，在這個面向上，兩個事物都是對的，它們其實並不互相矛盾，重點是具有「不同事物可能都對」的面向所造成的細微差異，和我們用來建立數學基礎的二元邏輯屬於不同的層次。

數學基礎中的邏輯可能是根基處，我承認在這個根基處，數學中的答案有對有錯。但這裡談的只是我們用來建立論證的基本邏輯，而不是論證本身。基本邏輯由邏輯蘊含建立，形式是「A蘊含B」，其中的A和B是陳述句。這個邏輯蘊含代表「A為真時，B一定為真」。「A蘊含B」的另一個說法是「若A則B」（比較囉嗦一點的說法是「若A為真，則B為真」）。

在某個意義上，這樣的陳述句是二元的，但在另一個意義上，細微差異本來就存在。在蘊含不為真就為假的意義上，它們是嚴格的二元，不是A迫使B為真，因此蘊含為真，就是A不迫使B為真，因此蘊含為假。歧義仍然可能存在，A或許沒有完全迫使B為真，但可能稍微推了一下，如果是這種狀況，在數學邏輯中，這個蘊含仍然被視為假。這就是細微差異原本就存在的面向：因為細微差異被吸納了，舉例來說，我們看以下的陳述句：

「若你是人類，則你是哺乳類動物。」

在定義上，這個陳述句絕對為真，因為依據生物學，人類被歸類為哺乳類。不過我們看看這個陳述句：

「若你是白人，則你富有。」

在這個脈絡下，白人不是全都富有，但某些白人富有。此外，在美國、英國，或許全世界，白人平均比黑人有錢，我們很容易認為這個蘊含有時為真、有時不為真，或是平均為真。但二元邏輯不是這麼看待，結論只有有時為真，所以依據基本邏輯，這個蘊含本身為假。我說細微差異被吸納到這個二元邏輯的意思就是這樣。

如果細微差異被吸納，你或許會好奇它是否會消失。然而，重要的是它沒有被永遠吸納。我們在數學中進行抽象時不是永久性的，只是當成臨時步驟，看看我們能從這個狀況了解什麼。稍後我們可以進一步精進我們的想法。即使是二元邏輯，我們也能持續深入探討這個細微差異，並且依照需求呈現，舉例來說：

「在英國和美國，白人的收入中位數高於黑人的收入中位數。」

個人收入不是財富的唯一指標，所以我們可以觀察家庭收入或家庭財富，此外我們還能觀察教育和醫療等資源的取得狀況，我們還可觀察參與或脫離社會的其他指標，例如投票、監禁和警察暴力等。我們可以觀察中位數之外的百分位數，我們可以專注於自己想了解的細微差異。

這個細微差異也依據脈絡存在於狀況中，也就是說，任何已知脈絡可能仍然有對或錯的二元答案，但可能有許多細微差異指出我們處於哪個脈絡中。這就像1＋1不是只有一個正確答案，而可能在每個已知背景中各有一個正確答案。同樣地，「每個人都是種族主義者」可能為真也可能為假，取決於我們對所謂「種族主義者」的定義。思考這個問題可讓我們把注意力集中在「種族主義者」的定義，而不是（效果可能較差的）羞辱別人的目標。

總而言之，我承認在某個面向，數學確實有明確的對錯概念，因為它以邏輯為依據。邏輯有特定的推論方向，和錯誤邏輯的方向相反。然而，這類對錯和說1＋1等於2、而且是唯一的正確答案不一樣。邏輯的對錯的重點在於推論過程的對錯，舉例來說，如果我們知道「A蘊含B」為真，則只要A為真，我們就能正確地推論B也為真。然而，如果我們知道B為真，不表示我們可以推論A為真，如果我們這麼做，邏輯就是錯的。日常生活的爭執中經常出現這種狀況，舉例來說，我們知道非法居留在某個國家的人都是移民，因為這些人一定來自其他地方，但有些人認為這代表只要是移民，就是非法居留在這個國家，這就是錯誤邏輯。這種狀況的對錯沒有任何細微差別，因為邏輯就是錯的。另一方面，某個人或許害怕、反對或不喜歡移民。我認為這些觀點都是無知、令人厭惡、有偏見、可能太過頑固，而且通常很虛偽，但並非邏輯完全錯誤。

所以我會說數學的用意不完全是得出正確答案，而是提出適當的理由。

重要的是理由，不是正確答案

大學程度的數學通常會把焦點從答案轉移到理由，對於以往因為覺得很容易求出「正確答案」而喜歡數學的人而言，這可能有點衝擊。在大學裡，問題可能從「這個問題的答案是什麼？」轉移到「請證明這是正確答案」。「答案」其實已經包含在問題裡，所以完全不強調答案是什麼，要求的只有理由。

我們也可以針對小朋友，用這種方式轉移強調焦點。關於這點，我最喜歡的方式是丹尼爾森（Christopher Danielson）的傑作《哪一個不屬於這裡？》（*Which One Doesn't Belong?*）。書中每一頁都有四個圖形和「哪一個不屬於這裡？」的問題，但這四個圖形都可能不屬於這裡，取決於我們選擇的歸類方式。所以這本書沒有正確或錯誤的答案，只有選擇標的不屬於這裡的理由。這樣可把我們的眼光從答案移開，轉移到理由上。

我想像若是也針對乘法表這麼做：我們不問小朋友「6×8是多少？」，而是要小朋友「證明6×8＝48」。如果我們只問「6×8是多少？」，他們真的可能只「知道」這個，但沒有思考。我可能唸著「6個8是48」，但沒有真正用到有意識的大腦。如果有人不相信我說的，我可以提出好幾個不同的解釋來支持我的答案，例如以下這些：

- 我可以用8當單位：8、16、24、32、40、48。
- 我可以說6＝3＋3，所以要知道6個8是多少，可以先算3個8，再加上3個8。
- 同樣地，8＝4＋4，所以我可以先算6個4，再加上6個4。
- 我可以藉助6個8等於8個6這點。以8個6而言，我可以說8＝10－2，所以可以先算出10個6，再減去2個6。
- 或是6＝5＋1，所以可以先算出5個8，再加上8。

小朋友需要學習用不同的「策略」做同一件事，所以學校會採用這種方式教學。我經常聽到家長抱怨這麼做沒意義，因為如果孩子已經會了一種方法，為什麼還需要知道其他方法（尤其這些都是家長自己不知道的方法）？

重點是以不同方式思考某個事物，能更深入地理解這個事物，讓我們擁有更多方法來檢視自己做的是否正確。這有點像我們要建造鷹架，以便爬上屋頂修理房子。在把生命交到它手上之前，應該用各種不同的方式檢查它的安全程度，不能只用一種方式。

因此，了解數學最重要的不是得出正確答案，而是如何知道它是正確答案，這是件非常重要的事。有個問題是乘法表在一般數學教育中很早就出現，「數學好」的人通常很快就能講出基本乘法表的答案，看起來好像是背下來的。這樣往往造成一種不自然的狀況，好像背誦乘法表是成為優秀數學家的重要條件。

完全不是這樣。我自己從來沒有背過乘法表。我的博士指導教授海蘭德（Martin Hyland）曾經講過他自己小時候預習乘法表的故事：在他八歲時，他那一班每天都考乘法表，每個小朋友只要連續三天全部答對，就不需要再考。他是班上唯一從來沒有達成的學生，但他也是唯一成為世界知名研究型數學家和劍橋大學教授的學生。依照他的說法，他「不擅長背看起來沒意義的東西」，但「很擅長背概念的形狀」。抽象數學探討概念的形狀，但可惜太多孩子認為它是沒有意義的事實，必須背下來。

我也非常不擅長背誦。我知道自己的乘法表，做乘法也比一般人快，但最多只能到10（或許是11）。但我不是靠記憶做乘法，至少不是用死背的方式。就某種意義而言，答案在我的腦子裡，就像我的名字也在腦子裡，但說我記住自己的名字感覺有點奇怪。我喜歡講我知道自己的乘法表，甚至可以說我已經「內化」了它，但其實是我已經相當理解數的各種關係，所以能用心理視覺化等各種方法迅速想起來，以及運用交換性（commutativity，相乘時順序沒有影響）、結合性（associativity，相乘時分組方式沒有影響）和乘法對加法的分配性（distributivity）等等。這也讓我對不了解的人解釋某些事物時擁有更多方法，我一向很重視這類機會，所以我很喜歡教學，而且特別喜歡教提出幼稚問題的學生，而不是認為許多事情「顯而易見」、不需要解釋的學生。這些看似顯而易見的事物，通常對數學研究過程最有幫助。如果忽視這些事物，往往會錯過我認為數學中最深奧、最具啟發性的部分。有個典型的例子是除以0，我打算在這一章的結尾探討這個問題，把前面談過關於數學架構的所有主題結合起來。

為什麼不能除以0？

從古到今，「為什麼不能除以0」的問題困擾著世世代代的人類。有些人認為這顯而易見：如果要分發一包餅乾，但給每個人0片，這些餅乾將永遠分不完。不過這只是以某種方式來解釋「除」，另外還有一種解釋方式：如果我們把一包餅乾分給0個人，每個人可分到幾片餅乾？這個問題有點微妙，看起來或許是每個人可以分到0片餅乾，但每個人也可以分到1片餅乾，也就是說，現在有0個人，每個人分到1片餅乾，也可以分到2片餅乾。我們講「每個人」，但總共是0個人的時候，這種狀況稱為「空底」（vacuous）：這些條件為空滿足，因為我們把它們套用在人的空集合上。這就像我說我房子裡的大象全都是紫色的：我房子裡共有0頭大象，而且每一頭都是紫色的。

要理解為什麼不能除以0，需要進一步了解「除法」是什麼。除法很難，它當然比乘法難，而乘法本來就比加法更難，一部分原因是除法在現實生活中有兩種不同的解釋方式。

舉例來說，要計算12除以6，可以拿出12張紙牌，分給6個人。我們可以用打撲克牌時的方式發牌，每個人先拿到一張牌，再從頭開始發給每個人一張牌，最後看看每個人手上有幾張牌，發現答案是2。

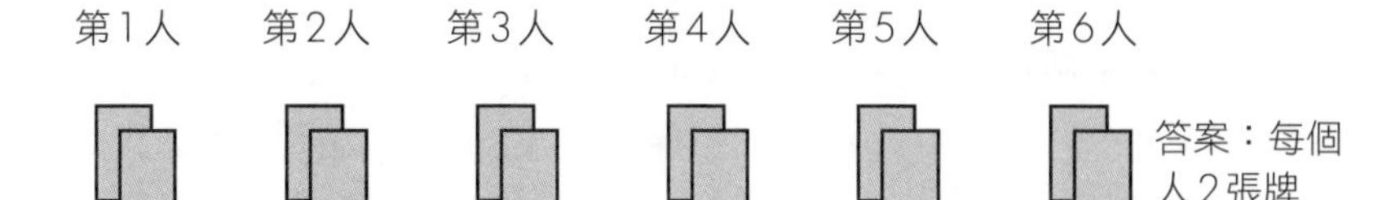

但還有另一種處理方式：這次我們先拿出12張牌，每6張疊在一起，因此有6張牌放在一疊，另外6張牌放在另一疊。最後我們看看有幾疊，發現答案是2。

固定：每疊6張牌

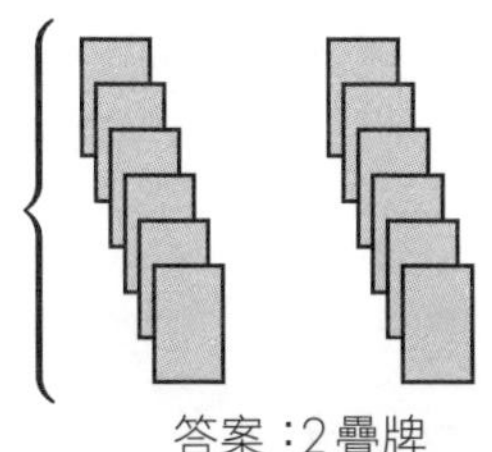

這個差別可能相當令人困惑。我曾經在學校裡幫助過一名一直學不會除法的小朋友，找了一本書協助她。問題是這本書是以上面的第一種方式解釋除法，而她只想用第二種方式來做除法。

無論用哪種方式來做除法，答案都是一樣的，但過程相當不同。從前面可以看出，在第一個狀況中，答案是「2張牌」，第二個狀況中，答案是「2疊牌」。在第一個狀況中，我們先固定疊數，再計算每疊有幾張牌，而在第二個狀況中，我們事先固定每疊的牌數，再計算疊數。這兩種狀況為什麼會得出相同的答案不是很顯而易見，至少我不覺得它顯而易見，而且它在數學上不算顯而易見，所以我認為，覺得它不顯而易見的人，思考方式比覺得它顯而易見的人更接近數學家。然而，覺得它顯而易見的人比較容易迅速做完功課，獲得讚賞，而覺得它不顯而易見的人則會坐下來思考，看起來數學反應比較慢。

數學家不以上面這兩種方式定義除法，因為這兩種方式歧義太多。但我們不以這兩種方式定義，也是因為我們已經用另一種方法定義，所以不需要提出新概念：我們可以仿照負數的方法，用「抵消」的方式來思考，或是用反元素的方式來思考。我們探討負數時，想的是對加法而言的反元素，也就是抵消加法的過程。對除法而言，我們思考的是對乘法而言的反元素。這不僅代表我們可以重複使用某些已經提出的思考過程，還能讓我們更嚴謹地思考除以0的問題。

把除法視為反元素

在嚴謹的數學中，除法的定義是抵消乘法的過程，就像我們把負數定義為抵消加法一樣。也就是說，抽象來說，減法和除法是一樣的。但是我們對提出這個相似之處的方式必須特別小心。

我們定義負數時，起初想的是「抵消加法，回到開始的地方」，這代表讓我們回到0。我們已經把0定義為在加法中「不發生作用」的物件，也就是說，如果我們把0加到任何事物上，都不會改變這個事物，所以一開始必須找出在乘法中「不發生作用」的物件是什麼。這個數一定不是0，因為事物乘以0會改變：全都會變成0。*

事實上，這個在乘法中「不發生作用」的數是1。也就是說，任何事物乘以1都不會改變。同樣地，我們可以用字母x來代表我們開始的數，把這件事寫得更正式一些，我們要說的是對任何數x而言，$x \times 1 = x$。

它的術語是單位元素（identity）。我們說對乘法而言的單位元素是1，或1是「乘法單位元素」，而對加法而言的單位元素是0，或0是加法單位元素。

接下來，我們可以探問如何抵消數，以回到單位元素。對乘法而言，我們或許可以問：該如何用乘法抵消4，以回到1？可讓我們達成這個目標的數是$\frac{1}{4}$，也就是說：

$$4 \times \frac{1}{4} = 1$$

這是我們**定義**分數的抽象方法，和定義負數的方法一樣：我們認為世界上所有的數需要有乘法反元素，所以我們納入這些反元素，將其當成基本組成元件。「除以4」只是「乘以4的乘法反元素」的簡短說法，就像「減4」是「加上4的加法反元素」的簡短說法一樣。

重點是這樣其實沒有告訴我們如何找出12除以6這類除法運算的答案，它告訴我們原則上要：

$$12 \times \frac{1}{6}$$

這代表「12乘以抵消6的數」。實際上，我們通常必須找出如

---

* 我知道，0乘以0不會改變。

何把12表達成「某個事物乘以6」，才能讓$\frac{1}{6}$抵消6。也就是說，如果我們能找出12是2×6，就可以這麼做：

$$\begin{aligned} 12 \div 6 &= 12 \times \frac{1}{6} && \text{依據定義} \\ &= 2 \times 6 \times \frac{1}{6} && \text{把12重新表達成} 2 \times 6 \\ &= 2 && \text{以} \frac{1}{6} \text{抵消6} \end{aligned}$$

如果你覺得這看來非常迂迴，我衷心贊同，我想提出來的就是這點，除法真的很迂迴。用分發來做除法看來或許直接得多，這樣說也沒錯，但有一些限制。以反元素抽象地定義除法，讓我們可以更進許多步地運用它，把它擴展到沒有分發概念的形狀和對稱等其他世界。

這種抽象方法還能讓我們藉由其他事物和負數的相似之處來加以了解，舉例來說，我們馬上就能了解與$-(-x)=x$相似的結果。這個等式表達的是「x的加法反元素的加法反元素是x」。但我們也能用這個方式來處理乘法反元素，步驟是這樣的：我們首先宣告以$\frac{1}{x}$當成x的乘法反元素，* 也就是可把x抵消成1的數，如下：

$$x \times \frac{1}{x} = 1$$

現在如果找出$\frac{1}{x}$的反元素會怎麼樣？這樣將會出現讓許多數學系學生心生恐懼的東西：除以分數的問題：

$$\frac{1}{\frac{1}{x}}$$

但這只是「抵消$\frac{1}{x}$的數」，而且我們已經知道x具有這個性質，所以我們知道：

$$\frac{1}{\frac{1}{x}} = x.$$

這和屬於下一個抽象層級的$-(-x)=x$結果「相同」：x的反元素的反元素一定是x，無論要找的是哪種反元素都一樣（前提是反元素確實存在）。

更廣泛地說，這可以解釋我們要除以分數時，為什麼必須先把分數「上下顛倒」。目前要解釋這點需要多花幾個步驟，不過我真正想做的是解釋它為什麼代表「無法除以0」，或者說，我想解釋在哪個面向上，我們無法除以0。

哪些地方可以和不可以除以0

問題是：除以0是什麼意思？我們剛剛已經確定除法的意思是「乘以乘法反元素」。你或許會認為，0的乘法反元素是$\frac{1}{0}$，但這個數不存在。這麼說也算對，但有些邏輯需要處理：我們怎麼知道$\frac{1}{0}$不存在？我們不能只是把它當成組成元件納入，就像納入$\frac{1}{2}$、$\frac{1}{3}$、$\frac{1}{4}$等數一樣？我們不需要事先知道這些是什麼，只要把它們當成組成元件，開始玩起來就好。這個問題相當好。

癥結在於如果我們同樣以這種方式對待$\frac{1}{0}$，就會碰到一些問題。如果這個新物件是0的乘法反元素，應該就能「抵消0之後回到1」。這表示a這個數能使：

* 和加法反元素一樣，我們必須證明只有一個數能抵消x，否則這個定義就有歧義。

$$0 \times a = 1$$

但這是不可能的，因為$0 \times a$永遠都是0，這表示0不可能擁有乘法反元素，因為不可能有任何數具有這樣的性質，至少在一般數系中不可能。這其實和「不能除以0」是同樣的意思：一般數系中沒有0的乘法反元素。

另一個思考方式是「乘以0」的過程無法逆轉，因為這樣會把所有事物都變成0。即使要還原這個過程，也不知道要回到哪裡，因為所有事物都變得相同。這就像設定一套把每個字母都寫成X的代碼，如此一來，我可以發送這樣的加密訊息：

XXXX XX X XXXXXXXXXX XXXXXXXX

接收者完全沒辦法解讀，因為每個字母都變得相同。

現在有必要指出我們運用了另一個結果：我們用到$0 \times a$永遠等於0。你或許會奇怪這是從哪裡來的，有這個疑問是好事，因為這個問題也相當深奧。如果它不是永遠等於0，說不定就能除以0？這個想法非常好，事實上和以往相同的是，探究為什麼不能除以0不是最好的問法，比較好的問法是「我們在哪裡不能除以0？又在哪裡可以除以0？」。

一般數的世界裡不能除以0，因為其他交互作用規則指出除以0會造成矛盾。這些交互作用規則又是從哪裡來的？這些規則有一部分是一般數的世界的定義，後面會詳細說明，但目前我只想強調還有其他完全有效的數學世界存在，這些世界的規則可能不一樣。

數學家探索可以除以0的其他世界，因為他們和許多孩子一樣，對於不能除以0的概念感到有點挫折。我們覺得應該在某個面向裡除以0的結果是無限大，但無限大也不是一般的數，所以我們必須處於包含無限大的世界中，而且有許多方法可以創造這樣的世界。我曾經在自己的研究中運用其中一種方法，只要把無窮（infinity）當成組成元件，其他一切如常。我們必須放棄其他某些交互作用規則，因為只要加入無窮，這些規則就會造成某些矛盾，舉例來說，我們或許得放棄乘法的交換律。這個規則指出，以不同的順序讓事物相乘，結果一定相同。或者可能得放棄加法和乘法交互作用的某些方式，我們可能得放棄乘法是「重複的加法」。

如果這樣的探討讓你覺得越來越困惑，那麼以某種意義而言，你是對的。如果我們開始認真思考和質疑別人要我們視為理所當然的事物，就會發現很多奇怪和令人困惑的表現。理解這些奇怪又令人困惑的表現，是數學的關鍵要素，有點像歐洲人在澳洲初次看到鴨嘴獸，對這種看來矛盾的生物感到非常疑惑一樣。當然，這種生物並不矛盾，只是歐洲人的世界觀太小，沒有看過這種生物。理解令人困惑的事物，是拓展思想的關鍵要素，也是促使數學家不斷研究的動力之一，我們在下一章中會探討這一點。

第3章 我們為什麼研究數學

1為什麼不是質數？

有個直接的答案是「因為質數只能被1和本身除盡，但1本身不算」。我希望你不會對這個答案感到太滿意，因為這個答案其實是說「因為定義說是這樣」。這只是「因為我說是這樣！」的另一種說法，同時帶出另一個問題：「為什麼定義說是這樣？」

長久以來，這點一直讓人感到不快。它就像定義中有個討厭的小但書，往往讓學生在考試中被扣一分，對數學的迂腐感到惱怒。

如果你在先前我們談過的內容裡獲得啟發，或許會**希望**1被視為質數，這樣就能把它納入，看看會有什麼結果。我們似乎就是這樣對待0和負數等其他事物。

但你為什麼會希望1被視為質數？

為什麼1不是質數是個非常好的問題，因為要完整回答這個問題，我們必須問自己為什麼會想到質數。質數的目的是什麼？我們研究質數的原因又是什麼？我們研究任何數學事物的原因是什麼？事實上，我們研究任何事物的原因又是什麼？

在這一章中，我會認真地探討我們為什麼研究數學。在學校裡，我們研究數學似乎只是為了通過考試和取得必要的資格。但是數學家非常喜歡數學，也很注重數學，即使已經不需要考試，也會繼續研究數學。我們研究數學是因為心裡有迫切的問題還沒有得到解答。我們研究數學，是因為很想多了解一些，因為我們不想不假思索地接受其他人的答案，或是因為看到了遠方似乎有些什麼東西，想看清楚一點；有時候是因為我們拼起了幾片拼圖，很確定還需要補上幾片。有時候是因為我們手上有個神祕盒子，想看看裡面是什麼；有時候是因為我們眼前有一座山，想爬上去看風景；的確，還有時候是因為我們有個問題想要解決。這應該是研究數學最顯而易見的理由，但除此之外還有很多。有時候我們研究數學只是出於它很有趣，因為培養會長大的東西很有意思，因為發現陽光十分燦爛。

很多人告訴我們，數學是必要的技能，但是坦白講，學校教的數學通常不是那麼有用，所以如果你不覺得有趣，確實沒有必要研究它。

沒有意義的數學

報稅時節來到時，經常可以看到一個網路迷因這麼說：

> 每當三角季節來到時，
> 我一定會很高興我們學過三角。

這句話的意思是我們在學校的時候，學三角學得很辛苦，但我們在「真實生活」中完全不需要三角，所以三角一點用也沒有。然而我們確實需要了解報稅，所以在學校裡學怎麼報稅，會比三角這類沒有意義的東西有用得多。（這句話比較適用於美國，因為在美國**每個人**都必須報稅，但英國等其他國家則是在正常就業時自動扣除。）

這個迷因讓我同時在好幾方面感到難過。首先，這句話有一部分是對的：我們在學校裡學的數學中，有很多東西在日常生活裡用不到，或者不是**直接**用得到，我認為這個部分是真的。重點是「用得到」可能代表很多事情，而我們花費太多時間強調數學應該「直接用得到」，但又教授不是直接用得到的數學。

有兩個方法可以補救：第一個方法是改教直接用得到的數學，我認為這類數學包括報稅、房貸、通貨膨脹、償還債務、擬定預算。我個人認為這樣聽起來超級無聊，而且也相當侷限。因為如果教「如何報稅」，這些內容就無法套用在報稅以外的狀況上。同樣地，世界上和房貸類似的事情也不多，所以了解房貸很難幫助我們了解房貸以外的事物。

這些讓我們想到為什麼受數學教育，這個問題歸結到為什麼研究數學，以及我們為什麼受教育，接著再歸結到為什麼做生活中的各種事情。

聽眾在我的公開數學演講結束後提出的問題中，我最喜歡的一個問題出自巴拿馬一名六歲的小女生。她問：「如果數學隨處都有，我們為什麼必須到學校學？」這個問題體現了幼稚問題在我心目中的美妙之處，包含數學層面和語言的後設層面：我的西班牙語很不好，但我能理解她用西班牙語提出的問題。然而，我完全沒辦法用西班牙語回答，必須依靠口譯轉述。

數學中的幼稚問題是這樣的：這類問題可能非常容易提出也非

常容易理解，但極難回答。

對我而言，正規教育和終身教育不同，正規教育的重點是由世世代代人類汲取知識，不需要自己經歷整個過程，「從經驗中學習」。沒錯，有些東西只能從經驗中學習，例如如何面對悲傷。但即使在這方面，我也在心理專家和她從這個領域提供的正規知識裡獲得極大的幫助。然而，有件事確實只能從經驗中學習，就是我們每個人如何回應和處理痛楚。

在正規教育中，我們能體驗到的事物比被動地等待經驗來臨多出許多。這也引出另一個問題，就是這樣為什麼（或是否）比較好，下一章我們會探討這個問題。

所以，我個人相信，正規教育最強大的地方是處理不太接近真實生活、但能運用到很多地方的事物。願意的話可以稱為一般基礎技能，而不是特殊的技能。

以上非常簡略地說明我們為什麼受教育。那麼我們為什麼研究數學？我們為什麼做任何事情？

人類做某件事是因為它有用，或是因為有趣，也可能因為不做的話會有某些可怕的結果（我知道這不包括報復、憤怒和憎恨等負面動機）。

有趣或許**也算**有用？這又回到我前面提過，「有用」這個詞有不同的意義。有比較實際的直接用處，但另一個意義是比較能運用到其他地方，所以不是「我做這件事，這樣可以為生活帶來很大的幫助」，而是「我做這件事可以在某方面動動腦子，這樣就能用大腦為生活帶來很大的幫助」。

所以問題不是「我的生活裡會不會用到這個東西？」，而是「我做這個會不會開發自己的某個方面，對以後有幫助？」我發現後面這個「有用」的定義比較……有用。它也和我們為什麼研究數學更加有關，因此，如果我們研究代數或思考三角或質數，用意不是我們未來在日常生活中將會需要代數或三角，而是開發自己某方面的思考能力，讓我們未來在日常生活中能更清楚地思考。

這裡有幾個例子說明我們現在研究的東西在未來的生活中非常有用。COVID-19疫情期間，有另一個網路迷因相當流行，說一位數學老師正在教關於指數的課程，有些感到無聊的學生說：「生活裡什麼時候用得到這個？」糟糕的是，疫情發生之後，如果有更多人了解指數，就會非常有用。相反，當初科學家試圖指出，依據指數看來，狀況將會非常嚴重時，太多人認為科學家在危言聳聽或是散布假訊息，因為我們「無法預測未來」。

所以我不是說學校數學永遠不會或是應該不會直接有用，本章稍後我們將會看到，數學家為了有趣而做的某些事，後來變得非常有用。這證明人類不是非常擅長預測哪些東西未來會有用。

在這一章中，我們將探討我們研究的數學的不同動機，它的重點不只是我們為什麼研究數學，而是我們為什麼用這種方式研究數學。這當中有些深奧的指導原則，源自我們把數學視為「探討合乎邏輯的事物如何運作的邏輯研究」。運用邏輯研究事物最重要的部分是放慢步調，了解這個狀況的基本組成元件是什麼，以及它們彼此如何交互作用，我們在前兩章中已經看過幾個例子。此外我們還會知道，理解其中的原理不只是協助我們得出「正確答案」（但它可能也會如此），還能協助我們同時理解更多狀況，以及運用數學的概括化過程，協助我們以類似方式進一步理解複雜得多的狀況。

要解決1為什麼不是質數這個問題，我們必須更認真地思考質數的原理，而不只是它的定義，這個原理就是質數是數的基本組成元件。

尋找基本組成元件

數學家對質數有興趣，比較深層的原因是我們對組成元件有興趣。前一章中曾經提過，我們喜歡把大概念分解成小概念，看看它們怎麼從小概念或小組成元件組合成大概念。

我們一直在思考1、2、3等所謂的自然數，也談過我們可以從只有一個基本組成元件開始，「自由地」組合它們：我們從1這個數開始，把加法當成組成方法，這樣產生的結構相當簡單，因為只需要一個組成元件，就可以組成整個結構。我不是說數本身很簡單，而是說從這個組成過程的觀點看來，數相當簡單直接。

我們可以採用更多組成元件，但這樣將會出現多餘的元件。我們或許希望2也是組成元件，但我們可以用1＋1組成2，所以其實**不需要**從2開始。這就像我們想輕裝旅行，所以盡可能少帶東西一樣。談到旅行，我不是固執的輕裝旅行者，因為我個人喜歡在輕鬆、舒適與有趣間取得平衡。但在數學中，我確實很喜歡如果真的很想輕裝旅行時，就研究可以輕到什麼程度的原則。這是尋找基本組成元件的原則，我們希望有足夠的元件可以組成世界上的所有事物，同時又沒有多餘的元件。

這兩個目標彼此相反：我們如果採用較多元件，組成所有事物的可能性會提高，但出現多餘元件的可能性也會提高。如果採用的元件較少，出現多餘元件的可能性會降低，但組成所有事物的可能性也會降低。所以我們必須找出其中的平衡點，不要太多，也不能太少。

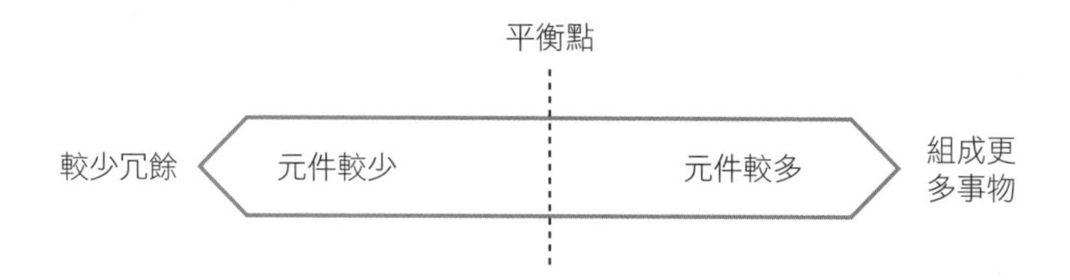

在一個極端，我們可以把**所有事物**都當成基本組成元件，這樣當然能組成所有事物，但會出現大量可由其他事物組成的多餘元件；在另一個極端，我們**不把任何事物**當成基本組成元件，這樣不會有多餘元件，但也無法組成任何事物。

以個人信念而言，這其實是兩個完全理性的極端方式。在第一個狀況中，我們把所有信念當成基本信念，然而這樣什麼都無法達成，因為我們沒有投下心力研究我們的信念如何隨其他信念出現。在我的另一本書《邏輯的藝術》（*The Art of Logic*）中，我說這樣符合邏輯，但不是非常符合邏輯，它完全不是有用地符合邏輯。

在另一個極端，有些人堅定地**不把任何事物**當成基本信念，因為他們認為完全理性代表不輕易相信任何事物，而應該依據邏輯推論。然而，如果我們這麼做，就定義上而言，我們就無法推論任何事物，因為我們不可能從無開始推論。如果習慣於堅持自己不認為任何事為真，就很可能始終如一地完全理性，但我不認為這樣特別有幫助。

在數學中，我們的目標是把組成元件的數量增加到正好足以用來組成所有事物，但不要出現多餘元件。或者反過來看，我們或許可以捨棄多餘的信念，接著繼續捨棄，直到只剩下無法由其他信念組成的信念為止。理論上，這兩個過程會在中間點相遇，達成能夠組成所有事物、但沒有多餘元件的完美平衡狀態。找到這個平衡點相當令人滿意，也是深入理解任何數學結構的關鍵要素。深入理解是我們在數學中一向追求的目標。

我們想藉助質數尋找的就是這個目標。

把質數當成基本組成元件

我們探討的世界仍然是1、2、3等自然數的世界，但現在要以不同的角度來觀察。先前我們探討過以加法組成這些數，而現在要以乘法來組成，這麼做比用加法更加複雜，因為說到底，乘法也是以加法**定義**的。所以我們是選擇原本源自加法的東西，看看是否能用乘法製造出來。它有點像有機物的化學合成過程，或是合成器上的電子樂器模擬。

我們也可以把這個視為加法和乘法間交互作用的研究，這有點像我們想知道兩個朋友可能處得怎麼樣，或是想知道兩種動物在生物學上是否能夠交配（以及交配的話會有什麼結果）。

這讓我們想到質數的真實身分：我們要以乘法進行組合時，質數是基本組成元件。我比較偏好的思考方式是我們先提出這個概念，**再**研究哪些數符合。這包括研究我們真正需要哪些數，以及哪些數是多餘的，這就是通常質數「定義」的來源。我喜歡稱之為特徵化（characterisation），因為我們做的其實是分辨哪些數具有在這個脈絡中可以視為適當基本組成元件的特徵。

重點在這裡：1不是適當的基本組成元件。其實就乘法而言，1完全不能當成組成元件，因為任何事物乘以1都不會改變。它是非組合元件，我們的確也是這樣定義它：它是乘法單位元素，意思是任何事物乘以它都不會改變。因此，單位元素一定不是組成元件，因為它不能用來組合。（但不表示它完全沒用，事實上它非常重要，只是不能用來組合。我相信我對社會有用，但在蓋房子的時候就沒用了。）

這樣確實解釋了1為什麼不是質數，不過現在我們應該先打住這個話題，將屬於質數的事物特徵化。重點是較大的數確實都有助於組合，但其中有些是多餘的：能以兩個較小的數相乘得出的數，就組成元件而言都是多餘的，因為我們一定能用較小的數組成它。所以我們不需要把4當成組成元件，因為4可以用2×2組成。此外我們也不需要6，因為6可以用2×3組成，以此類推。

總而言之，除了1以外的所有數都是乘積組成元件，而能以兩個較小的數的積來表達的數都是多餘的組成元件。因此結果是「除了1和本身之外沒有其他因數的所有數，但1不包含在內。」

最後還有一個技巧：你或許好奇，如果我們不把1視為組成元件，又該如何把它納入這個世界。數學家處理這點的方法是把「沒有作用」視為有效的組合**過程**，我們以加法進行組合時，正是以這個方式納入0：因為我們容許「沒有作用」，所以元素是0。我們以**乘法**進行組合時，「沒有作用」的元素是1，所以我們把1納入這個世界的方式不是把它當成組成元件，而是當成一個過程。

如果你有興趣，以下是比較技術性的解釋（後面不會再提到，所以如果覺得困難，可以跳過，不用擔心）。另一個思考組成元件的方式是如果我們有全部質數的完整清單，就能製作出每個自然數的配方手冊，查看這個清單，就可以知道組成一個自然數的質數是哪些、各有幾個。所以6就是「1個2、1個3，僅此而已」，10則是「1個2、0個3、1個5，僅此而已」，因為10＝2×5。8是「3個2」，另外要記得，我們是用乘法進行組合，所以3個2的意思不是2＋2＋2，而是2×2×2，結果是8。

以下表格是這個配方手冊的部分內容，「成分」（質數）列在左邊，我們要組成的數在上方，每一欄告訴我們配方中每個質數的個數。

		要組成的數								
		2	3	4	5	6	7	8	9	10
成分	2	1	0	2	0	1	0	3	0	1
	3	0	1	0	0	1	0	0	2	0
	5	0	0	0	1	0	0	0	0	1
	7	0	0	0	0	0	1	0	0	0

別忘了重複相乘可以寫成指數，例如2^3。所以我們說「沒有3」，代表是3^0，也就是1。所以表格中的2的配方是：

$$2 = 2^1 \times 3^0 \times 5^0 \times 7^0$$

我把配方做成像這樣的大型試算表，成分列在左邊，這樣我可以任意放大或縮小配方，不需要做心算，還能比較相同事物的不同配方。此外，如果我要辦個有五或六種（甚至更多）甜點的派對時，就能計算採購清單。

現在的問題是：我們是否能用這些成分做出1的配方？嗯……配方裡什麼都沒有。以表格而言，這代表一整欄都是0，所以是2^0、3^0和5^0，以及所有數的0次方。如果我們把這些全部相乘，確實能得出1，所以不需要把1當成組成元件，它可以放在表格中的第一欄，像這樣：

		要組成的數									
		1	2	3	4	5	6	7	8	9	10
成分	2	0	1	0	2	0	1	0	3	0	1
	3	0	0	1	0	0	1	0	0	2	0
	5	0	0	0	0	1	0	0	0	0	1
	7	0	0	0	0	0	0	1	0	0	0

這個例子說明，如果能接受高一級的抽象程度，提高抽象程度將使事物更加容易理解。而且這個抽象程度相當適合，因為其他許多「0」的狀況相當類似，我們需要思考做某件事「0次」，並且對可能意義感到困惑。我不只想理解質數和1，而1顯然是相當特別的狀況。我一直希望盡可能深入理解事物，就某方面而言，這樣同時也能協助我理解其他事物。

關於這些「配方」還有一點需要說明，就是對於每個自然數而言，能以基本組成元件組成的配方只有一個。這也是消去多餘元件的用意所在，因為這樣能防止配方出現歧義。這個概念的代表是算術基本定理（Fundamental Theorem of Arithmetic），這個定理指出，每個自然數都能以唯一的質數乘積表示。

每個自然數**都能**以質數乘積表示，代表我們擁有的組成元件足以組成所有事物。表示方式為唯一，代表我們沒有多餘的組成元件。我們必須理解，「唯一」的意思是改變因數順序不會改變配方，舉例來說，6可以表示為2×3或3×2，但這兩者視為相同的配方（在配方表中成分相同）。

這裡請注意，如果我們把1視為組成元件，就能說$6=3\times2\times1$或$6=3\times2\times1\times1\times1$，或是加入任意數量的1，這樣配方就不可能為唯一了。這或許可以當成不把1視為質數的理由，但我比較喜歡把它視為消去多餘元件的理由，因此也是我們不把1視為質數的理由。

數學令人困惑的原因之一是它通常有很多方式可以表達同一件事，不同方式適用於不同的人。表達這件事的方式之一是先定義質數，再證明基本定理為真。但我偏好以另一種方式表達這件事：我把基本定理視為目標，把質數的定義視為證明定理為真的必要過程。對我而言，數學就像我們夢想某件事是真的，再研究該怎麼做來讓這個夢想實現。讓這個夢想實現的方法可能很多，我們可以分別研究，看看自己喜歡哪個方法。

巧的是我在生活中大多也是這樣，先想像在人生和世界上希望哪些事物實現，再研究我們應該怎麼做來實現這個夢想。這些需要做的事通常相當不實際（甚至不可能），但以這種方式思考夢想，至少能協助我了解這個夢想的一部分，此外或許能幫助我了解如何實現一部分，或至少讓它稍微**接近**現實一點。

抽象數學通常源自夢想和渴望。我們想像想做的事情、想像這件事能實現的世界、研究如何使它實現，再提出定義和組成元件，創造這些夢想世界。這和數學通常在主流教育中的樣貌相當不同，問題是我們通常會把數學教育的不同目的混在一起。

數學教育的目的是什麼？

大致說來，我有三個理由相信數學在教育中是重要的一環。首先是它可能有直接的用處；此外，進一步研讀各種學科時，數學是重要的基礎，包括高等數學、大部分科學、工程、醫學、經濟學等等。許多人不會走進這些領域，但我們也不應該太早抹煞任何人接近這些領域的機會。

數學應該納入教育的第三個理由是**間接**用處，它是一種強大的思考方式，而且很容易運用到其他地方。這個面向的相關性最廣，也就是與大多數人有關，其實它和每個人都有關。但因為某些原因，這個面向最不被強調，這樣是不對的，如果不強調「直接用處」，而是強調這個面向，我們就更能了解為什麼要學習三角等各種事物。它有助於把我們的眼光轉移到更深奧的面向上，例如我們為什麼研究它，而不是比較狹隘的「直接用處」這類面向。

這有點像是做運動強化核心肌群一樣。生活中沒有一種活動**只**

會用到核心肌群，但擁有結實的核心肌群很有幫助，因為它能讓我們更有效地運用身體的其他肌群，同時防止平衡問題、跌倒或背部受傷等狀況。關鍵在於結實的核心肌群讓我們更有效地運用其他肌群，使我們更強壯，但不需要直接鍛鍊所有肌群。

我們可以說，數學最有用的部分就像大腦的核心肌力一樣。我們學習的內容不一定能直接運用到事物上，而是讓我們強化大腦，讓我們更能運用大腦的其他部分，而不需要直接訓練這些部分。

舉例來說，思考三角形的各種相似性，讓我越來越擅長於抽象事物，了解截然不同的事物間的關聯，而且雖然與三角形有關的性質適用範圍有限，但抽象技巧適用的範圍相當廣。建立與三角形組合有關的繁複論證，有助我演練建立合理論證的通用技巧，這些技巧極為有用。

另一方面，數學有些部分**曾經**有直接用處，只是現在已經消失了。如果這些部分也沒有間接用處，我認為就沒什麼必要學習它們。舉例來說，我父母親那一代在學校時還會學習使用計算尺。計算尺是計算機問世前的古老計算工具，運用對數理論製作方便的小工具，不需要很大的機器就能計算大數相乘。我認為現在應該不會有人主張每個人都有必要學習使用計算尺。這就像騎馬以前曾經是重要技能，但現在已經有了汽車，學開車顯然重要得多。即使會開車不是絕對必要，但以一般生活技能而言，騎馬的重要程度一定較低。當然，騎馬對某些行業非常重要，對許多人而言也很有趣，但它不容易運用到其他地方，不過我還是相信它能教我們一些很好的生活技能。

然而不是所有「老派」的學校數學都這麼過時。用直式數字當然已經過時，但是我可以理解它比起計算尺稍微多了一點間接的重要性。

為什麼要學直式加法？

如果需要把大於10的數字相加，例如153 + 39時，就可以使用直式加法。依據你接受數學教育的時代（和國家），可能會很自然地把數字排成直列，從最右方開始相加：

- 3 + 9等於12，因此必須把1進到下一位。
- 向左移一位，這裡是5 + 3，再加上剛才進位的1，總共是9。
- 最左一位只有1。

$$\begin{array}{r} 153 \\ +\ 39 \\ \hline 192 \\ \hline {\scriptstyle 1} \end{array}$$

這就是數字相加的演算法，你或許認為它已經不是非常有用，因為現在我們手邊隨時都有計算機可用（例如手機裡）。就個人而言，我經常用手機裡的計算機，因為雖然我可以心算，但不是很喜歡這麼做，也不能確定我一定第一次就能算對，而且心算會讓我認知疲勞，同時必須切換大腦運作。舉例來說，跟朋友一起晚餐後要分攤帳單費用時，我的大腦完全處於社交模式，不想為了做這個無聊的計算而切換到算術模式。這些都是為了說明我有時候會在心裡把數字相加——而有時候會直接拿出計算機來算。

有個說法是我們還是應該學習如何不用計算機把數字相加，防止在沒有計算機的時候陷入困境。這個說法很沒說服力，就像主張我們應該學習如何騎馬，防止在沒有汽車（但是有馬）的地方陷入困境一樣。

我曾經因為這點在社群媒體上遭受攻擊，有人說我不考慮有些人沒有錢給手機充電，所以沒有計算機可用，而又需要用手上僅有的現金買日常用品，所以必須知道總價，但不想等結帳，因為到時候如果錢不夠，必須把東西放回去，這樣會很丟臉。

我同意這種狀況有點悲劇，但我不認為數學教育是為了針對這類事件而做準備。我認為數學教育是想讓人類更有機會避免這類狀況，同時改善社會結構，讓大家都不會陷入這類狀況（或許還可以提供免費手機充電站和自助結帳）。

無論如何，對直式加法最大的批評，就是它和大多數演算法一樣，容許我們跳過一大段理解這個狀況的過程。我想很多人會說這是特徵，不是問題。確切地說，這不應該視為演算法的**缺點**，其實這是演算法的用意：讓我們以自動化方式完成某些事，把腦力用來處理更複雜的事情。我們用「自動化」來比喻一件事時，通常是不好的意思，但我們應該非常感謝自動化的協助。畢竟，飛行員如果能讓自動駕駛功能控制飛機，自己可以休息，是件很好的事。等到發生比較複雜或緊急的狀況時，飛行員再接管飛機，這時因為他們先前不需要執行各種例行工作，精神和反應都會比較好。

就直式加法而言，教育工作者現在普遍了解，有許多種多位數加法協助（及促進）我們更有意義地理解這些數的變化。小朋友現在通常會學習很多種不同的「策略」來做加法，有時候甚至連家裡的大人也被難倒，因為大人通常只會直式加法，沒學過其他方法。舉例來說，以153＋39而言，學校可能會告訴小朋友，39跟40差不多，所以在心裡計算153＋40應該會比直式加法容易，完成之後，我們會想：「哦，但這樣多了1。」所以會再減去1。

另一個方法和直式加法正好相反：從100開始，接著發現一個數有50，另一個有30，這樣總共是180。現在還剩下3和9，總共是12，所以要再加入先前的和，答案就是192。

這些程序確實可以促進更深入地理解數與數之間的交互作用，但必須相當小心，因為如果小朋友仍然只專注於得出正確答案，得出正確答案一次之後必須反覆運算多次，將會感到極度沮喪。

我相信學習各種方法的價值，但我也認為直式加法有更深一層的意義。直式加法比較接近先設定代碼來代表要相加的每個數，這個點子相當棒。假設我們必須用完全不同的符號來代表每個數，就必須先想出無限多個不同的符號來代表數，這是不可能的。但有人想出十分方便的方法，只用10個符號來代表**所有**的數。這種方法起源於兩千多年前中國的算籌，我們現在相當熟悉的印度阿拉伯系統也採取這種方法，使用0、1、2、3、4、5、6、7、8、9這些數碼（更古老的文化使用符號數量不同的系統，例如16個）。

這套系統很像使用算盤計算，先用第一排算珠計算，最多可以算到10，到達10之後，就把左邊一排算珠向上撥一個，記下這個10，再把第一排算珠撥回0，重新開始。

下面這張照片是我小時候用過的算盤，我一直珍惜地收藏著。如果最上面一排是1，第二排就是10，第三排是100。照片中呈現的數字是231。

這個點子相當巧妙，而且我認為我們一直都不夠注意它有多麼巧妙。羅馬人沒有用這套系統代表數，因此羅馬數字複雜許多，位置有時代表加法，例如XI，有時又代表減法，例如IX。羅馬人在許多方面相當進步，但他們在數學方面的進展不算傑出。

探討數碼的巧妙用途，或許會帶出這樣的問題：我們是否真的需要10個符號？只有9個的話行不行？我們真正需要的符號是幾個？這個問題又和尋找最少組成元件的問題有關，也和類推到更多脈絡有關。

概括化

在生活中，「概括化」（generalisation）的意思可能是我們提出一個概括的陳述，或依據少數代表對某一群人提出假設。這種方式通常沒有效率或冒犯他人，甚至可能造成危險。但在數學中，概括化的意思是謹慎地擴大脈絡，讓我們把更多事物納入理解中。我們在數學中進行概括化時，確實是從較小的世界出發，逐漸擴大到較大的世界，但我們不會假設較大的世界狀況和較小的世界相同，而是著手找出方法，以在較大的世界中確實成立的方式來表達較小的世界中的事物。

對使用10個數碼而言，這代表我們不說「10的所有倍數結尾都是0」，而是考慮是否可能有算盤每一排的算珠數目不同。接著我們或許會注意到，如果每一排有9個算珠，則所有9的倍數結尾都是0；如果一排有11個算珠，則所有11的倍數結尾都是0。因此概括化的結果是每一排上有n個算珠時，n的所有倍數結尾都是0。同樣地，我們使用字母n來代表未指定的數字，因此我們可以同時針對所有數建立理論。

我們為什麼想概括化這個狀況？選擇10為數碼的基數沒有特定理由，但最明顯的「解釋」是我們有10根手指，這是我們隨時攜帶在身、也最自然的計數輔助工具。不過這應該是情感上的解釋，而不是歷史上或合乎邏輯的解釋（但也「解釋」了英文的digit有符號和手指兩個意義）。有些文化採用的數碼基數不同，例如馬雅人是20（可能是手指加上腳趾？）；在法文中，70以上的數還是看得出是以20為基底的蛛絲馬跡，從70開始，字面上是60和10、60和11、60和12……一直到60和19，接下來的80是「4個20」，而不是「8個10」，以此類推。

有些美國原住民文化計數的基底是8，在某些例子中的原因是用指根關節計數，例如墨西哥的北方Pame語；或是用手指的間隔計數，例如加州原住民的Yuki語。有人主張改用5，同時把雙手當成有兩排算珠的算盤，這樣用手指可以數到25，而不只是10。這個主張是從具象的觀點來看，但從抽象運籌（abstract logistics）的觀點看來，60是非常好的記數系統基底，因為60有許多因數。10只有2和5兩個因數（不包括1和本身），60則有2、3、4、5、6、10、12、15、20和30。幾千年前，巴比倫普遍使用60進位，再加上巴比倫人用位值代表數，使巴比倫人在數學方面比古埃及人或羅馬人先進得多。

這裡的「基底」是非正式用法，但也是技術性用法：我們選擇一個基底數目，用這個數目的數碼代表數時，在數學中確實稱為「基底」，所以我們以10個符號寫數學時稱為十進位（base 10）；如果只用9個符號，就稱為九進位。使用的符號個數可以是大於1的任意整數（因為同樣地，1沒辦法發揮作用），所以我們最少必須使用2個符號，這樣的系統稱為二進位（binary）。另外，我們使用10個數碼時，通常寫成0、1、2、3、4、5、6、7、8、9，所以只使用兩個數碼時，通常寫成0、1，因此二進位數看起來就是一串0和1。

這個探討基底的過程既間接有用（能促使我們思考），也直接有用。我們可以把手指當成二進位數碼，用「向上」和「向下」的位置代表1和0，因此我們只用手指就能數到1023，至少理論上可以（但實際上相當辛苦）。我曾經用生日蠟燭當成二位數碼，用「點亮」和「熄滅」代表1和0。這表示我只需要七支蠟燭，就能慶祝到127歲生日，這應該可以用很長一段時間，因為目前已證實活得最久的人「只有」118歲。

可惜的是，這麼做需要很大的專注力，所以如果我們想用手指記錄一個數，但不想耗費太多腦力時，這個方法可能幫助不大。不過，電腦不需要考慮這個問題，而且二進位在電腦中的用途非常強大。在電腦中，我們不用手指也不用蠟燭，而是另一個了不起的點子，用開關當成二進位數碼，開和關分別代表1和0。用一大堆二進位開關建造電腦，是這個看來繁複難解的數字呈現方法的強大直接用處。

就某種意義而言，它和直式加法概念的連繫有點薄弱，因為我們不需要使用直式加法，也能學會行的概念（通常稱為位值）。但直式加法強調把互相對應的部分相加的過程，我們必須仔細地對齊對應的行，不要犯這樣的錯誤：

$$\begin{array}{r} 1\ 5\ 3 \\ +3\ 9 \\ \hline \end{array}$$

這樣形成了把類似事物放在一起來相加的常見概念。舉例來說，如果我們有一個袋子裡有2根香蕉和3顆蘋果，另一個袋子裡有5根香蕉和1顆蘋果，把兩個袋子裡的東西放在一起，看看總共有多少水果。我們會很自然地把香蕉和蘋果各自集中在一起，說出總共有7根香蕉和4顆蘋果，而很少人會說共有2根香蕉和3顆蘋果和5根香蕉和1顆蘋果（或許代表不同的思考方式，或是不適用於交換性）。

把數字一行行對齊，讓我們有機會認識每一行代表不同的事物。這代表我們不能把153當成一串符號，而是1個某種事物、5個另一種事物，以及3個第三種事物。事實上，這三種事物分別是100、10和1，每一行的意思其實是：

100	**10**	**1**
1	5	3
	3	9

而在水果的例子中，我們可以畫出這樣的表格：

香蕉	**蘋果**
2	3
5	1

接著把每一行相加。數的奧妙之處在於如果1的數目夠多，就會自動變成10。蘋果和香蕉就不會這樣，不管有多少蘋果，都不可能自動變成香蕉。雖然說通常不可能這樣，但我確實記得我小時候有個市集，裡面有些遊戲可以贏到不同等級的獎品，如果拿到很多個某個等級的獎品，可以換成比較高級的獎品。這就像有很多個1時，就能換成下一行的一個物品。

這套系統已經結合成不同的原則：「算盤原則」（abacus principle）是某個等級的事物達到特定數目時，可視為下一等級的一個事物；另一個原則是「相同的事物集中在一起」，後者在代數中相當重要，在代數中，我們通常不用蘋果和香蕉，而是x和y，再把它們各自集中在一起。因此，我們可以把（x^2+3x+1）和

（$2x+4$）兩個表達式相加。這兩個表達式沒有1、10和100，只有1、x和x^2。接下來我們可以用相同的直式方法相加，但要注意這裡有點像蘋果和香蕉，一行裡無論有幾個x，都不會變成x^2：

$$
\begin{array}{r}
x^2+3x+1 \\
2x+4 \\
\hline
x^2+5x+5
\end{array}
$$

這是新的脈絡，但是如果你曾經做過直式加法，它的原理是一樣的。

這個故事的寓意是演算法有時會帶我們經歷一些有趣的思考過程，即使這個演算法有點過時，現在的數學其實已經不「需要」它了。比較具爭議性的例子是長除法，這種演算法的用途是把很大的數除以一位以上的數。使長除法變得對我而言「不值一用」的原因是它根本不是很好的演算法，我會在下一章裡說明什麼叫做「好的」數學。長除法的確**稍微**可以運用到其他數學領域（例如代數中的長除法），但我認為這樣的轉移性有點牽強，尤其是知道這種演算法其實不算很好、讓許多學生非常辛苦，而且對了解狀況沒有很大的幫助。

所以我的選擇是捨棄長除法但保留直式加法，因為它的主要功能**是**進一步討論數的運作方式，而不是得出正確答案的重要方法，當然也不是孩子們無法順暢地使用這種演算法時，用來教訓他們的工具。

結論是數學中的某些事物是有用的技巧，有些則能讓我們深入理解實際狀況（記憶法完全沒有理解，所以歸為第一類，稍後我會說明幾種記憶法）。

不過我們研究數學還有一個理由，就是純粹的好奇和可能附帶的樂趣，就像小朋友用力踩水窪一樣。

用力踩水窪和爬山

只要有水窪，小朋友就喜歡用力踩。我承認只要我確定鞋子夠防水，而且附近沒有人會被水噴到，我也很喜歡這麼做。因為住在芝加哥，所以我很小的時候就買了第一雙威靈頓靴（我連它在美國叫什麼名字都不知道）。威靈頓靴其實不是雨天用的靴子，不過因為芝加哥排水不好，所以下雨時很容易形成大水窪。威靈頓靴是針對雪融化而設計的靴子，因為這時候會在路上形成深及腳踝的小河，甚至會在十字路口聚集成湖泊，而我們這些可憐的行人又必須過馬路，所以我真的需要一雙威靈頓靴。

我承認我穿著威靈頓靴時，踩這些小池塘和用力踩水窪真的很好玩。前面我曾經說過，我在許多方面是個永遠長不大的小孩。剛下過雪的時候，我會穿上雪靴，刻意走過還沒有人走的人行道旁邊，這樣就可以踩在新雪上，純粹只是為了好玩。

有時候數學就像用力踩水窪和從新雪找樂子，有時候它就像爬山，只是因為山在那邊，只是想看看我們是否做得到。

我自己一直都對爬山不感興趣（我非常不喜歡人身方面的危險），但或許可以理解爬山的衝動，因為研究數學的衝動有時看來和它很像，只是數學裡的山是抽象的。不過我們還是會受好奇心吸引，想看看那裡有些什麼，還有想看看我們是否做得到。有些數學家還受類似征服欲的事物吸引，認為世界上尚有未解決的問題，從而想要解決它。我的動機比起征服，更像想照亮它、撥開迷霧，看得清楚一點，就像爬上一座山，在山頂讚嘆風景。

有時候我們研究數學完全出自好奇，純粹因為好奇而追尋某樣事物往往非常有趣（對某些人而言無法抗拒）。有時候有趣是因為把東西放在正確位置而很有滿足感，就像玩拼圖一樣。我知道有些人不喜歡拼圖，而很多人雖然喜歡拼圖，但不會說自己喜歡數學。

我非常喜歡一則xkcd漫畫，內容是一個人拉了某臺神祕機器上的拉桿，結果遭到痛苦的電擊。接著這個漫畫像流程圖一樣出現分支，一邊寫「正常人」，有個想法框裡面寫道：「我想我不應該這麼做。」另一邊寫「科學家」，也有個想法框寫道：「我很好奇是不是每次都會這樣。」* 科學家的衝動是繼續測試，了解它的表現。

數學家對解釋的態度就是這樣，如果某個事物沒有解釋，或是有解釋但不夠滿意，我們就想持續試探，或是深入挖掘，或是探索它，看看它究竟是什麼狀況。如果我想去某個地方但是迷路了，事後我一定會研究地圖，看看究竟是怎麼回事。我最近才知道，不是每個人都有這樣的衝動——我永遠都想更深入了解所有事物。

這一點有時可以稱為「第一原理」（first principles），類似於想從最基本的材料烘焙出成品。

---

* 這則漫畫的標題是《差異》（The Difference），網址：https://xkcd. com/242/。

第一原理

我很愛做提拉米蘇，用蛋、糖、馬斯卡邦乳酪、咖啡、白蘭地和手指餅乾來做。到了某個時候，我決定自己做手指餅乾，不再用買的，後來我又想自己做馬斯卡邦乳酪。我還沒進展到自己養雞來取得新鮮雞蛋、找乳牛取牛奶，或是自行釀製白蘭地。我們每個人對哪些事物可以視為「第一原理」都有不同的概念，無論是在廚房裡還是在數學中。

大學部數學課程一開始經常會讓新生大吃一驚。決定在大學中研究數學的學生，通常在學校裡數學表現相當不錯，可能是學校裡數學最好的人，而且一向覺得數學很簡單。對這些學生而言，大學數學最先學到的東西看起來瑣碎又困難。我們從第一原理著手證明某些相當基本的東西，多年以來，數學很好的學生一直認為這些東西「顯然是對的」，舉例來說，我們要證明任何數乘以0，結果都是0。

我看過許多學生在小學低年級很難理解這個概念。這個概念把小朋友劃分開來，有些人覺得它顯而易見，有些人則無法理解它為什麼是對的，這點更加強了世界上有「數學好的人」和「數學不好的人」的錯誤想法。但問題是數學家認為乘以0的結果為什麼是0**並不**顯而易見，所以我們有股衝動，想用第一原理來證明它。

這又回到我們想用最少的組成元件來理解整個數系的衝動。你或許覺得乘法是「重複加法」，所以乘以0就是「加上某個事物0次」，所以結果是0。這個關於乘法的看法對整數而言沒什麼大問題，但如果把分數和無理數考慮在內，就變得有點棘手。依據重複加法的觀點，乘以 π 是什麼意思？重複加上 π 次是不可能的。

我們在第1章中已經知道，數學家採用更為通用的方法，以涵括更多可能性，不僅包含更複雜的數，也包含形狀和其他跟數完全無關的事物。重點是把加法和乘法視為兩種不同的組成過程，就整數而言，我們正好能以加法定義乘法（重複加法），再探索隨之形成的某些關係，所以我們定義出：

$$2\times3=3+3$$

以及：

$$3\times2=2+2+2$$

接著我們可以畫成圖形，發現這兩者是相同的。

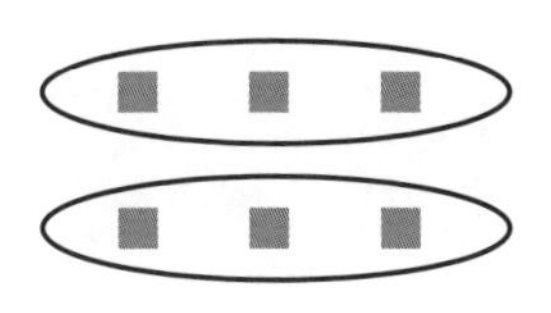

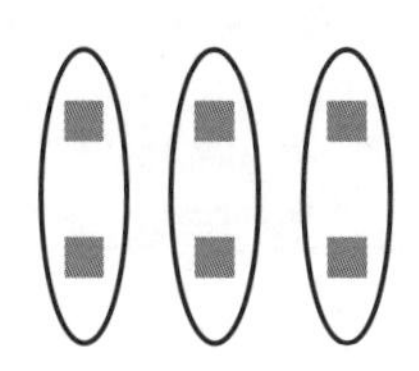

所以我們知道：

$$2\times3=3\times2$$

此外，我很喜歡這兩張圖說明答案相同，但我們不需要知道答案是什麼。重要的是過程，而不是答案。

再深入一點，我們可以像我一樣，以許多種方式解釋6×8。

我們觀察到$6=5+1$，所以：

$$
\begin{aligned}
6\times8 &= (5+1)\times8 \\
&= (5\times8)+(1\times8)
\end{aligned}
$$

我在這裡不希望受運算順序影響（這點稍後會說明），只想指出我用括弧強調哪些東西放在一起。其實我喜歡把這些畫成樹狀圖，強調我們什麼時候進行運算：

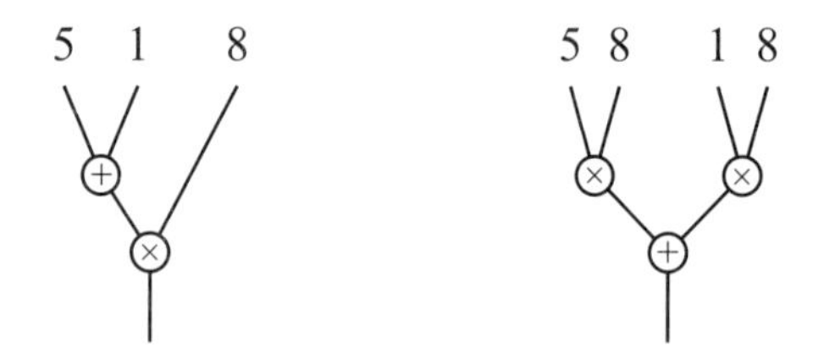

不過這個圖形其實沒辦法提供有幫助的解答，說明這兩個東西為什麼相同，它只協助我更了解代數不只是一連串的符號。我們在下一章會以其他方法呈現這個概念。

我們使用括弧時的習慣指出，嚴格說來，這裡有些括弧是不必要的，所以我可以寫成這樣：

$$5\times8+1\times8$$

不過，這個習慣只是標記上的習慣。它不是數學，而是正式寫法。我比較喜歡用額外的括弧，把它寫得更清楚，而不會堅持每個人都要記住抽象標記習慣。更重要的是，跟下面的表達式相比，上面的表達式很難看懂：

$$(5\times8)+(1\times8)$$

無論如何，這個表達式：

$$(5\times8)+(1\times8)=6\times8$$

或許就能以抽象方式理解，可能比直接看那一串符號容易一些。我們心裡知道，如果拿出5顆蘋果和1顆蘋果，總共是6顆蘋果，接著我們把抽象程度提高一級，拿出5個「物品」和1個「物品」，這樣總共有6個這種「物品」，無論這個物品是什麼：可以是蘋果、香蕉、大象，甚至是8。因此5個8加1個8和6個8相同。

接著當我們嘗試納入無理數時，基本上是把這個過程反過來做。我們不是藉由加法定義乘法後再觀察這個表現，而是把乘法定義為「如此表現的某個事物」。這有點像第一次看到鳥時說：「好，我把這種東西叫做鳥。」後來觀察到鳥類有羽毛也會飛，所以退後一步說：「好，那我把有羽毛又會飛的任何東西都叫做鳥如何？」再後來，我們發現有些東西**看起來**真的很像鳥，但其實不能飛，所以想再修改一下定義。不過這些東西確實有羽毛和翅膀，看起來**或許**能飛。

這些分類有時會造成很大的混淆，例如鼯猴原先被分類為蝙蝠的近親，穿山甲曾經被分類為食蟻獸的近親。在這些例子中，導致科學家暫時誤判的因素是某些外在相似處。到了現在，有些不太懂生物學的人仍然認為生活在水裡的一定是魚類，因此批評認為海豚和鯨類可能是哺乳類的人是笨蛋，在網路上掀起很大的爭執。

依據表現描述數的特徵

依據生物的表現描述其特徵時必須小心，描述數的特徵時也一樣。我們描述數的特徵時會說：它可以相加、相乘，而且加法和乘法間有某種交互作用。

更詳細地說，我們有加法的概念，它雖然看起來不像元件，但表現和元件相加一樣，所以：

- 事物相加時的順序沒有影響，例如$2+5=5+2$。
- 事物分組的方式沒有影響，例如$(2+5)+5=2+(5+5)$。
- 有一個數在加法中「沒有作用」，這個數是0。
- 有個方法可以「抵消」加上任何數的過程，稱為這個數的負數。

另外還有個乘法的概念，它的功能和加法大致相同，但在抵消方面有一點點差異。以元件而言，乘法的原理比加法困難一點點，但寫出來之後，相似處就相當清楚：

- 事物相乘時的順序沒有影響，例如$2\times5=5\times2$。
- 事物分組的方式沒有影響，例如$(2\times5)\times5=2\times(5\times5)$。
- 有一個數在乘法中「沒有作用」，這個數是1。
- 有個方法可以「抵消」乘以0以外的任何數的過程，稱為這個數的倒數（reciprocal）。

最後還有這個加法和乘法間的交互作用原理：

$$(5+1)\times 8=(5\times 8)+(1\times 8)$$

以及：

$$8\times(5+1)=(8\times 5)+(8\times 1)$$

不過我們不需要把兩種都寫出來，因為我們知道乘法的兩種寫法相同，所以這兩個陳述句相等（在有些世界中，乘法的順序確實有影響，所以我們必須把兩種方式都寫出來）。

最後這個交互作用稱為乘法對加法的分配律（distributive law）。它寫出來時看起來可能有點難懂，但如果我們把它想成「5個東西加1個東西和6個東西相同」，會比較好懂。事實上，分配律等於告訴我們，在乘法可以是重複加法的地方，乘法**就一定是**重複加法，因為對由1組成的任何數而言（例如3＝1＋1＋1），我們可以推論出3乘以任何數一定是這個數相加三次，例如：

$$\begin{aligned}3\times 7&=(1+1+1)\times 7\\&=(1\times 7)+(1\times 7)+(1\times 7)\\&=7+7+7\end{aligned}$$

這可能會讓你覺得厭煩，因為符號太多（坦白講連我也覺得厭煩）。在下一章中，我們將會看到比較具啟發性的幾何描述方式。

同時，我也會把更多注意力放在前面沒有完整說明的一切，因為我只舉了幾個例子，說明某幾個數的狀況，讓你自己推斷其他的數。這對數學而言太過含糊不清，但除此之外，因為數有無限多個，所以我們也不可能寫出所有數的關係，於是我們用字母代表數，這樣就能同時說明所有數的所有規則，不需要自己推斷，但這是第5章的主題。

就目前而言，我想以這些基本原理解釋乘以0會有什麼結果。這表示乘以0的結果永遠等於0不是基本原理，而是這些規則的結果。別忘了，我這麼做的理由是舉例說明我們在大學數學課程中通常堅持要證明的「基本」事物。這些基本事物讓某些人覺得我們做的事明顯得離譜，他們早就已經知道了。

這個過程是這樣的，我想先提醒你，這個過程可能有點乏味和技術性。我的意思不是要你了解它，而是仔細注視，同時讚嘆它的曲折程度。

我們想證明對任何數a而言，$0 \times a = 0$。但0是什麼？它是加法單位元素，我們把它加在任何事物上都沒有作用，所以我們可以把$0 \times a$加上本身，藉以研究這個狀況。（我現在先暫停使用×符號，因為它看起來有點雜亂）

$$\begin{aligned} 0a + 0a &= (0+0)a \\ &= 0a \end{aligned}$$

但現在我們知道，無論$0a$是什麼，我們都可以用它的負數，也就是$-(0a)$，把它「抵消」。所以我們把它同時加到上面方程式的兩邊，因此得到：

$$-(0a)+0a+0a=-(0a)+0a$$

每個$-(0a)$可抵消一個$0a$，所以剩下的是：

$$0a=0$$

對於一輩子都把這件事視為理所當然和「顯而易見」的人而言，這看來可能有點無聊。但對於好奇它**為什麼**成立的人而言，這可能相當令人滿意。當然它或許還是不夠令人滿意，就像我們看完整本書之後，發現整個故事只是一場夢一樣。我要說的是，認為事物顯而易見不代表就是優秀的數學家，研究型數學家不斷試圖進一步再進一步地解釋事物。的確，我們經常說某些事物「顯而易見」，但有個笑話說，有個數學家出門一個星期，回來之後說：「對，這很顯而易見。」的確，「顯而易見」其實代表「我知道該怎麼解釋」。

這樣的數學衝動是針對所有事物找出更深入的解釋、就事物為何如此發掘更深奧的原因、在我們思考的概念之間找出更深層的關聯。這個動機和解決生活中特定問題的動力大不相同，但有時這兩者同時出現，有時則會相隔非常久。

意外有用的數學

關於數學有多麼沒用，最生動的描述出自英國劍橋大學的著名數學家哈代（G. H. Hardy）十分著名的散文《一個數學家的辯白》

（*A Mathematician's Apology*）。在這篇散文中，他以我認為毫不掩飾的自豪，描寫他的數論研究多麼無用。可惜的是，還是有些數學家對「有用」的研究投以輕蔑的眼光。我相當反對這種態度，因為我不認為人應該刻意主動地去做沒有用處的事情。這種態度非常高傲自大，而且會形成不健康的氛圍，讓人因為自己的研究沒有用處而佔據道德高點，輕視對世界實際提供協助的人。對我而言，這跟從來沒有掃過廁所的有錢人覺得自己高人一等，因此輕視掃廁所的人一樣令人不快（但是我也知道這類研究者有些是因為自己的工作和實際用途非常脫節，內心感到不安，所以才這麼說）。

基於直接用途以外的理由而從事研究沒有問題，但因為沒有用處而感到自豪就不是這麼回事了。無論如何，有趣之處是哈代的研究領域是數論，這個分支更深入探索整數的表現，其中有些我們在前面曾經討論過。我們從不斷重複加上1這個數的簡單概念開始，接著思考重複加法，稱它為乘法。接下來我們思考乘法的組成元件，稱它為質數。接下來我們試圖了解哪些數是質數，我們要怎麼找出質數？質數有多少個？質數有固定模式嗎？質數彼此間有什麼關係？

哈代相信數論永遠不會有用處，但其實他大錯特錯：這些研究成果現在是網際網路加密的基礎，我們每個人、每天、每次登入某個地方都會用到。我們的密碼必須透過網際網路傳送，所以必須加密，防範別人竊取後侵入我們的帳戶。加密方法巧妙地運用質數，依據的是早在17世紀就出現的數論定理——基本原理是**除法很難**、加法不太難，乘法是重複加法，稍微難一點但還是做得到，尤其是用電腦的時候。除法，或是更恐怖的因數分解很難，因為它的假設程度很高。計算3×5雖然費力，但有明確的方法。計算15除以3同樣有明確的方法（藉由分配物品），但如果我們事先不知道要除以多少呢？這就是因數分解的用途：試著把15除以**某個數**，得出另一個整數。

你或許看得出來：15＝3×5，但如果我想用某個數乘以某個數的形式來表達247這類較大的數，將會困難得多。我們可以一個個嘗試，但數字越來越大，花費的時間越來越多。重要的是，所需時間增加得比數本身快得多，所以這個數的長度變成100位或200位時，連電腦也沒辦法在人類的生命周期內計算出來。

這種加密方法相當巧妙，因為這表示，如果我選擇兩個非常大的質數，將兩者相乘，我會知道自己用了哪兩個質數，但其他人找不出來。這個概念和把它化成可用的密碼之間是相當大的一步，但這是基本概念。把這個落差變成可以運作的密碼的關鍵是17世紀的費馬小定理（Fermat's Little Theorem），另外還有一個大定理。*有個有趣的註解是這種密碼**理論上**不安全，只是因為現在電腦的運算能力無法在合理的時間內找出這些很大的質數因數，所以在**實務上**安全。量子電腦將會大幅改變生活的理由之一，就是許多人認為其將可在合理時間內找出這些很大的質數因數，因此整個網際網路加密將會瓦解，我們也將需要全新的方法來保障線上帳戶安全。

不過，這個故事的寓意不是所有數學最後都會有用，雖然聽起

* 大定理就是所謂的費馬最後定理（Fermat's Last Theorem），因為它是費馬寫在紙張邊緣的筆記而聞名。

來好像是這樣。我的看法比較微妙一點：我們通常無法事先得知哪些東西未來會有用或沒用，所以用我們認知的有用（或無用）來評斷某些數學的價值，是件錯誤的事。任何能協助我們了解某些事物的原理，未來都可能對人類有所助益。

需要的時間有時甚至超過數論的幾百年歷史。

柏拉圖立體的用途

關於概念和實際應用間的漫漫長路，我最喜歡的例子是柏拉圖立體（Platonic solid），古希臘數學家早在兩千多年前就在思考它了。柏拉圖立體是具有最大對稱的三維形狀，這個定義不算非常嚴謹，但可說是一般概念。

更明確地說來，它是以平面的二維形狀（因此稱為形狀的「面」）構成的三維結構，具有以下各種對稱：首先，這些二維的面必須全都具有最大對稱，意思是所有的角和邊都相同；接下來，它們的組合方式必須具有最大對稱，所以這些面的形狀和大小必須全都相同；此外，面與面之間的每個交會角度必須全都相同；最後，它們構成的形狀必須大致呈圓形。這顯然不是正式定義，不過重點是不能同時有朝內或朝外的轉角，所有轉角都必須朝外，所以它有點類似球，而不像星形（技術性名稱是「凸角」，最後一章會說明）。

其實符合這些原則的形狀不是很多。第一，我們一開始可以使用的二維形狀本來就不多。我們可以使用的形狀包括等邊三角形、正方形或正五邊形（「正」的意思是所有的邊和角都相等）。但如果使用六邊形一定不會成功，因為六邊形能在平面上漂亮地組合在一起，像這樣：

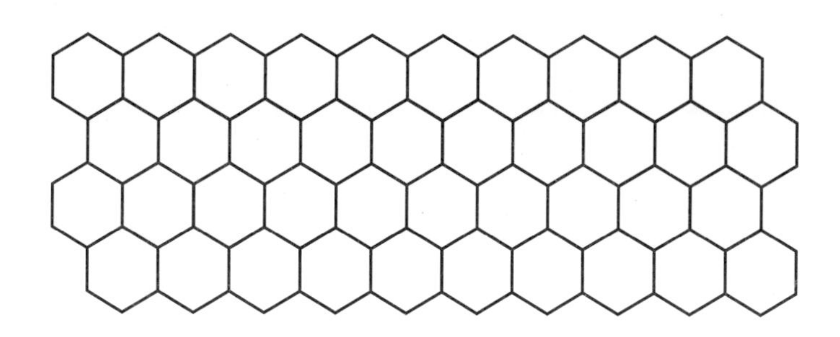

這本身是個有趣又很有用的事實（最近我注意到平面設計師經常用它來製作企業標誌、地毯圖樣、壁紙等），但也表示它不可能組合成三維形狀。接下來，正方形確實也能組合在一起：

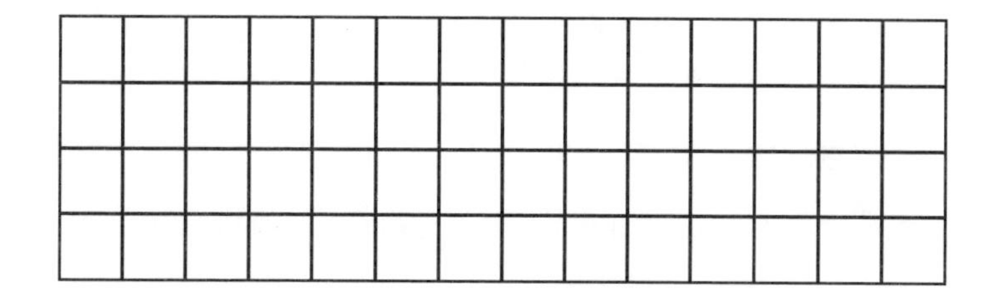

但是這裡有4個正方形在一個角互相交會，形成一個平面，所以我們可以只移去一個正方形，變成3個正方形在一個角交會，留下一個空缺。如果封住空缺，這個形狀將會變成三維，因此做出了立方體。我們只需要以對稱的方式，用正方形填入其他空缺就可以了。

而六邊形就不能這麼做，因為3個六邊形組合在一起時不會有空缺。

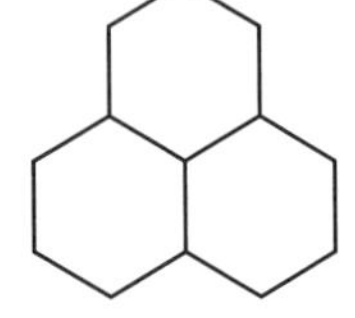

我們可以用3個三角形試試看，這樣會留下很大的空缺。

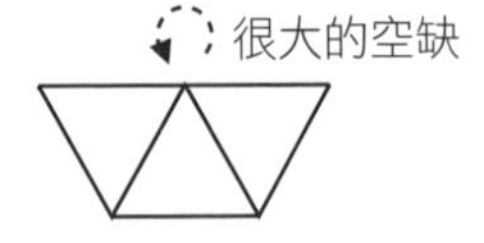

如果把這兩個「開放」的邊接在一起，會形成一個三角狀的帽子形，再把一個三角形放在最後剩餘的空間，會發現它是三角金字塔形（如果手邊有剪刀和膠帶，建議自己做做看，避免看不懂我畫的圖。我一向覺得如果有實際的東西可以組合，會比較有感覺）。

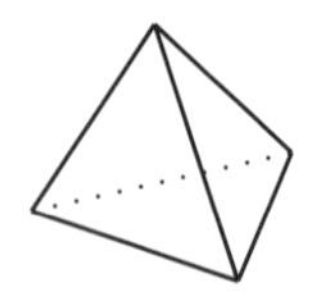

這個形狀由4個三角形組成，所以稱為四面體（tetrahedron），tetra是希臘文的「四」。

現在，以三角形而言，3個會留下很大的空缺。我們也可以嘗試4個三角形，這樣還是會留下不小的空缺，等著我們處理。

這樣看來似乎能組成底部為正方形的金字塔。

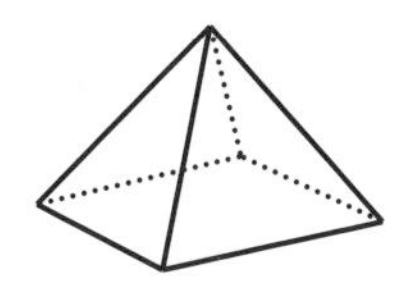

不過別忘了，我們要找的是最大對稱，所以不能讓三角形和正方形混在同一個形狀中（其實可以，但這樣就不是柏拉圖立體了）。如果繼續以對稱方式進行，就能得出下面這個鑽石狀的三維形狀：

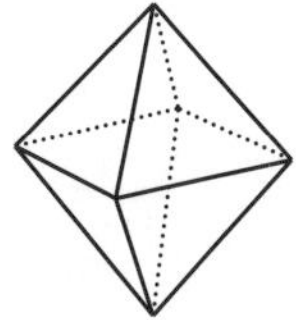

這個形狀由8個三角形組成，所以稱為八面體（octahedron）。

三角形還有一個可以組成的形狀，因為我們可以把5個三角形組合在一起，而且仍然有空缺。

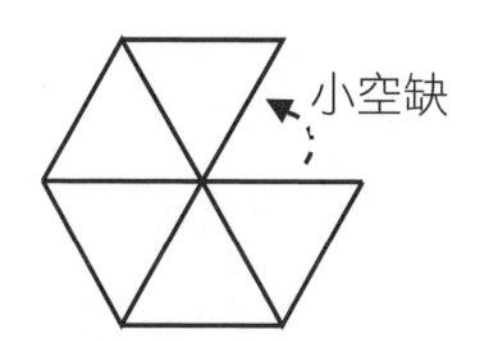

如果我們封住這個空缺，就可構成一個扁平許多的帽子形：

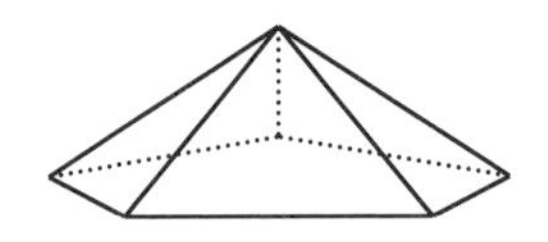

如果我們繼續把三角形加入這個形狀，同時維持相同的圖樣，會需要更多時間和更多個三角形。如果你喜歡做東西，我很建議自己嘗試看看。我在生活中已經做過很多次，而且仍然覺得這樣很有成就感（尤其是從裡面黏上去的時候）。這個空缺需要20個三角形才能封住，所以稱為二十面體（icosahedron），因為icosa是希臘文的20。它大概是這個樣子：

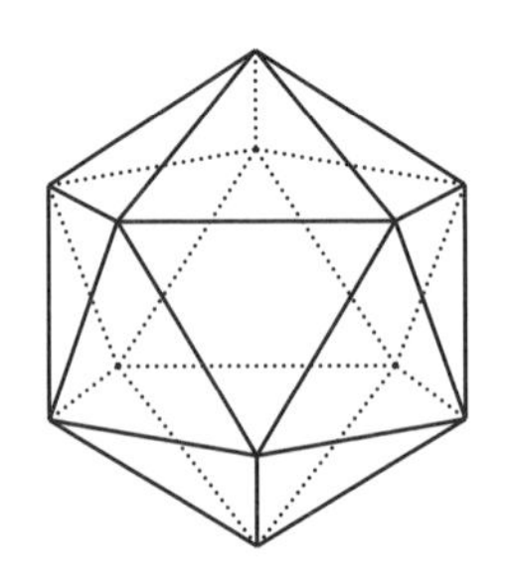

我們可以用6個三角形嘗試這個方法，但現在它們組成二維平面，變成六邊形，所以不可能組成三維的形狀。

我們可以用五邊形來做，因為把3個正五邊形組合在一起時，

空缺非常小。

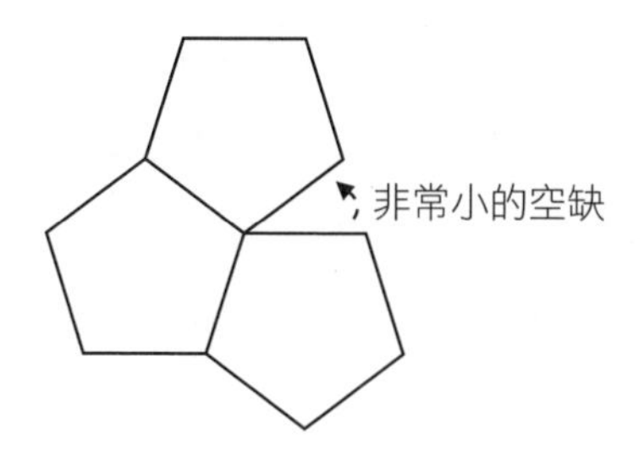

我們可以把這個空缺封住，構成一個扁平的帽子（這個形狀有點難以畫得清楚）。如果對稱地加入更多五邊形，總共需要12個五邊形，所以這個形狀稱為十二面體（dodecahedron），看起來是這樣的：

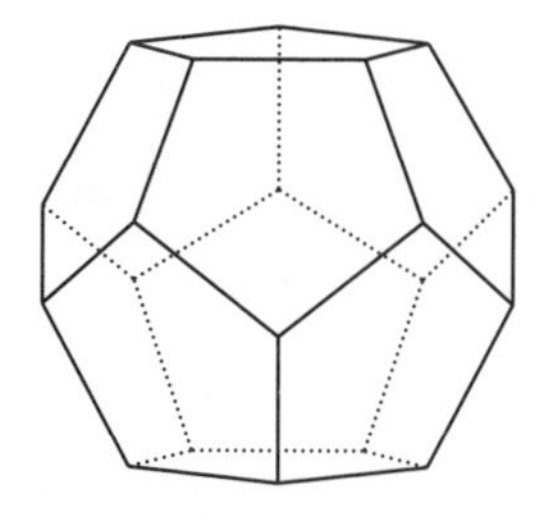

這就是我們要尋找的最大對稱的所有可能性。我們不能使用大於六個邊的形狀，因為我們必須讓至少三個形狀交會在一個點，並且有空缺，但超過六個邊的形狀的角太大，無法組合在一起。請注意這不代表其他三維形狀不好，只是我們純粹出於好奇，想知道以最大對稱能做出什麼結果。其他三維形狀在各方面都很棒，只是沒有這個特殊的性質。

所以柏拉圖立體包括：四面體、八面體、立方體、十二面體和二十面體。

你或許會感到奇怪，立方體為什麼不以它的面數來命名？我們也可以這麼做，稱它為六面體（hexahedron）。就一個隨處可見的東西而言，這個名稱可能太拗口。我們如果經常提到某樣東西，通常會選擇比較短的名稱。立方體的英文名稱cube確實源自希臘文的*κύβος*，意思是六個面的骰子（在語言中，非常常見的東西經常會出現不規則，例如平凡的動詞會有不規則變化）。

無論如何，這些都很好，但重點是什麼？這是個好問題。它本身的重點是更深入了解對稱如何產生作用、形狀如何組合在一起、二維形狀如何構成三維形狀。這些對我們有什麼幫助？

二十面體的概念花了兩千年才變得「有用」。這個形狀現在成為建造圓頂的方法，因建築師富勒（Richard Buckminster Fuller）而著名（但其實首先這麼做的是德國工程師鮑爾斯費爾德〔Walther Bauersfeld〕）。重點是如果想採用很大的球體當成建築結構，很難做得非常平滑，不過如果用三角形來組合的話，就能用比較方便的小型組成元件來組合成球體。柏拉圖立體全都大致呈球形，但也有點尖角。面數越多，尖角程度越低。我的意思是它的角變得更多，但每個角比較不顯眼，這就是我說「尖角程度較低」的意思。四面體（三角形金字塔）的角相當尖，而二十面體的角就沒那麼尖了。

不過這樣還是太尖，不能稱為球，所以富勒把所有的角削平，讓整個結構沒那麼尖。每個角是5個三角形交會在一個點上，所以如果削平那個角，就會多形成一個五邊形的面。那麼原本的三角形面呢？我們削去三角形的角之後是這個樣子：

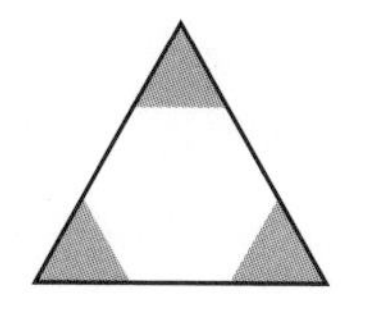

如果沒有削去太多，三角形會變成六邊形，是圖中中間的白色部分。所以如果我們削去二十面體所有的角，但不削去太多，每個三角形面就會變成六邊形，因此現在會有20個六邊形，但每個角也會變成一個五邊形面。二十面體有12個角，所以這個新形狀會有12個五邊形面和20個六邊形面，看起來相當接近球形。這個方法效果非常好，其實已經成為普遍的足球製造方式，這個形狀也以富勒的名字命名為巴克球（Bucky Ball）。

要把這個方法化成我們可以用三角形組合成的好用結構，最後一步是了解我們可以用6個三角形組合成一個六邊形，此外可以用5個三角形組合成一個五邊形。這樣讓建造過程非常方便，因為我們只需要一種組成元件，就是三角形。

這就是以三角形組成網格圓頂的方法，這種方法經常用來建造天象館的圓頂，近來也常用來建造兒童攀爬架、戶外用餐圓頂，以及生態屋。如果觀察結構中不同的地方有幾個三角形交會在一個點上，就可以看出組合方式。有時候是6個、有時候是5個，代表這個地方其實是六邊形和五邊形的面。

這個故事還有另一個分支。1950年代，顯微鏡的放大能力非常強，可以用來觀察病毒的結構，有些病毒就具有二十面體的結構。二十面體研究花了兩千年才找到實際用途，我認為當時應該不可能預料得到。

就用途而言，用柏拉圖立體製作戶外用餐圓頂，聽起來或許不大重要，但另一個稍微重要一點的例子把我們從古希臘帶入微積分（calculus）。

無窮

我在《超越無窮》（*Beyond Infinity*）這本書裡曾經說過這個故事，所以這裡只簡短地再講一次。人類思考無窮的真實意義已經好幾千年，幾千年前數學家和哲學家提出的問題，和現在好奇的小孩提出的問題幾乎沒有什麼不同。無窮是什麼？無窮是數嗎？我們能達到無窮嗎？世界上是不是有無窮的事物？如果我們把某樣東西分成無窮多個，每一個有多大？

古希臘哲學家季諾和門生曾經研究過這些問題中的許多個，季諾悖論（Zeno's paradoxes）涵括了令人不解的幾個部分。我把我最喜歡的一個部分稱為「如何讓巧克力蛋糕永遠吃不完」，方法是先吃一半，接著剩下的再吃一半，接著剩下的又再吃一半，如此持續下去。這是否表示這個巧克力蛋糕永遠吃不完？季諾表達的方式不是蛋糕，而是從A點到B點。結論顯然是我們必須不斷前進剩餘距離的一半，這表示剩餘距離的一半永遠存在，似乎代表我們永遠無法到達B點，但其實我們每天都會到達要去的地方。

另一個悖論探討「運動」的真實意義。季諾假設有一枝箭在空中飛行，想到在任何已知的時刻，這枝箭只會在空中的一個地方，所以它怎麼移動？

還有一個悖論提到阿基里斯（Achilles，以飛毛腿著稱）和烏龜賽跑。烏龜先起跑，阿基里斯的速度當然比烏龜快很多倍，然而，如果烏龜到達A點，則阿基里斯到達A點時，烏龜一定已經至少前進了一點點，好比說是B點。接下來，阿基里斯到達B點時，烏龜一定又前進了一點點，好比說是C點，如此不斷持續下去。由此看來，阿基里斯似乎永遠不可能超過烏龜，這顯然完全不合理。

人類對這些悖論可能有幾種反應。第一種是舉起雙手說：「這真笨！」或是「這在講什麼？」另一種是嘲笑道：「你當然會把巧克力蛋糕吃完！阿基里斯當然會超過烏龜！」但這樣完全沒有回應悖論中的思考過程，只是反駁它而已。

數學家不會這麼做。我們感覺到混亂和困惑，而這會吸引我們，讓我們想探究是怎麼回事。這件事花費了幾千年，但數學家終於發明了微積分，研究出如何處理這些奇怪的狀況。微積分再藉由電力和其他科技，帶來現代生活中的各種發展。

困惑往往令人不快，讓我們覺得自己不夠聰明，所以我們應該放棄，做些其他的事。但有時真正應該困惑的人反而不覺得困惑，這只是一種錯覺或缺乏自我覺察（就像有人覺得自己能領導國家，但其實根本就沒那個能力一樣）。在此同時，有些人的確有理由覺得困惑和不知所措，因為狀況確實令人困惑，可惜的是他們往往誤認為這代表自己不適合學數學。但情況恰恰相反，這其實代表這些人已經發現了一些有趣的東西，只要好好研究，就有機會變得更聰明。季諾悖論就是這樣，數學家花費了將近兩千年來研究它，所以它的確並不容易，也不顯而易見，事實上它相當有趣。在下一章中，我們將會探討這些關於無窮的難題如何帶我們進入微積分的領域，以及無窮為什麼是出色但又令人不安的數學概念。

第4章 數學有什麼優點

0.9循環為什麼等於1？它真的不可能**等於**1嗎？它是否只是非常非常接近1，但永遠不會真的變成1？

循環小數是永遠以某個模式不斷重複的小數。以0.9循環而言，它的模式相當簡單：

$$0.9999999999999\cdots$$

結尾的三個點代表9會一直持續到「永遠」，有時候會縮寫成在9上面加一點，像這樣：$0.\dot{9}$。

循環小數擁有與無窮和無窮事物概念的奧祕有關的吸引力，但循環小數與無窮有關，也代表它相當容易造成混淆，而且直覺很可能誤導我們。

這可能使直覺不同的人爭論什麼是「對」和什麼是「錯」。在這一章中，我將會探討數學不是只與對錯有關的一個重要面向。我們已經知道，數學具有堅實的架構，用來決定某樣事物是否為真，但數學有許多部分不只如此。一種數學即使聽起來合乎邏輯，我們還是會評論這種數學好不好，這遠比邏輯的正確性主觀得多，而且可能包含我們是否認為它有幫助、具啟發性或能帶來成就感等感受問題。我打算探討數學重視哪些事物，包括數學如何與我們的直覺交互作用（可能支持它，或在它錯誤時修正它）；數學是否善於解釋某項事物，而不只是說它對或錯；以及這些解釋如何協助我們整合更多狀況，使論證的適用範圍更廣。我將會談到數學如何讓我們提出越來越複雜的想法並向前推進，但我們也必須承認，這只是歐洲白人文化建立的學術數學領域發展的價值系統。這帶出一些關於我們為什麼評價這些事物的問題，這些問題令人不安。

數學價值

數學有什麼優點，這個問題比數學是對是錯含糊得多，但也有趣得多。數學家對這點不盡然永遠全都意見相同，但對於領域內的某些事物通常有概括共識，可能只有幾個邊緣的異議者除外。我們評斷生活中任何事物，不論是數學或電影時都是如此。在我撰寫這本書的時候，IMDb上評分最高的電影是《刺激1995》（*The Shawshank Redemption*），我可以想像，即使不見得合口味，但大家都認同這部電影很棒（我很喜歡他的結局，但中段部分的暴力鏡頭對我而言太多，我沒辦法全部看完）。第二名是《教父》（*The Godfather*），這部電影我也因為暴力太多而沒辦法看完。

數學之美一直是個爭議性的話題，有人反對這種說法，認為數學家無法對它達成共識或加以定義。不過我不同意這樣的反對，因為我們人類本來就對任何的美都沒有共識，我也從來沒看過數學之美的明確定義。我個人已經拋開有形的美的概念，因為我真心認為美最重要的是仁慈和寬宏，因此我不再在意別人的外貌。我承認這有一部分是我對外在美文化的反抗，尤其是它對女性施加的壓力。

雖然因為有邏輯矛盾的概念，所以有對錯的概念，但數學最重要的不是對與錯。我在第2章曾經討論過，這個對錯概念比大多數人思考數學答案有對有錯時所想的抽象層次更高。舉例來說，「1＋1是什麼？」的正確答案不只是2，我們已經知道，它在不同的情境下有許多不同的答案。

但是「如果1＋1＝1，則（1＋1）＋1是什麼？」沒有正確答案，因為這是邏輯問題。

「在自然數的脈絡下，1＋1是什麼？」也沒有正確答案，因為這是標準數學定義在特定脈絡下的問題。

我認為這是某種處處都存在的「正確答案」，也涵括我們通常認為沒有正確答案的領域。舉例來說，即使在藝術領域中，同樣有正確答案。如果把兩種色彩的顏料混在一起，將會產生一種特定的色彩。我們沒辦法改變這個色彩，因為它是自然形成的，我們不可能選擇讓它變成其他色彩。我們能夠以不同比例混合兩種色彩，或是選擇混合不同的色彩，但只要做好決定，產生的色彩就有「答案」。要得到不同的答案，唯一的方法是使用不同的過程。

我們建造一棟建築，未來它不是長久存在，就是倒塌。一件洋裝的製作方法有很多，但如果希望它穿得長久，就必須具備某些條件，讓它適合長期穿著，否則就會被脫掉（或許你希望它被脫掉，但是這同樣必須具備某些條件，讓它適合被脫掉，否則就會長期穿著）。

寫作的「規則」在歷史上變得越來越寬鬆。文法規則一直在改變，作家則不斷挑戰句子、單詞，甚至單詞拼法的界線。每個世代都有人認為這些東西是「錯」的，所以加以反對，但語言一直在演變。就寫作這個例子而言，除了什麼是「正確」和「不正確」，以及什麼是「好」或「壞」之外，還有一個問題，就是「有沒有人想讀？」。儘管如此，就非常純粹的藝術層次而言，寫作者想的或許是寫出自己的感受，完全不受外界施加的約束，也不在乎有沒有人想讀。這樣的寫作者可能完全不想遵守任何人的規則，只管自己的感覺。我曾經寫過一首短詩來表達創傷性悲傷造成的痛苦。

again
aghghast

nonono

但即使我們追求完全不受規則約束的創作過程，訓練大腦處理包含對錯概念的邏輯仍然富有價值，因為**生活**中本來就有這樣的邏輯。如果我們認為所有移民都是非法的，這在邏輯上不正確；如果我們相信疫苗能完全預防某種疾病，這在邏輯上不正確；但如果我們相信疫苗完全沒有預防效果，在邏輯上也不正確。

如果我們認為科學主張氣候變遷言之鑿鑿，這在邏輯上不正確；如果我們相信這代表氣候變遷絕對不是真的，在邏輯上也不正確。這些事情在生活中確實存在，我希望每個人都擁有更強健的大腦，能清楚分辨各種論證的邏輯。不過，我的意思不是想法和我不同的人都不合邏輯，因為不同的想法也可能合乎邏輯。認為疫苗完全無法預防疾病不合邏輯，但認為疫苗的副作用比疾病本身更可怕則是可能的。這個對風險的想法和我的想法不同，但至少我們可以討論兩者的差異。

這些都是為數學確實具有對錯概念的層面所提出的說法，但現在我想把眼光集中在更細微的層面上，也就是我們為什麼重視數學，以及好的數學是什麼。雖然數學家對好的數學是什麼沒有一致的意見，但我想提出他們（也包括我自己）的幾個觀點。我們先從0.9循環的例子開始，看看這個問題如何引導出巧妙（但有點取巧）的思考方法，幫助我們了解直覺難以理解的事物。接著我們將會探討一些對直覺有所幫助，甚至在我們認為直覺正確時，以直覺建立論證的狀況。

在生活中，我認為聽從直覺但同時願意接受新資訊相當重要，因為這些資訊可能指出我們的直覺不正確。我相信在數學中也是如此。循環小數和許多關於無窮的問題一樣，往往超出直覺所能理解的範圍，因為在短暫又有窮盡的人生中，我們對無窮的經驗不多。我很高興有些嚴謹的思想可以「修正」我們的直覺，只要我們願意接受，但承認自己的直覺錯誤，並且容許直覺改變的過程往往讓人不安，這有點像有人指出我們下意識中對人的偏見錯誤一樣。在這兩個例子中，我們可能堅持自己的成見，或是很高興自己能鍛鍊思考的能力。數學的功能是後者，我也經常這麼做。0.9循環的問題是個練習的好機會。

循環小數究竟是什麼？

大致說來，無理數是「永不停止而且不重複的小數」。因為我們沒有永遠，所以很難說它是什麼，除非能找出它們其他方面的特徵。舉例來說，$\sqrt{2}$ 是「平方為2的數」，π 是「圓周和直徑的比」（第6章會說明）。但循環小數是**以某種方式**不停重複的小數，所以我們確實知道它們「永不停止」，至少是一步步地。問題是這依然沒有告訴我們結果是什麼，就像知道一條螺旋階梯的重複方式，但不知道它通到哪裡。

我們可以一步步來思考「0.9循環」。第一步是0.9，也就是$\frac{9}{10}$。我們知道它佔1的大部分，但不是全部。我們可以用下面這個圖來呈現：

下一步是0.99，也就是$\frac{9}{10}+\frac{9}{100}$。另一種思考方式是從$\frac{9}{10}$開始，再加上剩餘的$\frac{9}{10}$，有點類似先吃掉一半巧克力蛋糕，再吃掉剩下的一半。圖形是這個樣子：

接著繼續下去，0.999是再加上剩餘的 $\frac{9}{10}$ 。

現在已經很難看出來剩下的小空隙，但右上方確實有一小條垂直的空隙。放大來看是下面這樣：

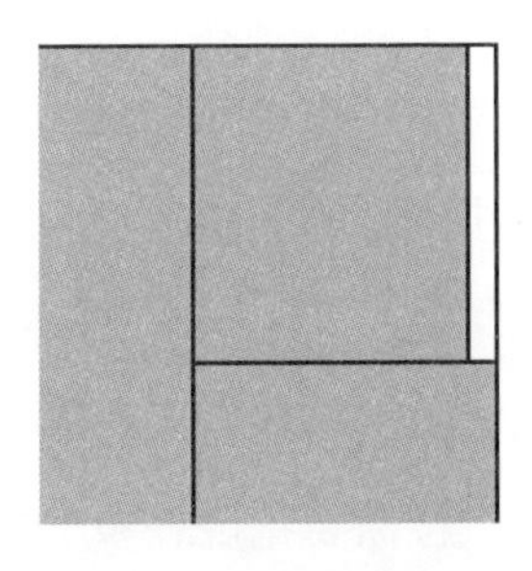

沒有放大就看不出來，代表這個論證不算非常嚴謹。

0.9循環的概念是「永遠持續下去」，如果依照這個方式永遠持續畫下去，看起來確實快要填滿整個正方形。但下圖是放得更大的圖形，填進去的方塊多了幾個，仍然看得到有個小空隙

有人認為我們不斷放大這個角落，一定能看得到一點空隙，所以它實際上永遠不可能是1。有些人則主張因為還沒有達到無窮，所以剩下一個空隙，而它到達「無窮」時將會是1，所以答案是1。

在這個例子中，我們很容易陷入誰對誰錯的爭論。這樣的習性已經深植在我們心中，因為我們的社會鼓勵零和遊戲，隨時都要分出勝負，因此出現爭議時也一定要分出對錯。我偏好思考每一方在**哪個面向上有理**。

以我們在過程中永遠不可能達到無窮，所以在我們畫得出來的任一點，一定會有一個小空隙的面向而言，認為永遠會有一個小空隙的讀者是對的。

另一方面，如果認為這個形狀在「無窮」時會被填滿，這多少也這個狀況的重點。但這樣需要花費許多工夫來嚴謹地說明它，而這就是微積分的目的。數學家一直在努力提出論證，探討「無窮」

時的狀況，這些論證似乎也在一定程度上言之成理。但我們真正提出質疑，而不只是接受答案時，就會發現這些論證的基礎都不穩定，我們必須仔細認真地理解某些事物的意義。

另外一個證明$0.\dot{9}=1$的論證有點像是這樣：$0.\dot{9}$是0.9999999999999⋯。如果把它乘以10，我們知道只要把小數點向右移一位就好，所以是9.99999999⋯，但這和9＋0.9999999999999⋯相同。現在我們為了這個論證賦予0.9999999999999⋯一個字母代號，假設是x。我們已經證明：

$$10x = 9 + x$$

接下來要解這個方程式。兩邊減去x，可以得到：

$$9x = 9$$

因此$x = 1$。

這個論證方向正確，但我覺得它有一個技術問題和一個情緒問題。你或許從來沒想過可能在情緒上抗拒數學，可如果一個證明沒有解釋或說明狀況，我會在情緒上抗拒它。我或許必須承認它的論證在邏輯上正確，但這只代表它告訴我這個答案是正確的，卻沒有幫助我了解這個答案**為什麼**正確，這樣讓我很不滿意。上面的論證對我而言就像個巧妙的騙局，某些人或許覺得這樣就很滿意，但我不喜歡騙局，只喜歡透明清楚的東西。

不過比較重要的是技術問題：上面的論證不只是在情緒上無法令人滿意，而且有些很大的邏輯漏洞。第一，我們怎麼知道把小數點向右移一位，就能把0.9999999999999…乘以10？我們怎麼證明它合邏輯？其實這促使我們提出最基礎的問題：0.9999999999999…的意義究竟是什麼？如果我們不知道它的意義，就沒辦法用它來提出論證。上面的論證正確，但我們必須先提出一些定義，再證明幾個微積分中相當深奧的定理，這些定理就隱藏在「把小數點向右移」這個不起眼的小步驟中。我以前的數學老師曾經說這是「殺雞用牛刀」：用過度強大的工具來做簡單的小事。這個例子還不只是工具過度強大，而是整個方法都不誠實，因為證明微積分中的深奧定理花費的工夫比證明$0.\dot{9}=1$大得多。這有點像是為了證明我們能爬上第一格樓梯而爬到頂端再走下來。這樣不只無法證明我們能爬到頂端，而且爬到頂端本來就必須爬上第一格樓梯。

而且還不只是工夫。如果讀者的程度足以了解深奧定理的證明，也就能了解為什麼$0.\dot{9}=1$。（對我而言）更重要的是，這個直接論證運用和描述了數學中非常優秀和傑出的一個概念，這個概念促成了現代世界中最重要的發展：微積分。

微積分的開端

幾千年來，微積分從想了解極小事物的衝動逐漸發展。這和想了解連續運動和曲線的衝動有關。如果仔細思考，曲線是個相當奇特的東西，它由許多彼此相連的小點構成，但方向不斷改變。如果它一直朝相同的方向行進，就是直線。如果它朝相同方向行進一小段時間，就會有一段是直線，而不是平滑的曲線。

我們可以用一連串直線畫出近似的曲線，畫近似圓的古老方式是把多邊形（由直線構成的形狀）放在圓的內部或外部。在下面的圖中，我把正方形放在圓的內部和外部，接著放八邊形。

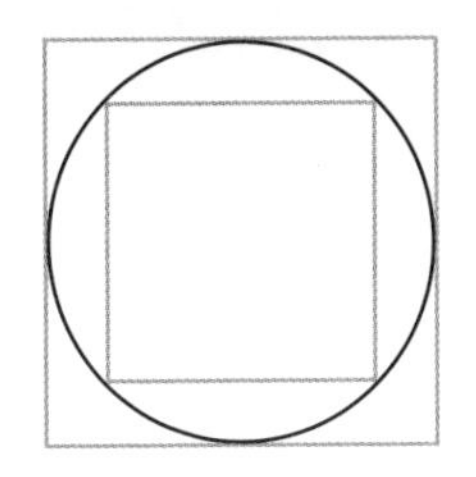

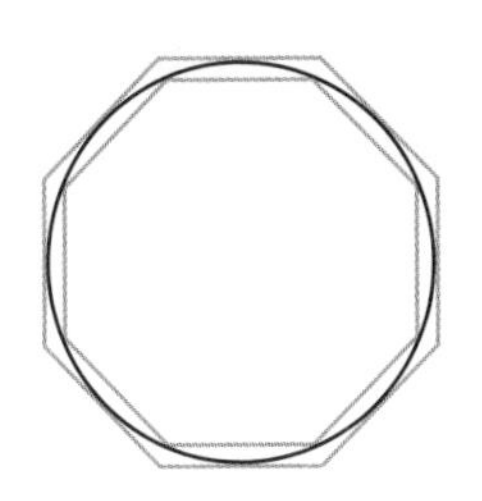

這兩個八邊形之間比兩個正方形更接近，但兩者之間，也就是圓所在的位置，還是有明顯的空隙。

重點是邊數越多，內近似和外近似就越接近，我們可說是用這兩者決定中間的圓。這有點像把一疊彎曲的燻牛肉夾在兩片麵包之間，再把它壓扁，讓兩片麵包更接近，方便把三明治塞進嘴裡（其實微積分中有個稱為「三明治困境」（Sandwich Lemma）的結果，用來代表這個概念）。

季諾試圖由每一刻的變化來理解運動，也就是把時間分成無窮小的段落。我們要怎麼把它們加在一起？有限的一段時間可以分成無窮小的段落，但這樣就會有無窮多個段落，我們要怎麼把無窮多個無窮小的段落加起來？在小孩和巧克力蛋糕的例子裡，如果小孩不斷吃掉剩餘的一半蛋糕，每次吃到的蛋糕就會越來越小。如果我們「無窮」地做下去，將會有無窮多個段落，我們要怎麼把它們加起來？

在0.9循環的例子中，我們做的也是相同的事：把無窮多個變得無窮小的分數加起來。你或許認為這只是數的加法的一部分，但在一般的數中，我們只會思考怎麼把兩個數相加。我們可以把結果和另一個數相加，這樣實際上是把三個數相加，如此重複下去。這個方法稱為「歸納」（induction），可以用來把**有限**個數相加，但無法把無窮個數相加。

順帶一提，這是數學歸納法，在邏輯上相當嚴謹，它和哲學中以歸納法論證的概念不同，後者在邏輯上不算嚴謹。在哲學中，這代表由有限多個事件進行推斷，例如：「我這輩子到目前為止，太陽每天早上都會升起，所以太陽明天也會升起。」這個論證的邏輯基礎不算堅實——它的結論雖然正確，但邏輯並不嚴謹。這輩子到目前為止，每天早上都發生某件事，不代表這件事明天也會發生。這點有些微妙，因為目前為止太陽每天早上都會升起，代表某件事依循物理定律發生，物理定律則指出太陽明天將會升起。不過，這不代表以往太陽升起在邏輯上導致未來太陽升起。

另一方面，數學歸納法則相當嚴謹，它指出：如果我們能證明某件事在$n=1$時成立，並且也能證明第n項成立在邏輯上代表第（$n+1$）項也成立，則每個有限項一定都成立。差別在於這種歸納方式必須合乎邏輯地證明下一項確實出自前一項，而不只是觀察前n項的結果全都成立。

所以數學家著手研究如何把無窮多個數相加。首先必須指出的是如果這些數不是越來越小，我們就沒辦法這麼做，因為總和將會「永遠」越來越大。你或許會說它相加到無窮，但其實不能這麼說，因為無窮不是數（我們會說總和不會收斂）。所以我們只能加總一連串無窮個越來越小的數，這些數可能會有少許波動，但整體而言越來越小。

最後的定義確實相當巧妙。這裡必須指出它只是個定義，數學家提出它的用意是讓我們以一致和有效的方式推理。這並不代表它絕對正確，但我確實認為這代表它相當好，而這就是本章要討論的主題：在數學中怎樣算是良好，而不是在數學中怎樣算是正確。

重點是我們不是要訂定無窮多個數相加的實際過程，只是要說明如何檢視一個答案是否良好。這個方法俐落地解決了無窮個數**如何**相加的問題，我認為它既優秀又令人滿意，可以用來推論不夠精確、因此難以推論的事物。但我也能了解，因為我們沒有正面回答這個問題，所以它看來可能難以令人滿意。重點是，有些事物本來就不能正面回答，如果想這麼做，最後往往會更不滿意。

所以在19世紀初期，數學家波爾查諾（Bernard Bolzano）提出數列「極限」的概念，這個極限在本質上是足以代表「無窮和」的數。它的主要概念是我們在實際上無法永遠不停地把數相加，但可以想像在這個相加過程中到達某個有限的點，看看結果接近某個數的程度。如果在我們想得到的某個微小距離之內，則這個數可以視為無窮和的適當選擇。

但是也有可能完全沒有適當選擇。舉例來說，如果我們永遠不停地把1相加，結果將會越來越大，不會逐漸趨近某個特定的數。但我們可以證明，**如果**有理想選擇，選擇只會有一個。在數學中，這個選擇的專門術語是「極限」（limit）。

現在巧妙的部分來了：我們**設定**0.9999999999999…是一個極

限。它是0.9, 0.99, 0.999, 0.9999, …這個數列的極限，也就是這個數列最後會集中到這個數。

這個極限是1。

所以有限截尾數列0.9, 0.99, 0.999, …會越來越接近1，但永遠不會到達。但我們已經定義0.9是這個數列的極限，而這個數列的極限其實是1。這是極限的定義告訴我們的數。

聽起來，我好像因為某種原因重新定義了相等的概念，但其實沒有。這裡重要的不是相等的定義，而是極限的定義。總而言之，重要的是下面兩個步驟：

- $0.\dot{9}$的**定義**是數列0.9, 0.99, 0.999, …的極限。
- 這個極限真的等於1。

你可以儘管提出反對意見，我個人也認為反對自己覺得不合理的數學是件好事。我經常問學生對正在研究的數學有什麼想法，他們通常會大吃一驚，因為從來沒有人鼓勵他們對數學表達感受和看法。如果不喜歡這個關於0.9的論證也沒關係，我們絕對有權利不喜歡它。但如果你想從邏輯上反對它，就只有幾種方法：如果你認為$0.\dot{9}$不完全等於1，那它是什麼？其他選擇有兩個：不是認為它是其他的數，就是認為它不是數。如果它是其他的數，又是什麼數？小於1應該不合理，因為這個截尾數列最後會超過你想的數，比它更接近1；大於1應該也不合理，因為這個截尾數列一定不可能大於1，這表示這個數列一定會比你想的數更接近1。

如果你認為$0.\dot{9}$不是數，這算是有趣的哲學問題。我們已經提出邏輯理論，讓我們定義它是數。依據這個理論，這個數一定是1。這個結論沒有邏輯上的矛盾，但除此之外，極限定義背後的概念讓數學家得以定義整個實數，也就是有理數（分數）和無理數，接下來進一步研究持續變化的函數，從極限概念逐漸建立起整個微積分，微積分又讓我們建立大部分的現代世界。所以，這個理論不僅沒有任何邏輯上的矛盾，還具有廣泛、深遠及改變世界的影響。

我知道，這些邏輯步驟如果不符合你對0.9, 0.99, 0.999,⋯這個數列永遠不會**真正**到達1的直覺，應該會很難接受。但重點是無論是否符合直覺，$0.\dot{9}$的定義的邏輯步驟都是正確的。數學成立與否取決於它是否有邏輯上的矛盾，而不是它是否符合任何人的直覺。

我可以理解，如果你喜歡運用自己對事物的直覺，這可能有點讓人洩氣。但直覺和邏輯不相符時，數學衝動是試著理解直覺為什麼和邏輯不相符。如此一來，我們可能會發現邏輯有瑕疵並加以修正，也有可能獲得提升直覺的機會。*

有時候我們會在直覺極少的狀況下著手，這時數學論證將可解釋狀況，協助我們建立直覺。

解釋狀況

我喜歡數學解釋某件事**為什麼**這樣，而不只是證明它**就是**這樣。我最喜歡的是兩個兩位數相乘的方式，以18和24為例，我們把18寫成10＋8，24寫成20＋4，接著想像用網格的方式把兩者相乘，結果是每列18個共24列，或是每行24個共18行。不過要

* 貝希斯在《數學》中曾經寫過這一點。

把每一行和每一列都畫出來有點麻煩，所以我們改用抽象的方式，像這樣：

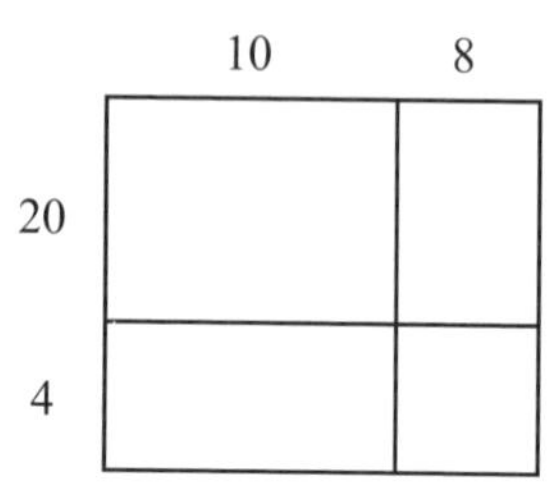

請注意，這個圖的比例是否正確不重要（我的圖比例不正確），這是以「示意」圖來說明**交互作用**的內涵，而不是直接呈現出來。

這裡的概念是運用我們關於交互作用的幾何直覺，而不是關於大小和形狀的直覺。它比我們在上一章中使用的樹狀圖更有用，適合用來呈現把事物分組的不同方式，但不需要運用更多關於實際交互作用的幾何直覺。

現在藉助網格呈現法，可以探究每個方格裡有多少：每個方格都是矩形，所以我們可以把兩條邊的數字相乘，就像真的有這麼多行和列一樣。相乘後的結果如下：

	10	8
20	200	160
4	40	32

最後把所有數字相加，得出結果是432。

就某方面而言，這與其說是數學，更應該說是相乘的方法。但它以「解釋狀況」的方式表達了我的意思，所以我稱它為「示意圖」，而不是演算法。這點相當微妙，因為它的步驟確實和老式的長乘法完全相同。長乘法的方式是這樣的（不過順序可能不同）：

$$\begin{array}{r} 2\ 4 \\ \times\ \ 1\ 8 \\ \hline 2\ \ 4\ \ 0 \\ 1\ {}^{1}9\ {}^{3}2 \\ \hline 4\ {}^{1}3\ \ 2 \end{array}$$

我們或許能（或不能）得到正確答案，但不一定能深入了解我們為什麼這麼做。我認為它和直式加法一樣是演算法，用來釋放我們的大腦。這或許是件好事，但也代表我們可能跳過直覺。

方塊圖法讓我們能稍微釋放大腦，但方法是更依賴我們的幾何和視覺直覺，我很喜歡這樣。稍後我們會討論這個方法另一個令人喜愛的面向，就是它能概括化到其他狀況。

我承認這個方塊圖法在我看來不是深奧的數學，它比較像協助以視覺呈現事物的方法。我確實認為這個協助方法包含一個深奧的數學，就是我母親在我很小的時候教我的一個祕訣，用來分辨一個數是否能被9整除。如果一個數在90或以下，我們可以把所有數字相加，結果應該等於9。比較視覺化的方式是在數字網格上標示出來，像這樣：

0	1	2	3	4	5	6	7	8	9
10	11	12	13	14	15	16	17	18	19
20	21	22	23	24	25	26	27	28	29
30	31	32	33	34	35	36	37	38	39
40	41	42	43	44	45	46	47	48	49
50	51	52	53	54	55	56	57	58	59
60	61	62	63	64	65	66	67	68	69
70	71	72	73	74	75	76	77	78	79
80	81	82	83	84	85	86	87	88	89
90	91	92	93	94	95	96	97	98	99

現在我們就能建立起一個概念：之所以會出現這個模式，是因為在網格中數算9的倍數，等同於向下一格（等於加10）再向左一格（等於減1）。這代表我們可以在第一位值加1，並在第二位值減1，這樣兩者的總和將會永遠等於9。

我覺得這個模式最後構成數字網格的對角線令人滿意，但我認為它是深奧數學的原因是它如何以及**為何**能夠擴大到任意大小的數：要知道一個數是否可被9整除，我們可以把數字相加，看看總和是否可被9整除。如果還是無法判定，可以反覆把數字相加，看看最後是否等於9（或不等於9），以95,238這個數為例，我可以把所有數字相加，得出$9+5+2+3+8=27$，接著再把所有數字相加，得出$2+7=9$，所以這個數可被9整除。

當然，現在隨手都有計算機（手機或電腦裡都有），只要輸入算式試試看除出來的結果是不是整數就可以了，這方法不在乎我們究竟為什麼想知道某個數是否能被9整除、而不是答案本身。我同意這個數學原理沒有直接用處（或如同傑出的範疇論專家嘉納〔Richard Garner〕所說，我想不出「有用的地方可以用到它」）。對我而言，它顯然屬於間接有用的領域，也就是解釋事物如何發揮作用。我可以設計幾個情境，在這些情境中，我們可能必須知道一個數是否能被9整除。但就像數學作業問題往往會出現數量不切實際的西瓜或野馬一樣，我不認為設計這類情境有所幫助，一部分原因是它顯然是人為設計的，另一部分原因是它偏離了這裡的重點其實是間接有用。我不想因為捏造直接用途而偏離這個事實。

如果不藉助數學符號，要解釋這個「祕訣」為何有用會有點麻煩，但這個概念包含整除性和位值如何發揮作用的深奧數學原理。不過單以二位數和數網格對角線的概念，對我而言已經相當令人滿意，因為我認為這些概念可以構成一幅賞心悅目的拼圖。

抽象的拼圖

所有事物環環相扣，沒有什麼地方看起來怪怪的，是我心目中數學之「美」的某一面。如果你喜歡放上最後一片拼圖，讓完整圖片呈現在眼前的感覺，我對漂亮的抽象數學感覺也是如此。

就我看來，9的倍數形成對角線的幾何圖形就是這樣的例子。另一個我想介紹的例子是30的因數，在這個例子中，我們不只要寫出這些因數，還要加以適當排列，呈現出哪些數是彼此的因數，最後會形成這樣的立方體：

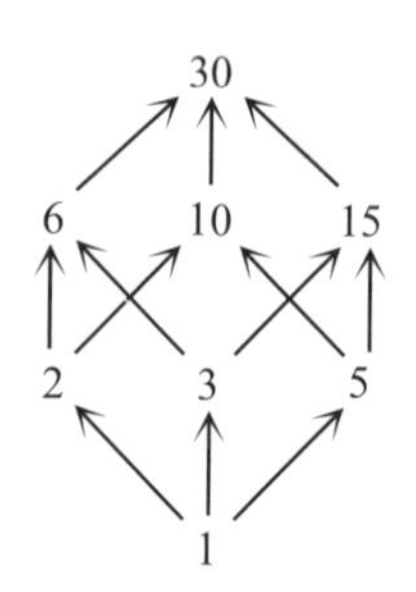

這些數彼此間環環相扣，形成我們熟悉的形狀，讓我很有滿足感。這個主題還有其他面向和拼圖一樣更讓人感到滿足，其中之一是真的把它視為三維的立方體，每個維度有一個30的質因數，分別是2、3、5。所有平行箭頭代表乘以相同的質因數。

此外我們還能看出，正方形的面代表兩個質因數的乘積，也就是6、10、15：

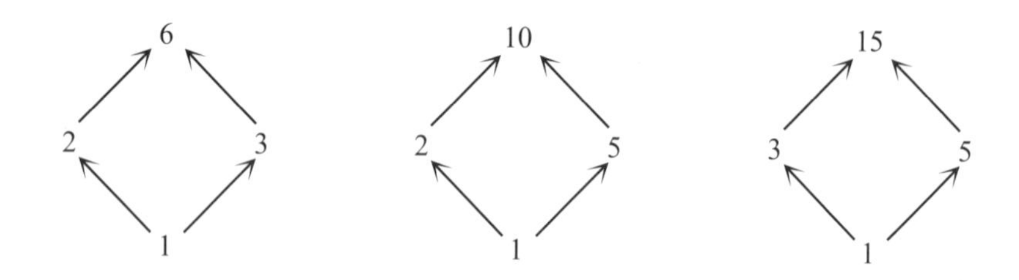

如果選擇其中一面，觀察和它相對的一面（想像它真的是個立方體），或許可以看出兩者的關係：相對的一面是這一面乘以另一個質因數的結果。舉例來說，如果選擇6的這一面，它的質因數是2和3，而另一個質因數是5，所以如果選擇6的這一面，把每個角的數乘以5，結果就是相對的一面，如下圖所示：

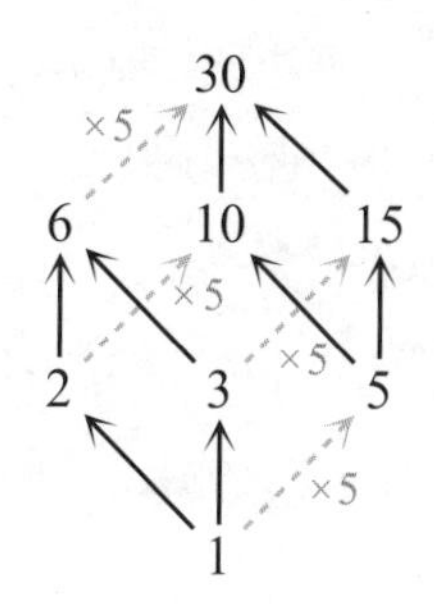

這個概念可以協助我們把其他的因數「拼圖」組合起來。舉例來說，如果我們選擇6的這一面，把每個數乘以2，然而2原本就在這一面，所以不會朝新的方向發展，這麼做得到的圖形是12的因數。

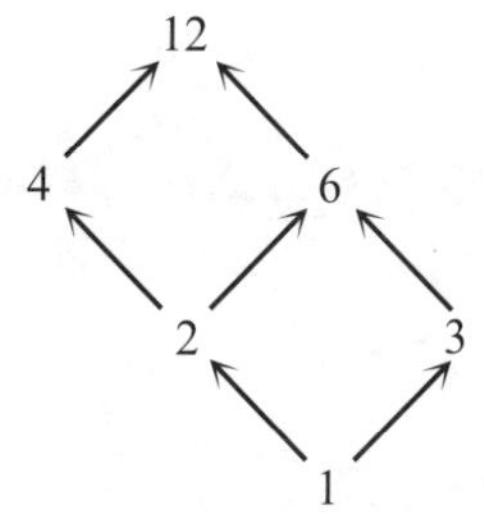

這個圖形說明數的因數的交互作用，感覺就像令人滿足的拼圖，而且還有一個我很喜歡的特質，就是它可以概括化到更多狀況，涵括更多的數，還可以統一許多大相徑庭的例子。

概括化和統一

我很喜愛數學擴大適用範圍、統一不同狀況的能力，其中之一就是**概括化**（前一章已經提過）。概括化是降低理論探討對象的明確程度，藉以擴大適用範圍，涵括更多例子。就這方面而言，概括化是使事物更籠統，而不是使事物更明確。

檢驗一個數是否能被9整除的方法，不只可以概括化到更大的數，也可以用來檢驗是否能被3整除。30的因數圖也可以概括化到不同的數。我們可以用相同的方式畫出42的因數圖，結果如下：

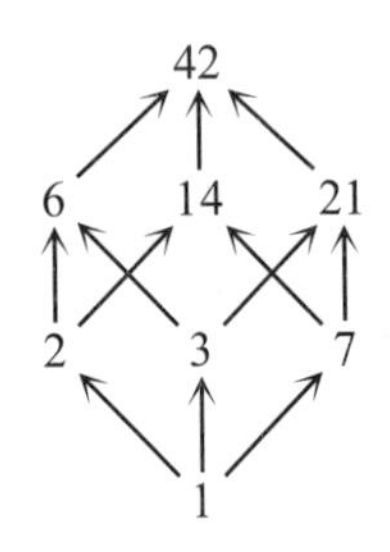

不過不是所有的數都可以畫成立方體。24的因數圖是這個樣子：

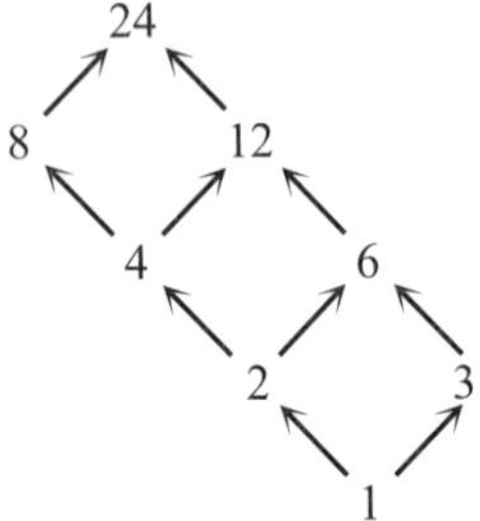

別忘了，這個方法的主要概念是在每個數和它的因數間畫上箭頭，標出哪些數也是彼此的因數。但就像族譜一樣，我們不會在兩代之間畫多餘的箭頭，因為這些箭頭可以推論出來。

檢驗是否能被9整除的方法和數的關係相當密切，這類因數圖似乎也和數的關係相當密切，但如果更深入地探究這類圖形**為什麼**

出現，就會發現並非如此。這讓我們回到質數是乘法組成元件的問題，這類圖形其實是以質因數乘法組成元件來呈現組成所有因數的所有方法。

以30的例子而言，三個組成元件分別是2、3、5。30的質因數分解包含這些元件，圖中說明用這些元件可以組成的所有因數。

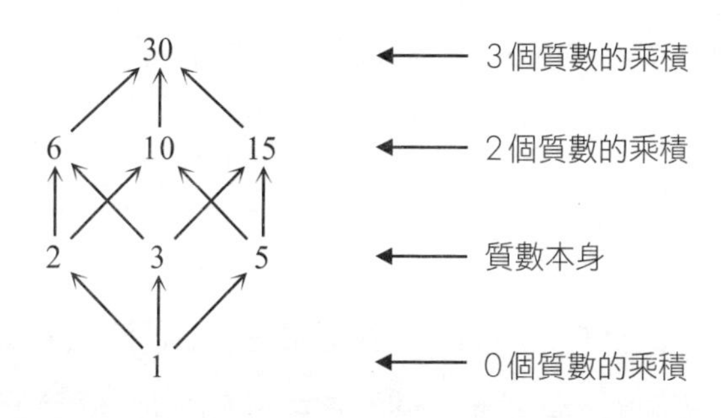

我們可以從底下的乘法單位元素1開始。我們在這裡什麼都沒做，所以我稱它是「0個質數的乘積」。第一層是可以用一個元件組成的所有數，第二層是用兩個元件組成的所有數，頂端是用三個元件構成的一個數，也就是把它們全部乘在一起，得出30。

這說明了我們使用三個不同的元件時，得到的圖為什麼會相同。以42而言，我們使用的是2、3、7。24的圖形和它不同，原因是它的質因數分解結果是2×2×2×3，所以有**三個**相同的元件2，只有一個元件3。如此一來，可組成的所有數將會形成不同的交互作用，因為我們使用兩個元件時，可用兩個相同的元件得出2×2，也可用兩個不同的元件得出2×3。但依據用來組成數的「元件」數量，還是有不同的層級。

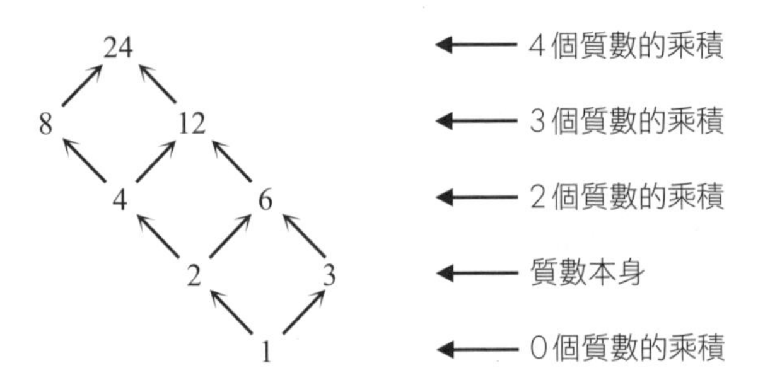

目前我們已經把這個狀況概括化到不同的數，但在這個層次理解之後，我們將可把它概括化到任何組成元件和任何組成方法。先前我曾經提到如何把這個原理運用到特權上，觀察任意三種特權間的交互作用，例如富裕、白人和男性。在這個例子中，組成方法就是取得特權，畫出的圖形如下。我經常提到這個圖，因為我覺得它十分有趣。這個圖的底端是三種特權都沒有的人，第一層是擁有一種特權的人，所以有三種可能。第二層是擁有兩種特權的人，所以也有三種可能，這兩層之間有各種箭頭，代表取得一種特權。最頂端是擁有三種特權的人。

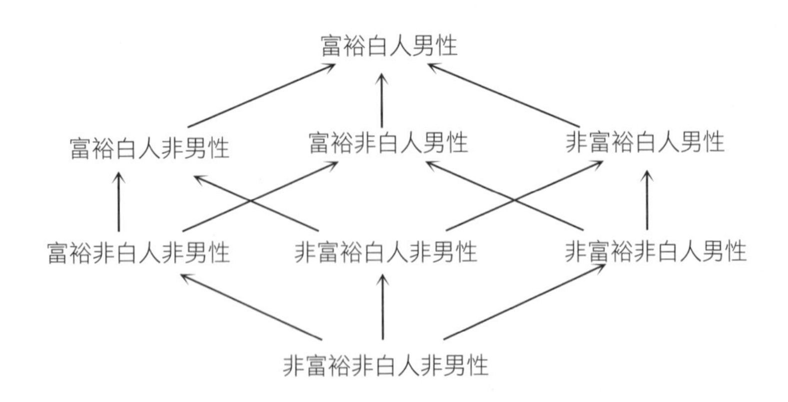

但我們可以藉助重複組成元件的概念，把它擴大成和24相仿的圖。因此，如果取得有錢的特權好幾次，可以視為貧窮、小康、富裕和極富裕，畫出和24相仿的圖，像這樣：

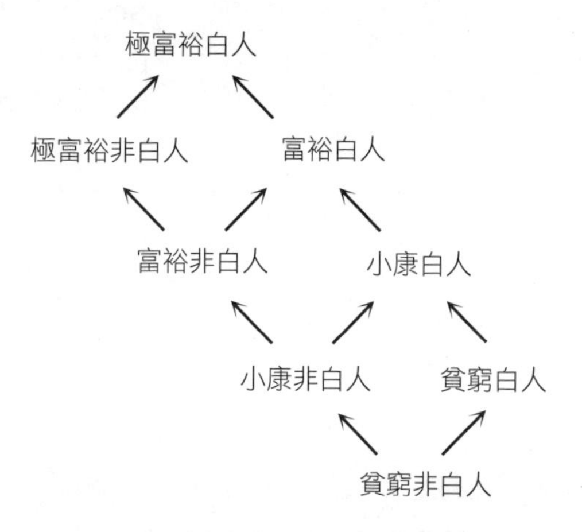

這類圖形把好幾種迥然不同的狀況統合起來，我認為是數學十分強大的一面。它不僅適用於如以下的一維行動：

而且統合了許多種狀況：

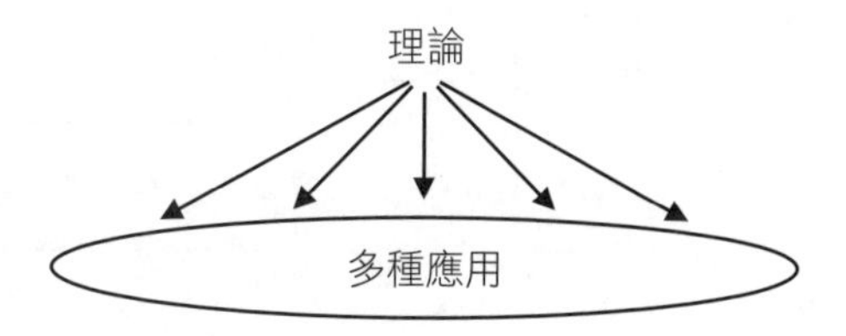

兩數相乘的正方形網格法也是類似的狀況：我們不僅可對任何數使用相同的方法，還能在其他方面進行概括化。我們可以用它處理三位數，只要把網格加大就好。

	200	10	8
100	20,000	1,000	800
20	4,000	200	160
4	800	40	32

現在我們必須把這九個數字相加。這樣有點麻煩，所以這個方法在這種時候比較清楚但不實用。同樣地，如果真的需要有效又實用的三位數乘法，我會覺得還不如拿出手機計算機來算。

我們可以嘗試用這種方法來把三個數字相乘，但這時必須使用三維圖形，這種圖有點難畫，所以它應該算是用來思考的抽象工具，而不適合用來實際計算。

不過我們也能把它概括化，用來把字母等其他事物相乘。我們可以用這個方法來把 $x+2$ 和 $3x+1$ 相乘，或是（$a+b$）和（$c+d$）相乘。

	x	2
$3x$	$3x^2$	$6x$
1	x	2

乘積 $=3x^2+7x+2$

	c	d
a	ac	ad
b	bc	bd

乘積 $=ac+ad+bc+bd$

對我而言，這種把括弧相乘的方法比可怕的記憶法FOIL更深入也更清楚。FOIL代表「最前（First）、外面（Outer）、裡面（Inner）、最後（Last）」，提醒我們相乘順序是最前、外面、裡面和最後。

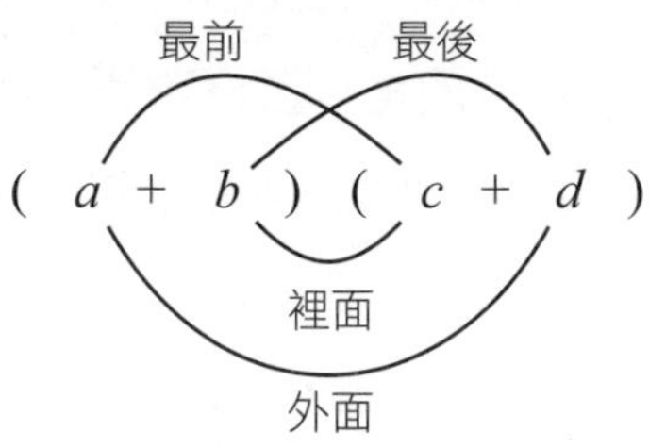

數學家跟恐懼數學的學生一樣害怕這種東西，甚至可能更害怕，第6章會說明這點。FOIL其實只是不清楚的網格法。目前我們用網格法把數和字母相乘，稍微說明這種方法在概括化的強大潛力。現在我想把它進一步擴大到比較複雜的數，其實就是複數。

複數

你可能從來沒聽過複數，或是可能聽過但已經忘記了。複數是比實數更「打破規則」的數。打破規則的順序是這樣的：

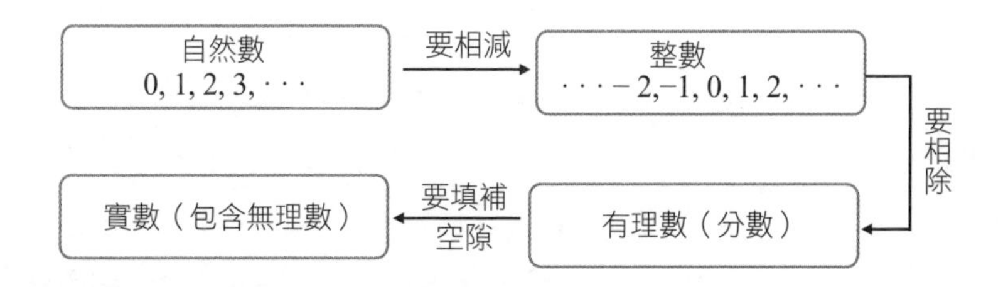

更進一步的打破規則發生在我們無法求出複數的平方根而感到

挫折的時候。你或許從來沒感受過這種挫折，我自己也不大記得那個感覺，不過我記得我知道只能用較大的數減較小的數，而不能用較小的數減較大的數時曾經感到挫折。我還記得幼兒園的時候曾經在一次練習時感到挫折，那次練習是畫出手距，剪下來之後在教室各處進行測量，我感到挫折的是每樣東西都不是手距的整數。我們可以說「兩個再多一點」，但我覺得這樣很容易讓人誤解，因為「一點」可能很小，也可能接近一個手距。

無論如何，後來開始上學之後，老師可能會說負數無法求出平方根，過了幾年又說「現在我們來算一下負數的平方根」。

糟糕的是，這樣聽起來好像是數學家一直在改規則，但令人誤解的地方其實是老師說「負數無法求出平方根」。你現在或許會奇怪為什麼可以這麼講，而且依據目前我探討過的答案，你或許會發現答案的關鍵是定義和情境，而真正的問題是：「負數在**哪些**地方有或沒有平方根？」在數學中，「在哪裡能這麼做？」的意思是「在哪個世界可以得到合理的答案？」

目前我探討過的世界中，最複雜的是實數。在這個世界中，負數真的無法求出平方根。思考一下平方根是什麼，就可以知道原因。4的平方根是平方（自己乘以自己）之後等於4的數。我們知道2×2是4，所以2是4的平方根。但−2×−2也是4，所以−2也是4的平方根。

現在重點來了。正數自乘的結果是正數，負數自乘的結果也是正數（而且0自乘的結果是0）。這樣一來，沒有什麼數自乘後的結果是負數，我們找不到這樣的數。以下是重點摘要，以x代表我們要找的平方根：

我們是否能找到使x^2為負數的x？
如果x是正數，則x^2是正數。
如果x是負數，則x^2是正數。
如果x是0，則x^2是0。

如果x不可能是正數、負數或0，似乎已經排除所有可能。但這樣只排除**正數、負數和0的世界中的所有可能**。這樣排除了所有整數（包含負數和0），也排除所有有理數（包含分數）和所有實數（包含無理數）。在這些世界中，所有的數都是正數、負數或0。會不會有另一個世界，在這個世界中有某些數不是正數、負數或0？這怎麼可能？

這個嘛，數學家只是編造了一些東西。負數和分數其實也是我們編造的，但我們比較熟悉負數，所以感覺沒那麼明顯。無理數感覺比較明顯，因為我們必須為無理數發明數列的「極限」概念。

所以我們開心地（或者說我想這麼認為）為−1的平方根發明了答案。它是我們虛構的數，所以稱為虛數（imaginary number），以i這個符號代表。i是新的組成元件，這種狀況就像樂高剛推出新的特殊磚塊一樣，我們會做的第一件事應該是開始研究，如果在現有的樂高庫存中加入用不完的新磚塊，可以做出什麼新東西。

我在第2章曾經提過，有些人認為它不應該稱為數。你也可以這麼想，但數學家已經決定稱它為虛數，而且這樣完全合理，因為它的性質確實和數非常接近：它可以相加和相乘，也可以進行加法和乘法間的交互作用，稍後將會介紹。

有些人或許認為「數」的意思是「代表真實世界中某個長度的事物」，但這樣的描述方式既封閉又古板。抽象數學家偏好以特性描述，而不以內在特徵描述。我認為這樣比較開放和包容，因為只要具有相關的特性，就能歸屬在它之下。這就像說數學家是研究數學的人，而不說數學家一定是男性，因為這樣一來，女性就不能研究數學了。

說虛數是數的重點在於我們可以（而且確實）把虛數納入具有數的性質的世界。首先要思考的是如何把它們相加。你認為$i+i$應該是什麼？說它是$2i$應該相當合理。即使我們不很確定i「是」什麼，也可以思考有兩個它的狀況。事實上，我們可以思考有b個它，而且b是任意實數的狀況，我們可以說它是bi（你或許想稱它為$b \times i$，但數學家不喜歡寫×號，所以不寫$2 \times i$，而會寫成$2i$，而且不寫$b \times i$，只寫bi）。此外我們還可以把不同數量的i相加，就像蘋果、香蕉或餅乾一樣，$2i$和$3i$相加時，可以放在一起變成$5i$。

現在，如果把一個虛數加上一個實數，例如1和i相加會怎麼樣？這就像把蘋果和香蕉相加一樣，除了現在有了一個蘋果和一根香蕉之外，似乎沒有別的好說（我有個學生說水果冰沙），所以答案是$1+i$。這似乎難以讓人滿意，但我們或許可以用一句老話來回應：「它本來就是這樣」（我在日常生活中確實也覺得這句話難以讓人滿意）。不過目前確實也沒別的好講，因為它就是1加上i。此外還有各種可能組合，例如$1+2i$、$-4+3i$，以及$a+bi$，a和b

可以是任意實數。這樣一來變得更加有趣，因為我們可以用二維圖形來描述，像這樣：

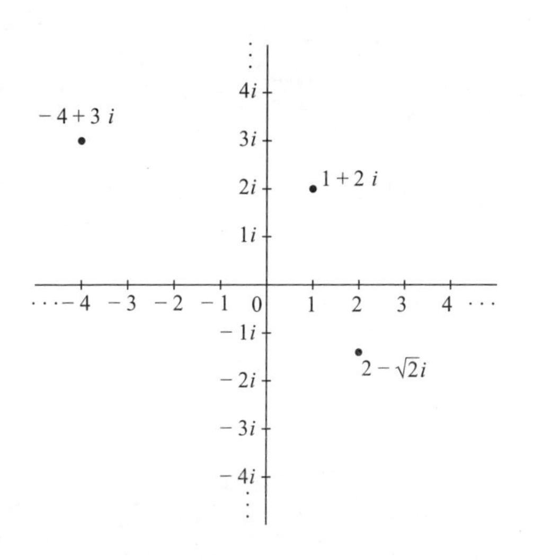

這類狀況稱為**複數**（complex numbers），因為它……有點複雜。複數包含實部和虛部（但兩個部分都可為0），有點像x座標和y座標，所以複數生活在二維的平面，而不是一維的直線上。我們把虛軸畫成和實軸垂直，藉以呈現兩者完全不同。順便一提，這不表示虛軸不真實，所謂的「實」只是專有名詞。實數確實在某方面比較具象，因為我們比較容易說出它在具象世界中測定的對象，但我們也知道，在討論負數時，實數又會變得抽象。

無論如何，目前我們已經把實數乘以虛數，也把實數加上虛數，那麼同時包含實部和虛部的兩個完整負數相加和相乘呢？兩者相加時，就像把蘋果和香蕉各自放在一起。舉例來說，$(2 + 3i)$和$(1 + 4i)$相加時，實部放在一起是$2 + 1 = 3$，虛部放在一起則是$3i+4i=7i$，因此總和是$3+7i$。我們也可以用直式加法，像這樣：

$$\begin{array}{r} 2+3i \\ 1+4i \\ \hline 3+7i \end{array}$$

相乘時，我們可以使用網格法。接下來的過程可能有點繁瑣，所以如果你可以接受這裡的主要重點是我們能以現有的方法來讓虛數相乘，就可放心跳過這個部分。

舉例來說，如果想讓$(2+3i)\times(1+4i)$，我們可以畫出這樣的網格：

	2	$3i$
1	2	$3i$
$4i$	$8i$	$12i^2$

網格的用法和以往相同，只要在處理右下角的方格時小心一點就好，這一格是$3i\times 4i$，結果是$12i^2$，接著我們需要知道i^2是什麼——最重要的就是它是-1的平方根，所以i^2是-1，因此：

$$\begin{aligned} 3i\times 4i &= 12i^2 \\ &= 12\times(-1) \\ &= -12 \end{aligned}$$

所以整個網格是這樣：

	2	$3i$
1	2	$3i$
$4i$	$8i$	-12

乘積 $=(2-12)+(8i+3i)$

$=-10+11i$

如果沒辦法完全跟上也不用擔心，我只是想說明用網格法讓兩個數相乘相當好用，而且可以統一許多不同情境下的乘法。即使是在研究層級，數學家也用這種方法評估一項工作。它是否能解決一個存在已久的問題是一回事，但它通常有方法協助其他事物，甚至能找出兩個不同主題間的關聯，讓各自的理解可以共用、統一並更進一步。這是數學進步的一種方法：不只完成以前做不到的事，還能了解和建立越來越複雜的論證和結構。複數就是這樣的例子。

提高複雜度

在複數的情境中，「複雜」這個詞代表某樣事物精確又專門。它表示我們面對的是實數和虛數交錯夾雜的世界。但如同虛數讓我們有虛無的感覺一樣，複數也讓我們有非常複雜的感覺。就某種意義而言，所有的數學都是虛無的，也都是複雜的。同時就某種意義而言，虛數確實比實數虛無，因為它不能用來測定具象的事物。此外，複數也比實數複雜，因為它同時具有兩種不同的結構（實部和虛部），構成更加複雜的世界。複數可以想成是維度更多的數，因為它位於二維的平面，而不是一維的直線上。

雖然複雜度似乎因為複數出現而提高，但其優點在於複數雖然是我們憑空編造出來的東西，但我們因此而建立了全新的數學分支，理解以往無法理解的事物，包括重要的物理學領域。進入更高的維度能讓我們更深入地了解低維度，即使我們真正想了解的只是較低的維度。複數的功能大概就是這樣。我們的出發點是實數的一維世界，它其實涵括了這個具象世界中一切。但我們藉由虛構加入了複數，如此一來，各種計算都變得更加合理。我們被侷限在一維時看不到的一些模式，現在都能看到了。

但這些模式存在於哪裡？它們是真實的嗎？（我說的是一般用語中的「真實」。）就某種意義而言，它們確實不存在於任何地方——應該說是不存在於任何具象的地方。就另一種意義而言，它們存在於我們心中，誰能說它們不存在？我們心中的這些模式協助我們理解周遭真實世界的真實事物。

對我而言，這就像0.9循環的問題一樣。就某種意義而言，我們自己發明了這個問題的答案，也就是說，我們發明了一種方法來把趨近無限小的無限數列相加。但我們不是全憑虛構定出答案，0.9循環的答案超出了我們的想像，我們便提出一套嚴謹的架構，訂定循環小數的思考**過程**，藉由這個過程得出答案。我們以邏輯嚴謹的方式這麼做，因此可以進一步運用它。在這個例子中，我們以它建立了整個微積分領域，成為現代生活幾乎所有層面的發展基礎。接下來，微積分和複數結合成複變分析（complex analysis），又成為許多現代物理學的基礎。

邏輯嚴謹的抽象數學的重點就在這裡。這個事實為我們提供了基礎。它讓我們提出複雜的論證，而且確定邏輯完整無誤。它讓我們打包複雜的概念，把這些概念當成組成元件，讓我們理解越來越複雜的概念世界，由這些基本組成元件創造越來越深入的事物。

不過這確實也帶來一個有點尷尬的問題：它為什麼很好？事實上應該說，它是很好的東西嗎？這本書目前已經討論過數學是什麼、數學如何運作、我們為何研究數學，以及好數學的條件是什麼。但這些問題探討的都是某種數學，也就是嚴謹正規的數學，由學院數學家制定，這些數學家大多是近幾百年來的歐洲白人男性。其他數學是這個架構的基礎，其他數學家從這個架構出現時就參與其中，但這些歐洲白人男性的控制和影響難以抹煞。他們提出架構，以便為數學提供穩固的立足點，因此我們可以提出更堅實的論證，開發更複雜的系統。這個架構相當成功，從此之後數學出現非凡的進步，數學家也能對何者為真達成廣泛的共識，並以它當成發展基礎。但這樣一定很好嗎？這又帶來哪些東西最受普遍重視的問題，以及哪種數學遭到忽略、低估甚至壓抑的問題。

進步與殖民主義

進步一定很好嗎？

這裡我們將對「進步」這個概念提出一些假設，而且我打算主張，我們不應該認為進步的概念一定很好，這可能會造成一些爭議。進步的概念導致地球自然資源遭到破壞，產生殖民主義，以及殖民者（大多數是白人）以「文明」和「進步」之名消滅傳統文化的意圖。

在主流學術界中，有個數學領域稱為民族數學（ethnomathematics）。民族數學有好幾個不同的定義（就和學術領域一樣），但主要概念是這類數學比較源自當地文化，而不是講求邏輯和嚴謹的枯燥學術過程（我在這裡加入自己的比喻，因為枯燥的環境特別適合在實驗室中培養生物）。這裡的「文化」代表原有的文化族群，而不是依據學術事實發展的文化。

「民族數學」這個詞有學術定義，但糟糕的是也很容易意味它是「民族的數學」，聽起來像是非白人的數學。這是因為在日常生活中，「民族」這個詞對許多人而言代表非白人，因為強勢白人文化經常認為白人沒有族群性，而非白人則有族群性。的確，民族數學這個主題通常來自非白人文化族群。

這些主題的相關討論極度糾結又敏感，各個族群都非常擔憂遭受其他族群攻擊。可惜的是，許多族群遭到主流數學排斥和攻擊，更加深了這類擔憂。這樣的狀況確實使這類討論變得極難處理。

首先必須指出的是，在歷史上，數學不是白人的專利。事實上，重要的早期數學發展全都出自非白人文化。白人把持這些概念之前，馬雅、埃及、印度、中國和阿拉伯文化早就在數學發展中擔任重要角色。古希臘人經常思考數學和哲學，但數學家佛雷（Jonathan Farley）曾經告訴我，有些我們所謂的「古希臘人」其實不是希臘人，而是希臘帝國的其他地方，包括非洲部分地區。舉例來說，提出巧妙的質數尋找方法的埃拉托斯特尼（Eratosthenes）來自昔蘭尼（Cyrene，現在屬於利比亞）。以幾何學取得盛名的歐幾里得當時被稱為「亞歷山卓的歐幾里得」，意思可能是他從其他地方搬到亞歷山卓，因為當時那裡是學習中心，但也可能是他真的出身亞歷山卓城。把希臘帝國所有地方的人都稱為希臘人，有帝國主義之嫌。這就像拉馬努金（Srinivasa Ramanujan）出身印度，但因為印度當時屬於大英帝國，所以稱他為英國數學家一樣，我先跳過這個部分，稍後再敘述拉馬努金的故事。

我不是這些問題的專家，但我認為我們都應該思考這些問題。我思考殖民主義和數學時曾經落入許多陷阱，而且以後肯定還是會如此，每個在白人把持的歐洲中心教育體制下接受教育的人也都會落入陷阱。但我冒著落入陷阱的危險，嘗試思考，而不是待在純數學研究的舒適圈裡。我不是白人，不表示我不會被指控為殖民主義。此外也有非白人認為，擔憂白人壟斷數學相當無稽，但這不表示這件事無稽。糟糕的是，壓迫和排斥代表一定會有被壓迫的人（有意識或下意識地）認為最安全的做法是和壓迫者站在同一邊，因此會有女性成為反女性主義者，有黑人支持視黑人為罪犯、禁止黑人投票的政黨，也有亞洲移民支持移民限制措施。這完全不代表壓迫是對的，只證明壓迫的力量有多大。

整體說來，我們必須考慮的細微差別相當多。首先，我們必須承認，數學所有的早期發展都出自非白人。接下來，我們必須承認，當代數學大多由白人把持和把關，白人在其中所佔的比例也過高。大多數（但其實並非全部）現代數學發展被歸功於白人，指出這件事本身並不構成抹煞非白人數學史。

在此同時，數學這個領域確實遵循著細心建立的邏輯和嚴密架構，細心又嚴謹地發展。我們可以說，這個**架構**保留某些數學，也排除某些數學。但除了資源和教育不公等大問題之外，還有數學架構內在價值觀的問題，這個架構追求「進步」和「發展」的原則。我深深懷疑，這些原則和殖民主義、帝國主義和征服他人的衝動緊密結合。

非白人文化確實多多少少參與了征服他人。此外，白人不只征服非白人，也試圖征服其他白人。但我確實認為，目前的世界秩序已經和壓倒性手段緊密結合，白人藉由「發展」壓制非白人，其實就是發展更多毀滅性武器和戰爭機器。這些東西在歷史上一直是征服「開發程度」較低國家的主要方法。在21世紀，還有直接毀滅性或許沒那麼強大、但其實更陰險的毀滅性武器，這些武器透過科技以及資本主義使強大者變得更加強大。不僅個人如此，國家也是如此。

我們討論「已開發」和「開發中」國家的方式，本身就包含了我們對開發的各種評價。

但我先退後一步，承認在某種程度上，我個人也接受了這套價值體系。我喜歡數學，因為我喜歡它能建立、開發和帶來進步，進步則仰賴它用來評估真實和建立共識的堅固架構。我因為類似的理由而喜歡許多其他東西。在各種音樂中，我最喜歡的是西方古典音樂。* 而在古典音樂中，我最喜歡的是發展最多、結構最繁複的一種，這種音樂因為結構非常複雜，所以不可能快速地即興創作或以口耳方式代代相傳。我的意思不是其他音樂不複雜，我想描述的是一種非常嚴密的複雜性，一切都經過認真組織、一個個結構仔細地寫下。我喜歡結構複雜的文學作品，許多條線交織成緊密的圖樣，這類文學作品不可能用一卷紙一次寫成，而必須一絲不苟地規畫，確定所有細節互相吻合。我喜歡有結構和發展的餐點，醬汁必須仔細製作，把各種材料變成和原先截然不同的樣子。

這些都和發展有關，你可以主張我對發展的喜愛只是出於美學。但我對自己要求嚴格，很在意結構性剝削和殖民主義這些問題，所以我擔憂喜愛發展被連繫到殖民主義和帝國主義觀點，認為已開發國家**優於**開發中國家，因此有些國家比較富有，有些文化力壓其他文化。

在這個問題中，我想問自己：持續發展是否表示我們越來越好？在我們建立的架構以外的其他架構中，它是否也讓我們變得更好？

有些文化的行為方式和我們不同，我們有什麼資格評斷我們的行為方式比較好？拉馬努金的故事是個非常鮮明的例子，可以說明這類文化差異。

拉馬努金和哈代

拉馬努金是印度的傑出數學家，一生的故事十分有趣又悲傷。他於1887年出生在印度，沒有接受過正規數學教育。他獲

---

* 在歐洲中心文化中，這種音樂通常只稱為「古典音樂」，所以稱它為「西方古典音樂」是承認其他文化也有古典音樂的標準方式。然而，「西方」這個詞本身就有問題，而且其實不大合理。如果「遠東」指的是我們生活的地方，其實既不東也不遠。

得獎學金，於庫姆巴科那姆（Kumbakonam）就讀公立藝術學院（Government Arts College），但完全不理會英國式課程表的要求，只做自己的研究，所以除了數學之外，大多數科目都不及格，最後失去獎學金。後來他嘗試繼續進修，報考非英國設立的帕查亞帕學院（Pachaiyappa's College），但還是不合於既定的規範，因此沒有取得學位。

他生活得十分貧窮，艱苦維生之餘，用閒暇時間研究數學，相信數學的深奧真實都是女神的啟發。

1913年，拉馬努金寫了一封信給劍橋大學的「傳統」數學教授哈代——至少以當時的歐洲式數學架構而言相當傳統。哈代完成了架構要求的所有事項：他取得正式的數學學位、寫了論文、寫出極為嚴密的證明，並發表在經過同儕審查的研究期刊上。

拉馬努金一樣都沒做到，但哈代十分欣賞他的才華，邀請他來到劍橋，以當時的歐洲方式研究正規數學。這對拉馬努金而言是非常大的一步，因為他信奉的宗教規定不能前往海外，而且他的母親非常反對他前往劍橋。

拉馬努金到達劍橋時，各個層面都遭遇到文化衝擊。哈代堅持要拉馬努金學習如何依據歐洲數學架構證明結果，確定結果確實成立。拉馬努金看不出這麼做意義何在，因為女神已經告訴他這些事實。最後，拉馬努金被說服了，部分原因是哈代指出他認為正確的某個地方有瑕疵。

順帶一提，雖然拉馬努金相信告訴他這些事實的是女神，但許多人想神化他的「天才」，因此經常過度渲染他與生俱來又十分神奇的數學天賦。有個經常出現的故事說拉馬努金生病住院時，哈代到醫院探視，說他的計程車車號是1729，這個數字不大有趣。拉馬努金馬上回答，正好相反，這個數字非常有趣，因為它是兩組立方數的和：

$$1729 = 1^3 + 12^3$$
$$= 9^3 + 10^3$$

許多人認為這個敏捷的回答證明拉馬努金極具天分，立刻就看出連傑出數論專家哈代都看不出的數字玄機。

然而，後來有人仔細檢視他的筆記之後，發現他正在研究費馬最後定理的「近似差錯」。費馬最後定理舉世聞名的原因是1637年左右，數學家費馬（Pierre de Fermat）在一本書的空白處潦草地寫著：「我發現一個非常神奇的證明，但這裡已經寫不下了。」這個定理是，如果n為3或以上，以下這個方程式沒有整數解：

$$x^{n} + y^{n} = z^{n}$$

$n = 2$時，我們知道它的解和畢氏定理有關，畢氏定理探討直角三角形各邊的長度。我們小時候可能學過，常見的兩種直角三角形是3、4、5和5、12、13（分別是三條邊的長度）。我記得我唸書時，老師特別喜歡考這兩種三角形的題目。我猜想這是因為出題目的老師屬於計算機問世前的世代，那個時代不容易求出畢氏定理的解，因為需要計算平方根。一般說來，如果沒有計算機，很難算出平方根。

說它是「費馬最後定理」其實不大公平，因為他根本沒跟任何人提到他的神奇證明就去世了，而且通常除非我們能證明，否則它不應該被視為定理。後來到了1994年，懷爾斯（Andrew Wiles）證明了它。事實上，前一年他的第一版證明其實有個錯誤，但他修正了這個錯誤。無論如何，最後證明依據的是遠遠晚於費馬時代的數學進展，所以這個證明絕不可能和費馬的證明想法相同。數學家目前相信，費馬對證明的想法有誤，甚至還想到了他犯的究竟是什麼錯誤。

無論如何，幾十年前，拉馬努金正在研究費馬最後定理的「幾近解」，這類解和真正的解相差1，所以幾近解代入後不是：

$$x^3 + y^3 = z^3$$

而是這樣：

$$x^3 + y^3 = z^3 + 1$$

他已經提出1729當成例子（因為它是$12^3 + 1$），所以哈代告訴他計程車車號時，這個號碼正好是拉馬努金正在研究的數字，而不是他突然想到的數字。他的頭腦其實已經非常神祕奇妙，不需要再編造故事。

傑出數學家的條件是什麼？計程車號的故事和拉馬努金的故事都有個問題，就是讓人以為要成為傑出的數學家，必須具備特出神祕的天分，數字直覺神奇到難以理解，以及憑空發掘事實的能力。

我不確定要成為**傑出**的領域專才需要什麼條件，但**優秀**的數學家不需要任何特殊天分，只要擁有開闊的心胸和靈活的思考能力，以及同時從許多不同觀點觀察事物的能力；必須能看出關聯，這通常代表必須忽視某個狀況中的某些細節，判斷它是否和去除某些細節後的另一種狀況相同；也必須靈活思考，能還原這些細節，同時忽略不同的細節，以不同的方式觀察事物；必須能建構十分嚴謹的論證，保留在腦中，讓它不停運轉，與其他十分嚴謹的論證互相搭配；必須能接受甚至渴望因此使複雜度提高；此外還必須創造處理複雜度的方法，就像先創造特殊的蛋，再製作特殊的蛋盒來攜帶這種蛋，接著製作特殊的箱子包裝特殊的蛋盒，或許還要設計特殊的貨車來載運這種特殊的箱子，依此類推。因此，我們經常從較小的夢想慢慢建立越來越大的夢想，所以需要活躍的想像力和實現心中各種怪異又奇妙的想法的能力。有個迷思是數學和科學與藝術的「創意」科目不同，但兩者之間的界線其實相當模糊。這個迷思可能源自數學只是一步步地計算，而且有明確答案的想法。但必須注意的是，在描述優秀的數學家時，我從來沒提過算術、運算、記憶、數或求得正確答案。數學中有些運算部分確實需要運算，但數學並非完全是運算。

另一方面，我確實經常提到建立嚴謹的論證，而因此違反了我是從西方、歐洲和殖民數學的特定觀點來描述優秀數學家這件事。*

哈代從這個特定觀點來評價拉馬努金，認為他很有潛力，然而

---

* 這裡用「西方」這個詞同樣有問題。

定義上的資格不足，因此要求他符合這些西方殖民標準。我感到困擾的問題是，哈代堅持要拉馬努金以歐洲數學的方式證明一切是否正確。依據歐洲數學的架構而言，他這樣沒錯，但這種狀況是循環論證。

殖民主義的另一面在此時登場。在文化方面，拉馬努金在劍橋沒有被接受，而且因為無法取得符合信仰規範的營養，所以病得很重。尤其他是虔誠的印度教徒和嚴格的素食者，當時的劍橋大學幾乎不可能提供這種飲食（我唸書的時候依然不見得讓人滿意，但至少是可能的）。

最後他回到印度，身體卻一直沒有復原，去世時才32歲。雖然他相當年輕，但已經受到英國數學界主要人物肯定，被選為英國皇家學會會士，是有史以來最年輕的會士之一，也是1841年的庫爾塞吉（Ardaseer Cursetjee）後第二位印度裔會士。他是第一位獲選為三一學院院士的印度人（不過是在他被選為英國皇家學會會士**之後**）。

這聽起來似乎是印度貧窮男孩躋身高尚劍橋數學圈的成功故事，但從另一個角度看來，劍橋堅持來自另一個文化的人必須符合它的規範才願意接受，真的是非常古板。

拉馬努金去世之後，遺留的筆記本中記載著更多的「真理」，但他已經來不及以歐洲方式證明。數學家花費了100年研究這些筆記，現在幾乎所有內容都證明正確，當然是用歐洲的方法。但拉馬努金本來就這麼相信，他有自己的理由。

誰能說哪種方法比較好？拉馬努金的研究成果或許有點不正

確，但仍然包含傑出的見解，錯誤也具啟發性。的確，懷爾斯第一次嘗試證明費馬最後定理時也不正確，所以歐洲數學家同樣可能犯錯。數學家發現自己或其他人的證明有錯誤，導致論文必須修改或收回的例子可說是層出不窮。

就某方面而言，這讓我想到藉助守門人（gatekeeper）和同儕審查的傳統發表方式和維基百科（Wikipedia）等群眾外包的新方式之間的競爭。舊式守門人對維基百科相當反感，因為他們認為**每個人**都能提供內容，表示一定有很多錯誤。它確實有錯誤，但經過同儕審查和守門的期刊同樣有錯。有個著名的例子是《自然》（*Nature*）期刊曾經於2005年比較維基百科和《大英百科全書》（*Encyclopedia Britannica*），維基百科的內容毫不遜色，* 當時維基百科才問世不久，其在2012年時的表現更好。† 巧合的是，《大英百科全書》也在這一年停止印刷紙本版本。

白人數學的不同之處在於從更大的範圍看來，拒絕改變的不是老派人士，而是後來的人宣稱歷史悠久的古代文明比較低等（歐洲文化比較年輕）。為什麼某些現代文化出現之後就宣稱舊方法就此失效？當代文化現在仍然相當困惑，為什麼古代文化能建造出巨石陣或金字塔這些東西。這些沒有經過證明或同儕審查的方法，說不定比當代學術界願意承認的更加厲害。

這就是比較數學和民族數學、或是依據發展來比較數學的關鍵

---

* 參見：https://www.nature.com/articles/438900a。

† 參見：https://upload.wikimedia.org/wikipedia/commons/2/29/ePIC_ oxford_report.pdf。

所在。它使我們遠離自然文化，但數學源自文化，也永遠和文化有關。我們或許很驚訝因紐特人不需要進行我們認為的計算就能建造獨木舟，或者是阿米希人能夠建造穀倉。他們用的是代代相傳的方法，已經成為文化的一部分。我們或許稱它為數學，藉以肯定它的優異，但這是不是把我們自己的文化規範強加在它之上？我們或許稱它為民族數學，藉以肯定它是數學，可是和我們這種有證明依據的數學不大一樣。但這樣一來，我們是不是在「區分」其他人的數學？

最後，我們的數學比較好嗎？我們永無止境的發展和進步，已經使我們賴以生存的地球遭到破壞。相反，不像殖民、歐洲、帝國那樣不停追求「進步」的當地文化卻比較懂得和周遭環境和諧共存，接受環境滋養，而不破壞它或耗盡它。

以下兩個成就哪個比較大：是與環境和諧地永續共存；還是不斷強力推進工業發展，最後不得不採取緊急手段，回復遭到破壞的環境？

如果說後者是「進步」，我們真的希望這樣嗎？

我不知道答案，只認為我們必須認真看待這些問題，持續努力做得更好。

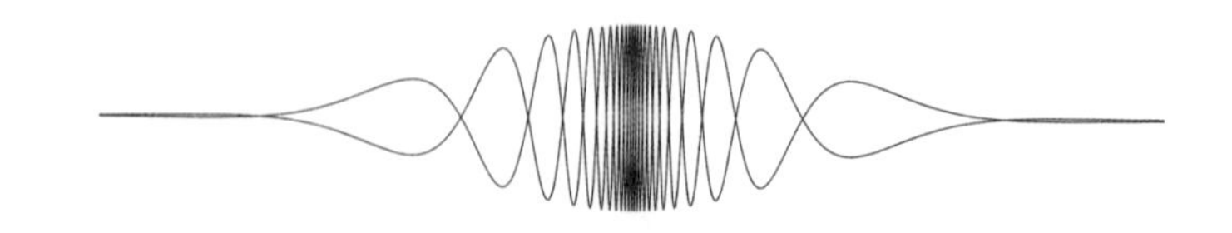

第5章　字母

為什麼$y = mx + c$？事實上，這些字母究竟是做什麼用的？

在這本書的前幾章中，我們已經思考過數學的一般概念：數學從何而來、如何運作、我們為什麼研究數學，以及數學的重點是什麼。現在我要探討的是比較明確的數學主題，看看它們是如何從需要深奧數學來解答的天真問題衍生出來。在這一章中，我們將從在數學中使用字母的棘手問題出發，這個問題將引導我們進入代數的主題。

我們為什麼要把數變成字母？很多人聳聳肩跟我說：「我本來數學還好，但把數**變成字母**之後就……」

所以在處理$y = mx + c$之前（因為某些原因，在美國通常寫成$y = mx + b$），我想先解決我們為什麼要把數變成字母的問題。討論過這麼做的動機之後，接著研究$y = mx + c$這個例子裡這麼做的理由。最後我們會探討這個方程式的意義，以及它在什麼時候成立或不成立，因為即使它可能傳達某個我們必須背下來的絕對真理，也只在某些脈絡下成立。

我打算用這樣的順序來探討這個問題，是因為研究數學之前必須先了解它的動機。在以字母代替數這方面，我們在這本書前面曾經提到、也逐步深入這一點。這些提及和深入就是數學最重要的關鍵：我們研究的數學促使我們提出新的數學。如果沒有感受到或看到這樣的帶動，感覺上就像設計的步驟，而不是自然的過程。就像我們把所有材料放進大碗，看看會出現什麼結果，而不是以推論來支持我們的選擇，即使這個推論大多是直覺或難以解釋。因為難以解釋，所以嘗試解釋顯得更加重要。

對我而言，這些過程有點像走進帕特諾斯特（paternoster）電梯。你可能沒見過這種電梯，它和一般電梯不同之處在於它是不停運行的。這種電梯由一連串沒有門的「艙體」組成，沿著圓形（正確說來是長橢圓形）路線在大樓各樓層間運行。它的構造看起來很像天主教徒念經時用來標記念到哪裡的念珠，因此這種電梯被稱為帕特諾斯特（因為拉丁文的主禱文開頭是Pater noster，意思是「我們在天上的父」）。無論如何，這些艙體一直不停運行，每層樓任何時刻都有一個艙體向上、一個艙體向下，所以我們站在任何一個樓層時都有上樓和下樓兩個方向，只要等下一個艙房經過，就可以走進去。

英國雪菲爾大學就有一部這樣的電梯，經常有人純粹為了好玩和體驗而跑去坐。但我有一個學期必須坐這部電梯去參加定期會議，我第一次走進這部電梯時非常害怕，後來我發現走出電梯比走進去更可怕。這兩種狀況的關鍵在於預測，但要預測電梯運動，讓自己自然地跟著它移動，其實相當違反直覺。我們其實不需要走進電梯，而應該先伸出腳，讓電梯在上升並通過時自然地接住我；走出電梯時就困難得多。依據對稱，電梯下降時，走出去比走進來容易。

我想用這個比喻表達的是，如果你因為某個原因覺得好像被帶進另一個數學抽象層次，感覺像跳了一大步，這麼做可能會跌倒。我的腳有一次真的卡在帕特諾斯特電梯裡，還好它有安全機制，台階上有個板子可以活動，所以沒有真的卡住。如果你感到數學接住並帶著你移動的能量強大得多，那麼你想的不是「呃，我們為什麼要研究字母？」而是「呼，感謝上帝，我們有了更好的方法來表達這點。」

更好的方法來表達什麼？

先前曾經在某些時候，我提出一些例子，含糊地希望你能從我的例子中了解到這一點。有些時候，我必須使用非常冗長的文字來傳達這個重點。舉例來說，如果我們要討論把事物相加，或許會說如果拿起1個和5個，這樣總共有6個，無論蘋果、餅乾、香蕉或任何事物都是如此，只要它們不會自己燃燒、結合或是繁殖（而且我們沒有吃掉它）。這種狀況用這種方式表達會簡潔得多：

$$1x + 5x = 6x$$

重點不只是寫得簡潔一點來節省空間，而是把事物打包，讓我們更容易帶著移動。我喜歡想像包裝衣物用的真空袋，把衣物放進袋子裡，接上真空包裝機抽出空氣，衣物就可壓縮得非常小，更方便攜帶或儲存。用簡潔的方法表達包含許多可能性的狀況，代表我們把它壓縮成一樣東西。上面的算式用x來包裝1個蘋果加5個蘋果等於6個蘋果、1頭大象加5頭大象等於6頭大象等等。這個算式把無限多個敘述變成一個敘述。

我們討論可以用數來處理的基本事物時，經常出現這種狀況。在第3章中，當時我只提出幾個具體的例子。一開始是這個：

> 事物相加時的順序沒有影響，例如：
> $2+5=5+2$。

這是一般概念，但確實讓我們猜想到這也表示 $3+4=4+3$ 和 $5+2=2+5$ 等等。不過我能精確地表達這些可能性，只要這麼說：

> 對任何數 a 和 b 而言：
> $a+b=b+a$

同樣地，針對如何把事物分組，我說過：

> 事物分組的方式沒有影響，例如：
> $(2+5)+5=2+(5+5)$。

這只是一般概念的一個例子，不是完整的全貌。這個一般概念的完整敘述是這樣的：

> 對任何數 a、b 和 c 而言：
> $(a+b)+c=a+(b+c)$

我們也看過用來執行工作的通用網格圖形，例如奇數和偶數相加，以及思考容忍度等。我們可以用冗長的文字來描述，也可以用字母簡潔地表達，像這樣：

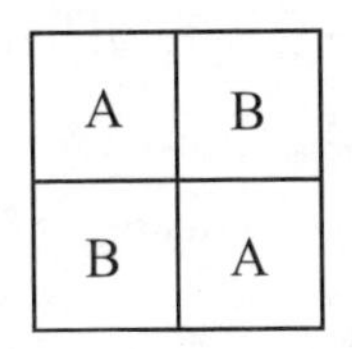

在一般概念從具體範例看來相當顯而易見的時候，擔心我們是否已經嚴謹地表達這個一般概念，似乎有點太過迂腐。在許多例子中，這樣真的有點迂腐。但我前面曾經提過，我認為迂腐是精確而不說明，所以如果有說明，在我看來就不會被視為迂腐。我真的相信說明很重要。我不是個講究文法的人，因為我相信溝通比固執地遵守文法規則更有用，如果文法正確的結構聽起來華麗又格格不入，那我就會避免使用（我很欣賞有時候為了避免把介系詞放在句子結尾而必須改變句子，我喜歡觀察這類句子但不會想這麼做）。同樣地，我不喜歡關於逗點的規則：我不堅持一定要使用牛津逗號，但也不會完全排斥，只是反對死板的規則，因為我喜歡依據句子的狀況來使用每個逗號。* 沒錯，有些句子的意義會因為加上或刪除逗號而完全改變，但這些句子通常是刻意設計，就像日常生活中真的必須會心算的那些刻意設計的狀況。

在我剛剛提到的包含數的情境中，狀況可能不大含糊，所以用字母來表達沒有很大的助益。但狀況變得更加複雜時，如果只提出一個例子，可能就會不夠明顯，或者可能變得非常含糊。標準化測驗似乎很喜歡「這個數列的下一個數是什麼？」這樣的問題，我一

---

* 這讓校稿者相當困擾，在此向協助校閱本書的校稿人員致歉。

向很不喜歡這類問題，因為它們的方式就是列出幾個數，要我們依據某種沒有說明的模式，推測下一個數「一定」是什麼。這不應該稱為數學，而是超能力，因為它要我們運用超能力推測出題者的想法。從邏輯上看來，任何數都可能是下一個數。舉例來說，如果這個數列是「2, 4, …」，其實我們沒辦法確定下一個數是6或8，或者是完全不同的數。即使一開始列出的數再多一點，例如2、4、6、8、10，最**顯而易見**的下一個數或許確實是12，但這個數列有可能是我們每天打算做伏地挺身的次數，而且五天之後是休息日，之後重新開始，但次數更多。所以這個數列可能是這樣：

$$2, 4, 6, 8, 10, 0, 3, 5, 7, 9, 11, 0, 4, 6, 8, 10, 12, 0, \cdots$$

或者這個數列可能是這樣：

$$2, 4, 6, 8, 10, 800, 7532, 15, \pi, -100000000000, \cdots$$

沒有特別的理由，只是想說明數列要怎麼樣都可以，如果只列出數列中的有限個數，其實沒有辦法確定下一個數是什麼。

數學的重點是運用邏輯來確定事物，而不是依靠猜測或超能力，這也是依據字母寫下算式的理由之一。它讓我們表達適用於所有數的一般關係，而不是只適用於某些數的特定關係。

關係

關係在數學中其實往往比表面上看起來更重要。我研究的範疇論領域把關係界定得非常精確，而且很認真地從事物與其他事物間的關係進行研究，而不是從事物的內在特質進行研究。

連我們寫出方程式時，其實也是在表達事物之間的關係。$1+1=2$ 是1和2之間的關係，這種思考方式比把它當成「事實」來思考更加細微。

但這是1和2**這兩個數**之間的關係。如果我們想表達數與數之間的一般關係，這時想表達的是**任意**數之間的關係，而不是特定的幾個數。舉例來說，無論我們想到的是什麼數，以不同順序相加時得到的結果相同。也是說，對所有 a 和所有 b 而言：

$$a+b=b+a$$

這是數與數之間的一般關係，而不是某些數之間的關係。一般關係越複雜，以字母表達就越比用數說明來得有效。數學的重點是找出模式，但如果能精確地了解模式，效率將會比讓大家猜測更高。實際上，我們可以一次寫下無限多種關係，有點像是小孩在圓內著色，畫出圓的無限多條對稱軸一樣。

假設我們想告訴別人，我們正在思考一個無窮數列，這個數列一開始是這樣：

$$0, 2, 4, 6, 8, 10, \cdots$$

一直持續下去，我們先保留一個數，再寫下一個數，永遠不停地寫下去。如果你知道奇數和偶數，可以說「跳過所有奇數，包含下一個偶數」，這樣或許會清楚一點。但數學家還是會覺得不大滿意。這樣很囉唆，而且覺得像在數列中一步一步前進。數學家喜歡用「以每個自然數n*而言，第n項是什麼」的方式來表達無窮數列。所以就這個偶數序列而言，我們可以這麼說：

對任何自然數n而言，數列中的第n項是$2n$。

我們可以讓這個敘述更簡潔一點，只要把序列中的第n項稱為an，就可以說

對任何自然數n而言，$an = 2n$。

現在整個數列的狀況一點也不含糊，因為我們已經依據邏輯完全了解了它。†

我知道這些仍然是刻意設計的例子，但這個以字母代表共同量的概念相當強大，開拓出許多數學上的可能性。這是學校數學中所謂的「代數」，但其實和研究數學中的代數概念相當不同。Algebra（代數）這個英文單詞源自阿拉伯文的al-jabr，意思類似「重新組合破碎的部分」，原先用於描述接回折斷的骨骼。9世紀波斯數學家花拉子米（al-Khwarizmi）最先在數學中使用這個詞，當時他提到的是在方程式中運用符號（如同學校代數一樣），但研究代數其實才是把不同的部分組合起來。

這裡我想閒聊一下如何把成就歸於首先做某件事的數學家。把成就歸於首先提出某個數學概念的人當然是「正確」的，而且這麼做才有禮貌，宣稱這個概念的原創者是其他人當然不對。然而我個

人認為，數學的對錯取決於本身的邏輯，而不是提出者的名聲，所以我認為數學和其他大多數學科領域不一樣，把注意力放在做事的人身上沒有那麼重要。相反，我認為把太多注意力放在提出概念的人身上反而不是好事，因為數學本來就不應該取決於人，而是取決於邏輯架構。此外，有時候許多數學家同時提出相同的概念，執著於誰做了什麼事情其實沒有意義。

然而，要把注意力放在某些重要進步出自非白人之手，還有一點需要考慮，而且這點和對抗數學領域的白人優勢有關。可惜的是，現在仍然有人認為數學是白人男性的專利，而且我們必須對抗這個想法的例子越多，事情就越有利。近幾百年來，白人男性已經把數學**變成**白人男性的專利，但他們採取的方法是排斥他人，而不是依靠與生俱來的能力，我們能夠、而且也應該糾正這樣的不公。

題外話到此為止，現在我想談談開始用字母來表達事物之後，接下來應該怎麼做。現在我們可以做的一件事是提高複雜度，讓我們可以把關係結合成更複雜的關係。代換的主要重點就在這裡，我們可以用它來結合關係。我們可能知道$a = b^2$和$b = c + 1$，因此我們可以把它們結合起來，發現$a = (c + 1)^2$。這個例子一點都不有趣（就像數學課本裡的許多例子一樣），但我們在生活中確實也會堆疊關係，例如談到叔伯、舅舅、姑姑和阿姨時，大多數人都

---

* 別忘了，自然數是計算數，在這裡是0, 1, 2, 3,⋯等等。

† 可能有些讀者不知道怎麼表達伏地挺身的數列，我承認這相當複雜。我們必須這麼說：每個自然數n的形式是$6k + r$，其中k和r是整數，且$0 \leq r < 6$。此外如果$r \geq 0$，則$a6k + r = k + 2r$，如果$r = 0$則為0。此外我們還必須說這個數列的開頭是$n = 1$。

很清楚，但在談到堂（表）兄弟姊妹或堂（表）姪甥的時候，許多人就會搞不清楚。

運用字母能協助我們運用更多這類「堆疊」，但你如果不習慣使用字母，也可能使大腦太過勞累。這有點像是我們騎自行車時能比走路移動得更遠，但必須會騎自行車才行。

字母確實比數更加抽象，但數本身就已經比它代表的事物更抽象，而且大多數人或多或少已經能理解這樣的抽象，甚至在很小的時候就能理解了。這代表我們都能做得到，但如果搞不懂為什麼要這麼做的話，可能就會很困惑。在這種狀況下，就沒有動機這麼做了。我很確定如果我更有動機一點（例如接球或燙衣服），我可以學會怎麼做，可是我沒什麼動機做這些事，所以我還不會——應該說是不大會。我承認到了人生中的某個時候，我能更自在地拒絕認為這些事情是技能，繼續忍受別人嘲笑我不會它們。當有人大聲宣告自己數學不好，堅持數學沒有意義的時候，我看到的就是這種狀況。解決這種狀況的方法不是強調數學多麼有用，而是不要輕視覺得數學很難的人。

動機能夠促成的進步確實有限，無論我的動機有多強烈，還是有些東西做不到，例如瞬間移動，我很想瞬間移動，但做不到。所以動機不一定能讓我們成功，可缺乏動機一定不會成功。

抽象似乎是少見的活動，但我們經常在某些日常狀況中不知不覺地運用抽象。代名詞就是種可能令人困惑又造成精神超載的抽象，代名詞讓我們能提到某個人，而不需要一再講出他們的名字，但也能讓我們提到非特定的人、一般人，而不是特定的人，就像我在剛剛那個句子裡一樣。我說：

代名詞讓我們能提到某個人，而不需要一再講到他們的名字。

這個句子適用於任何人。如果我必須用到特定的人作例子，就必須說「代名詞讓我們能提到艾蜜莉，而不需要一再講出艾蜜莉的名字、提到湯姆而不需要一再講出湯姆的名字、提到史提夫而不需要一再講出史提夫的名字，依此類推。」這樣將會冗長許多。使用字母來提到數，就是在數學裡這麼做。當狀況變得太過複雜，單靠代名詞已經講不清楚的時候，我們有時候也會對人這麼做。此外，我們可能會談到某個狀況是A對B做了什麼，B因此又對C做了什麼，然後C又對A做什麼。

順帶一提，第三人稱中性複數代名詞「他們」（they）是更上一層的抽象，因為它讓我們提到某個人，但不知道這個人的名字或性別。有些人會在不想指定性別的時候使用它，原因可能是知道某個人不是二元性別，或是不知道這個人的性別，但又不想像上個世紀一樣，延續用「他」的隱含刻板印象。我們或許覺得「他或她」有點麻煩，而且同樣抹煞了非二元性別的人。使用「他們」對某些人而言太過抽象，但我確定每個人只要願意，都能這麼使用。問題是有些人沒有動機這麼做，因為他們不認為有性別的代名詞有問題，更糟的是，有些人刻意拒絕接納非二元性別的人。

就字母而言，重點是不知道：我們希望能在還不知道某個事物是什麼的時候提到它。有時候，重點是在我們不知道這些量是什麼的時候，寫出量與量之間的關係，再用這些關係**推測**這些量是什麼。同樣可惜的是，相關的例子通常都是刻意設計的，例如這個老掉牙的例子：

> 我母親的年齡是我的3倍，但10年後
> 只有我的2倍，那麼我現在是幾歲？

數學就像推理小說，我們有線索，把這些線索組合起來，推論出我們原本不知道的事情。如果有辦法在還不知道某些事物是什麼的時候提到它，要把線索組合起來會容易得多。這個方法不只能讓推論過程更加容易，也讓我們形成想法和概念，否則將幾乎無法思考。即使是像直線這類比較簡單明瞭的狀況，採用這個方法仍然有幫助。$y = mx + c$就在這個時候登場，這個方程式的功能是描述某種形式的二維空間中的直線。我們怎麼知道它是對的？首先，我們必須先知道這些東西的意義，一開始是我們如何描述二維空間中的**點**，接著才是直線。

二維空間

這個方程式中的x和y稱為二維平面上的x座標和y座標。我們已經做了選擇：以這種方式代表二維空間只是描述周遭世界的可能方式之一。這個方式稱為笛卡兒（cartesian）座標系，因為首先提出的是17世紀的數學家與哲學家笛卡兒（René Descartes）。下面是由x座標和y座標構成的二維空間圖：

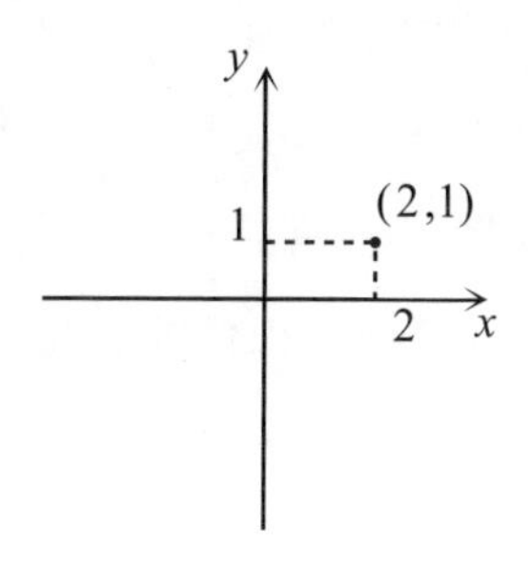

這個座標系的主要概念是，平面上的任一點都能以兩個座標明確描述。兩個座標分別代表這個點在x方向和y方向上的距離。依據習慣，我們通常先寫x座標，所以我在圖上標出的點的位置是（2, 1）。

然而還有另外一種非常嚴謹的方法，用斜網格定出兩個方向：

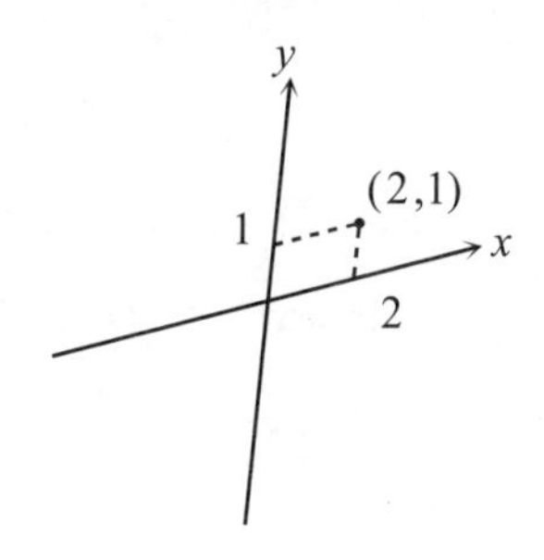

使用直角交叉的軸其實沒有特別的理由，只是這樣在某些方面稍微方便一點，而且或許比較直覺。不過理論上，兩個軸以任何角度交叉都一樣，數學家研究的是我們如何依據一種關於軸的選擇來表達事物，以及我們如何以相對於另一個選擇的方式來表達事物。轉換參考座標系的能力相當有用，但前提是必須了解我們提到的一切在這個過程中如何轉換，否則將無法認知我們在不同脈絡中得出相同的事物，而不是原本就不同的事物。此外必須注意的是，有些二維空間的思考方式甚至完全不使用兩個軸。你可以看看自己國家的地圖，經度和緯度看起來多少像是笛卡兒網格。然而如果放大南北極及周圍的地圖，會發現經度和緯度看起來完全不像笛卡兒網格——緯度線看起來像同心圓，經度線則像自行車輪的鋼絲。

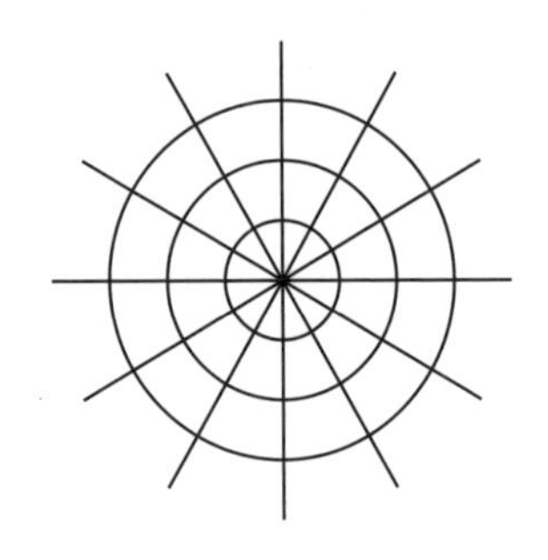

即使不在兩極，我們也能用這個方法，在需要的時候確定自己在二維空間裡的位置。這時我們不用 x 座標和 y 座標，而改成指出我們和某個中心點的距離，以及與（例如）水平線的角度。這兩個座標稱為極座標（polar coordinates），因為它看起來像在南極和北極一樣。請注意地球兩極地帶的形狀其實沒什麼不同，只是我們選擇經度和緯度座標的方式使這裡出現圓形。

在某些狀況下，採用圓形座標而不用笛卡兒座標有它的原因，例如用雷達掃視一座瞭望塔周圍的區域時。在這種狀況下，雷達掃描裝置呈圓形移動，在任何時刻，它偵測到的是某個物體與瞭望塔的距離。這表示我們直接得到的兩個資訊就是物體到掃描裝置的直線角度和距離。下面是從上方觀察時的示意圖：

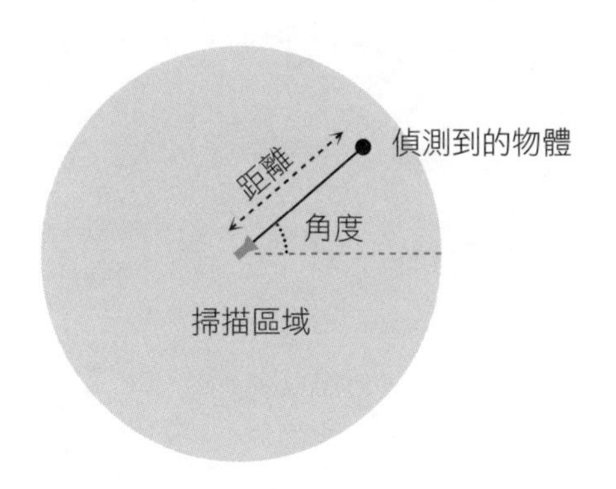

這種方法在實際上跟x和y座標大相徑庭，但最後我們還是會得到相同的結果，這個結果能精確地指出平面上任何一點的位置。

順便一提，棋盤式的城市其實就是使用笛卡兒座標。芝加哥就是某種座標，這裡的距離單位經過設計，1英里是800單位，而（0, 0）位於州街（State Street）和麥迪遜街（Madison Street）交叉口。「800 north Michigan Avenue」代表麥迪遜街以北1英里、位於密西根大街上的地點。「400 West Randolph」代表州街以西半英里、位於藍道夫街上的地點，以此類推。這種方式和英國大多數地區給建築物編號的系統非常不同（美國其他城市也是如此，連棋盤式的城市也不例外）。在後者中，大樓沿著道路依順序編號，奇數在一邊，偶數在另一邊。在芝加哥，奇數仍然在一邊（南北走向街道的西側和東西走向街道的北側），偶數在另一邊。但不是所有門牌號碼都存在，因為這些號碼代表座標，而不是號碼逐漸增加的建築物。

然而，這套系統在亞利桑那州太陽城（Sun City）變得複雜得多。在那裡，有些區域是圓形的：*

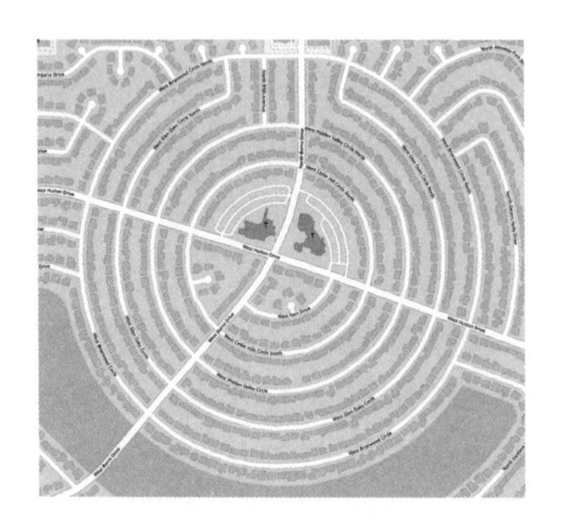

阿姆斯特丹的設計類似某種極座標「網格」，運河（以及運河之間的街道）呈同心半圓狀排列：

這種方式和我在第1章中提到劍橋的「三角形」路線一樣，在幾何上當然不是完全半圓（和太陽城的圓形街道不一樣，太陽城比較現代，所以比較接近正圓），但我還是可以稱它為「半圓」。

這裡我要講的是，要描述二維空間中的位置，有許多不同的方法可以運用，所以如果要描述二維空間中的直線，我們首先必須考慮要使用哪個座標系統。如果使用極座標，某些直線描述起來會容易得多，半徑線（像車輪的幅條）將自然形成，因為我們改變自己和中心的距離但不改變角度時，它就是我們採取的路徑。不過這樣的線一點也不自然。

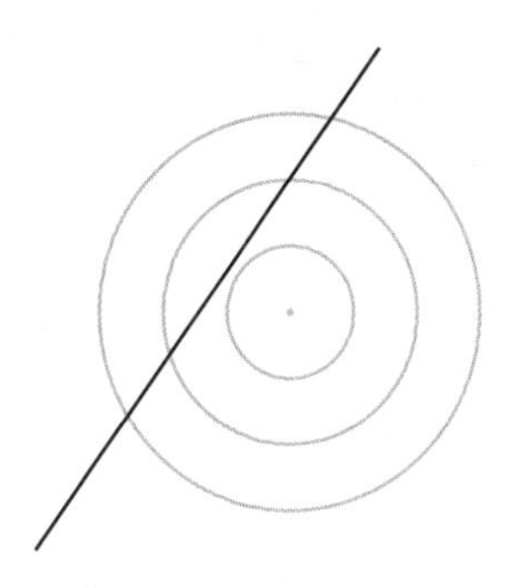

在這個世界裡，圓比這樣的直線自然得多。

所以「為什麼 $y = mx + c$？」的第一個答案是，一如往常，我們應該問它在**哪些**地方成立，而不是它**為什麼**成立。即使我們已經說明要描述一條直線，它還是不會永遠成立。我們必須更明確地說我們要在笛卡兒座標系中這麼做。

下一步是了解這個方程式想讓我們知道什麼。

如何用方程式描述圖形

圖形和代數式之間的關係相當深遠又重要，第7章將會深入探討。我們可以用一連串符號來畫出圖形，真的是件神奇的事（在前一章的結尾，我也用了公式畫出分節符號）。

---

* 地圖影像 © OpenstreetMap contributors。資料依據Open Database License取得授權，請參閱https://www.openstreetmap.org/copyright。

它是這麼做的。想像我們在笛卡兒平面上畫出一條直線：

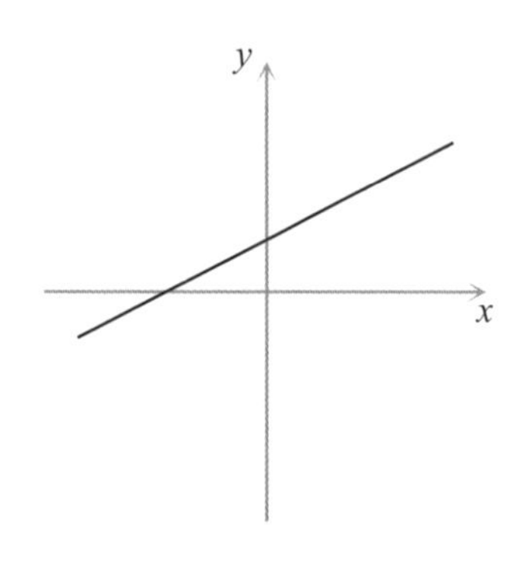

現在，直線上的每個點都有一個x座標和一個y座標，問題是我們是否有辦法事先知道某對（x, y）座標是否位於這條直線上。如果選擇**所有**的（x, y）座標，將會得到整個平面，已經超出我們的需要。所以我們需要的只是某些（x, y）座標，同時需要方法來精確地判斷這些座標是什麼，但不需要全部列出來，因為符合我們需求的座標有無限多個，實際上也不可能全部列出來。

字母就在這裡登場：我們不只不可能列出某條特定直線上的所有座標，更不可能列出**所有可能**直線的所有座標，因為平面上有無限多條直線，每條直線上又有無限多個點。所以我們做了那件神奇的事，就是「把數變成字母」，藉以一次表達所有無限多個關係，這就是用字母代替數字的主要用意。

那麼這些特定的字母$y = mx + c$呢？它的主要概念是m和c是「常數」（constants），也就是說，我們確定一條直線時，m和c這兩個數將會固定下來。如果改變它們，將會得出另一條直線，所以每個m和c共同決定一條直線。接下來，我們確定m和c之後，方程式將告訴我們x和y之間的關係，並且定義這條直線上所有點的x和y座標。也就是說，任何一組滿足這個關係的x和y描述的點一定在這條直線上，而這條直線上的每個點都是滿足這個關係的一組x和y。

所以用字母代替數可讓我們確定無限多條直線中任何一條上的無限多個關係。我認為我們花費再多時間，驚訝於它有多麼神奇都不為過。我希望你花一點時間來做做看。如果我們經常說事情有多明顯，又不鼓勵提出「笨」問題的話，一定漏掉了這些。

現在我們已經討論過這個公式背後的概念，但沒討論過這個公式本身的特性。我們用來研究它的方法之一是嘗試幾個例子。別忘了我們已經確定m和c，探討會出現哪幾種x和y座標。

我們可以試著固定$m = 1$和$c = 0$，如此將會得到許多對x和y座標，例如：

x	$mx + c$
1	1
2	2
3	3
4	4

如果我們把這些座標畫在圖上，會得出這個結果：

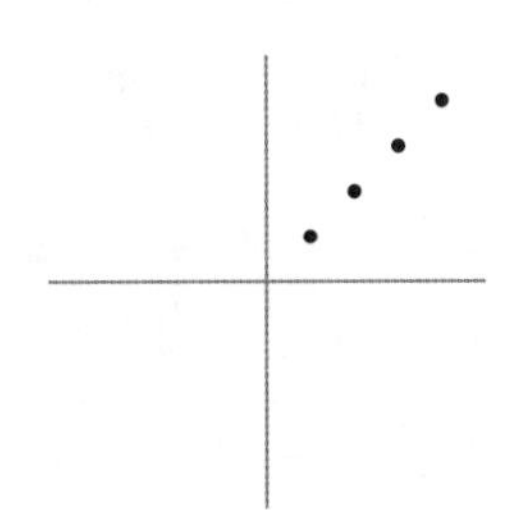

我們可能會說：「啊，對了，這看起來像直線。」接著畫上這條線：

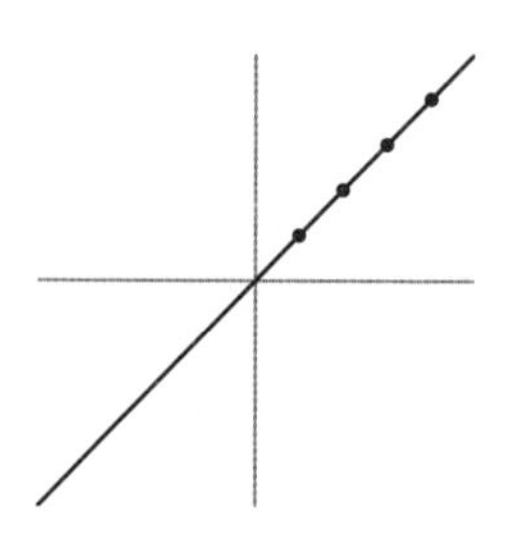

這樣看起來不大像數學，因為我們只是取幾個例子，多多少少運用了「超能力」而不是邏輯，的確，通過這四個點的可能圖形非常多，例如這個例子：

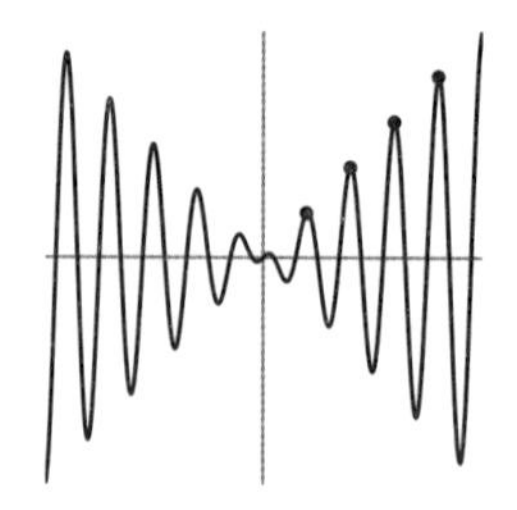

或是這樣比較沒有組織，但仍然完全成立的例子：

這麼說比較像數學（也就是完全合乎邏輯）：如果$m = 1$且$c = 0$，則$y = mx + c$這個關係變成只剩下$y = x$（把選定的m和c的值代入方程式）。現在，笛卡兒平面上有哪些點滿足這個關係？我們必須問自己，哪些點的座標滿足$y = x$，答案是：水平距離和垂直距離相同的所有點，也就是我們一開始畫出的對角線上的所有點。但現在我們不是猜測，也不是依據少數幾個樣本點運用超能力，而是依據邏輯加以理解。

現在我們可以用另一組m和c的例子嘗試所有步驟，例如$m = 2$和$c = 1$。我們可以得出以下的表格和依據這些點猜測的直線

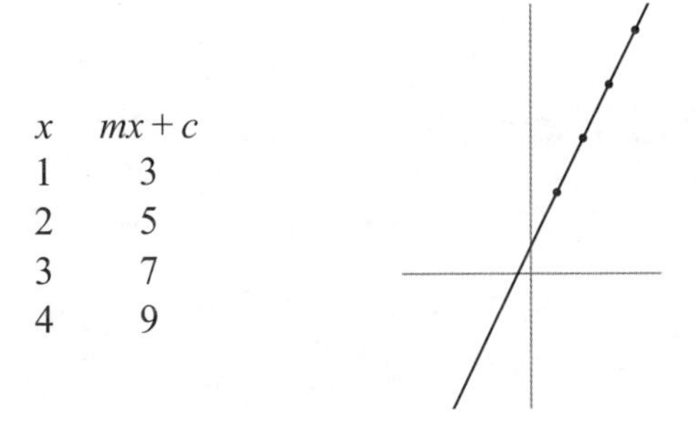

x	$mx + c$
1	3
2	5
3	7
4	9

我們或許會開始發現某些趨勢，例如m越大，直線越斜，以及c越大，直線的位置越高。我們甚至可以嘗試負數，進而發現如果m是負數，直線會變成向下斜，以及如果c是負數，直線位置將會變得更低，而不是更高。

嘗試幾個例子之後，我們或許會覺得，這個公式「顯然」永遠會得出一條直線，但這樣不像數學。找出這些趨勢不像數學，而更像做實驗。嘗試幾個例子不能合乎邏輯地讓我們了解整個狀況，找

出這些趨勢和猜測共同模式是數學發現的起點，但要讓它成為數學，必須讓它成為合乎邏輯的論證，而不只是猜測。

直線問題十分深奧的地方就在這裡，我們該如何證明**每條**直線的公式都是$y = mx + c$？你或許已經依據先前的某些答案開始猜測，除了確定我們是在什麼脈絡下進行討論，還必須定義直線究竟是什麼，這又必須非常仔細精確地定義幾何是什麼。數學家花費好幾個世紀試圖做到這一點，最後發現幾何的種類比原先想的更多，直線在一種幾何中只有$y = mx + c$這個公式，在其他種類的幾何中則有不同的公式，所以這個方程式不是在任何地方都成立，完全不是這樣。

直線什麼時候不是直的

我們如何定義直線？這個問題相當深奧。有一個方法是想像把一條線拉得非常緊，或是想像光行進的方式：它一定會走最短的路徑。我們拉緊一條線時，這條線會盡可能採取這個空間中兩個端點之間最短的路徑。所以如果我們要把這條線繞過建築物的一角後拉緊，它將會採取計入建築物阻礙之後的最短路徑。下面是從上方觀察的示意圖，一條線繞過建築物的一角後，在兩個點之間拉緊。這種狀況當然是假想的，而且不一定實際，但重點是了解原理的抽象概念。

building

重點在於這裡：兩點間的最短路徑取決於所在空間的形狀，此外也取決於我們採用的距離概念。它與脈絡關係十分密切。

舉例來說，「計程車距離」想像我們生活在棋盤式的城市中，像芝加哥市區那樣，我們只能沿著道路前進。在這種狀況下，下方地圖中標出的兩點間最短路徑是7個街區，因為無論怎麼轉彎，都必須向東走3個街區，再向北走4個街區，才能到達目的地：*

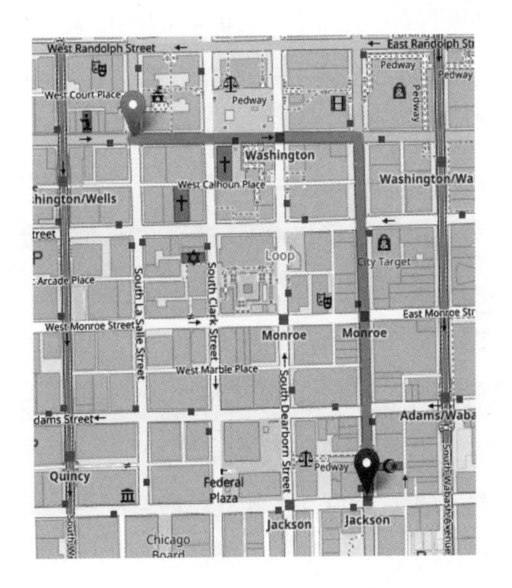

這表示在這種幾何中，以下的圖都可以視為「直線」，因為每幅圖都是從A點到B點的最短路徑，前提是我們不把轉彎當成額外麻煩。

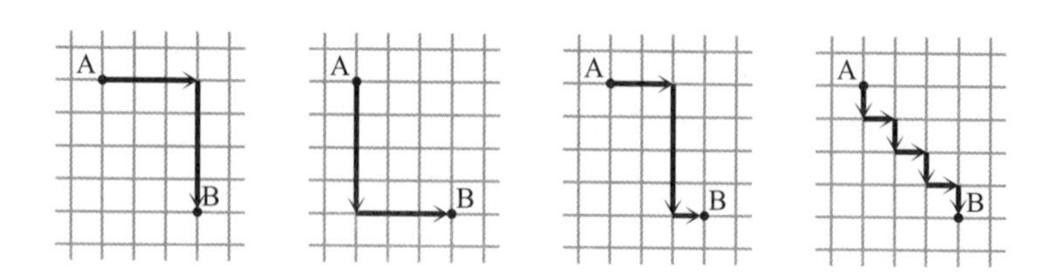

這和烏鴉從A點飛到B點的狀況相當不同，這時的直線會是對角線。就這方面而言，直線取決於我們所處世界的幾何。

2021年有報導指出，英吉利海峽出現壯觀的幻象，輪船看來像飄浮在海面上方。這種現象稱為上蜃景（superior mirage），「上」不代表它比較高級，而是物體看起來好像在實際位置的上方；「下蜃景」（inferior mirage）則相反，物體看起來好像在實際位置的下方。發生這種現象的原因是有暖空氣位於冷空氣的上方，冷空氣密度較大，所以光在冷空氣中行進速度較慢，這樣會導致光到達眼睛時的路徑向下彎曲。但在不同空氣密度構成的幾何中，這就是光的「最短路徑」。重點是我們的大腦沒那麼聰明（我沒有講大腦壞話的意思，但大腦真的有其極限），所以不會考慮空氣密度不同，只把光解讀成直線行進，和在一般空間中一樣。因此輪船看起來像漂浮在空中一樣。

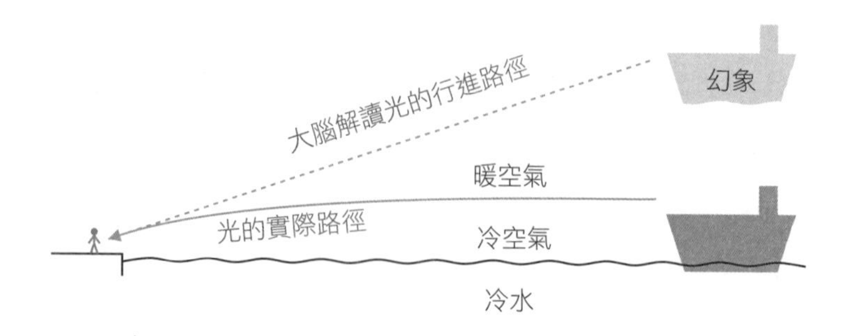

想像如果有個視線外的人對我們拋出一個球，這個球在空中畫出一道曲線並接近我們，就像上方圖中的光束一樣。如果大腦以為球只會沿直線行進，我們會認為這個人一定是飄浮在空中，從空中向我們丟球。實際上，球在重力作用下沿曲線行進，愛因斯坦相對論有個重要概念，就是認為在其他考慮到重力牽引的幾何中，這類曲線是直線。因此我們認為球的行進曲線不是直線，原因是我們沒有使用適當的幾何。

在地球這類球體上，兩點間的最短距離看起來也不像直線。如果兩點之間不是非常遠，看起來確實像直線。地球非常大，所以它的一小部分看起來相當平坦，因此兩個相距不大遠的點之間的最短距離，看起來會很像我們一般認為的直線。然而，如果觀察飛行航線，可能會驚訝地發現它是彎曲的。飛行航線不一定是最短路徑（不是通過一般空間，因為還會考慮氣流和其他因素），但基本上會採取從A到B的最短路徑，藉以節省時間、燃料和成本。我經常很驚訝從芝加哥到倫敦的飛行航線那麼偏北，我模糊地想像它會橫越大西洋中央，因為芝加哥的緯度比倫敦低，但實際上的最短路徑是飛越加拿大，甚至包括格陵蘭。在某種幾何學中，從A到B的最短路徑稱為大地線（geodesic）。

數學家努力了解歐幾里得的幾何公設時，無意間發現有各種不同的幾何，這些公設是歐幾里得認為與直線有關的某些絕對正確的基本事實。但在試圖證明直線不可能是其他樣貌時，他們意外發現了全新的幾何，在這種幾何中，直線是另一種樣貌。

他們發現可能存在的新幾何中，有一種是球體表面的幾何，猜猜看叫什麼……就叫做球面幾何（spherical geometry）。我把它想成「球根幾何」（bulbous' geometry），因為一切都變成彎曲的。想想看，如果在球體表面畫一個三角形，這個三角形一定會有點向外彎曲（我發現用原子筆在柳橙表面畫的時候有一種特別的滿足感）。這樣的「向外彎曲」可以從三角形的內角和來說明。在一般「平坦」（沒有彎曲）的幾何中，三角形的內角和一定是180°。不過在球體表面，內角和會**超過**180°。

你可能會好奇，除了向外彎曲的幾何之外，是否還有「向內彎曲」的幾何，甚至可能會在心裡模糊地想像一下。如果真的如此，你就擁有和數學家一樣的思考方式了。這時候你或許會猜想，在這種幾何中，三角形的內角和可能會**小於**180°。這種幾何稱為**雙曲幾何**（hyperbolic geometry），這種狀況有點難以想像，但如果你接觸過縫紉、棒針編織或鉤針編織，或許會比較容易理解。如果要用鉤針編織杯墊或餐墊等平坦的圓形物品時，或許會從中央開始，以同心圓的方式向外擴大。每個同心圓必須仔細地增加針數，讓整個成品維持平坦。一旦針數不夠，成品就沒辦法保持平坦，而是會內縮變成碗狀；如果針數**太多**，又會有過多材料積在邊緣，看起來就會變皺。雙曲幾何看起來就有點像這樣。另一個比較簡單的例子是馬鞍或品客洋芋片。* 想像在品客洋芋片上畫一個三角形，先點出三個點，再沿著點與點間的最短路徑把三個點連起來，看起來會是縮水的三角形，或者說是「向內彎曲」的三角形：

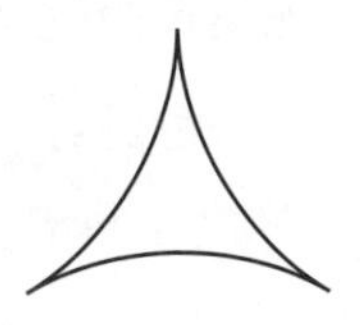

所以，直線的公式是$y = mx + c$並非絕對成立，而是只在一種「平坦」的幾何學中成立。事實上，這正是這種幾何的定義。歐幾里得認真思考關於直線的種種，試圖找出這種幾何的特徵。這種幾何學現在稱為歐氏幾何（Euclidean geometry）。

重點是什麼？

運用字母做這些事情的重點是一次表達更多事物，它的用意是累積技巧，讓我們能運用推論更進一步，以及推論更複雜的事物。此外還能提高移轉性，讓我們能夠把已經理解的東西運用到更多地方。

在因數圖的例子中，我們從30的因數圖開始，了解它來自a、b、c三個不同質數的乘積，再了解它其實適用於任意a、b、c的組合。進入抽象層次後，這些概念的運用範圍比我們只思考30的因數時更廣。這是另一種形式的間接用處，它用來理解30的因數時是不是「有用」？我覺得完全沒用，不是直接有用，但對這個狀況

---

* 這種「能堆疊的洋芋片」就是因為它的幾何才能堆疊。

的完全理解和它對社會結構的說明非常有用，只不過是間接的。

數學最常被抱怨的一點是看不出意義，而且日常生活中其他地方完全用不到。糟糕的是，如果我們只學過直接用處，而且在影響下認為數學只有直接用處，或許也是對的。我不認為知道在二維歐氏幾何中，以笛卡兒座標表達時，直線的方程式是$y = mx + c$有什麼直接用處，也很確定日常生活裡不會用到它。絕對有用的是我認真探索不同的世界，並且依據個別限制觀察結果時，大腦所做的大量練習。對我而言，這就是抽象的重點所在，它是運用字母代替數的主要用意，也是探討不同幾何中的直線的主要用意。

如果了解如何操縱未知的量，會比只懂操縱某些特定事物更容易轉移到其他地方。所以這裡有兩個問題：第一是為什麼某樣事物對數學家而言是功效很大的技巧，這些人在未來的工作上很可能會用到這個技巧；另一個問題是它為什麼和其他所有人有關，這些人未來一生中很可能都不會用到這個技巧。

我對後一個問題的答案和我常被問到的另一個問題一樣，這個問題就是我如何想出這些解釋和圖形，清楚說明各種敏感、細緻、細微和迂迴的社會主張。答案是我在抽象數學領域中受到的訓練，讓我能輕鬆順暢地提出這些東西。我沒辦法說明操縱符號究竟**如何**轉化成找出有用的方法，運用抽象來理解世界的能力，但這又與大腦的核心訓練概念有關。

在另一個場合，我和幾位講者一起參加為期一天的演講，探討「生活中的數學」。除了我自己之外，其他幾位都是應用數學家。當天的幾場演講都很精彩，探討不公正劃分選區的數學、CD錯誤修正的數學、* 密碼的數學，以及巧克力噴泉的數學等。我也包含在內，探討邏輯、抽象和政治主張。當天結束時有一段發問時間，請聽眾對任何一位講者提出問題。有個人問我們所有人，我們如何把自己的研究運用到實際日常生活中。應用數學家全都同意，他們從來沒有把自己的應用數學研究直接運用到日常生活中，他們用到的其實通常是數學的技巧和修養。當時我覺得，我可以為抽象數學講話，說這些技巧和修養都是抽象數學的內容，就這方面說來，我確實把自己的研究運用在日常生活中，只不過不是我們心目中的直接用途。

* CD現在有點過時，但數位錯誤修正已經不只用在CD上。

第6章 公式

三角學公式是怎麼來的？我們又為什麼必須背起來？

我希望你會認為第二個問題的答案是：如果能了解這些公式是怎麼來的，就不需要背它們。在前一章中，我們談過了直線的公式，它能讓我們用一連串符號來嚴謹地表達一個圖形。我們找出這個圖形中所有點的共同特徵，以這些點的x和y座標之間的關係來表達這個圖形。在這一章中，我們將介紹一些公式，這些公式說明某些事物的關係，而這些事物有自己的圖形，也就是正弦（sine）、餘弦（cosine）和正切（tangent）等三角函數。公式存在的目的看似是為了考我們，但其實是為了幫助我們。接著我想說明公式對我而言真正的意義：它是一種神奇的機器，讓我們能同時做無限多件事。最棒的公式是能實際解釋事物的公式，向其他人解釋某些事物，通常更能增進我們的理解，而公式有時就是最簡潔的解釋方式。只是如果不知道原因的話，這種簡潔往往看起來突兀又令人不解。在我們還不習慣的時候，功能強大的機器可能讓人無法理解，就像一個來自200年前的人看到噴射機一樣。公式就像功能強大的機器，方程式則是神奇的橋樑，讓我們在不同的數學世界間來來去去。

背誦與內化

我們或許認為公式只是定義，所以沒必要理解，這可能會讓我們認為只需要背下來就好。然而，數學中的定義有它的動機，只要我們理解這些動機，就可能把它們內化，而不是背下來，這兩者之間的差異很小但相當重要。內化是藉由理解、直覺、重複運用和熟悉，使它深入我們的意識。對我而言，背誦是用蠻力使它進入記憶，就像死背，或是藉助完全無關的記憶法，像是三角函數的SOHCAHTOA，也就是「正弦（Sine）等於對邊（Opposite）除以斜邊（Hypotenuse）、餘弦（Cosine）等於鄰邊（Adjacent）除以斜邊（Hypotenuse）、正切（Tangent）等於對邊（Opposite）除以鄰邊（Adjacent）」；或是括弧相乘順序的FOIL，也就是「最前（First）、外面（Outer）、裡面（Inner）、最後（Last）」；或是運算順序的BODMAS（或PEMDAS或PEDMAS），也就是「括弧（Bracket）、次方（Of）、除（Divide）、乘（Multiple）、加（Add）、減（Subtract）」，還有記憶法文動詞不規則過去式的MR VANS TRAMPED：

Mourir	**V**enir	**T**omber
Rester	**A**ller	**R**etourner
	Naître	**A**rriver
	Sortir	**M**onter
		Partir
		Entrer
		Descendre

最後一個例子非常適合用來說明我所謂的背誦和內化之間的差異，即使你不懂法文也沒關係（如果這本書要翻譯成法文的話，在此先對法文譯者說聲抱歉，因為這個部分很難翻譯成法文，而我又使它更難翻譯）。這個記憶法確實幫助我做出一份這類動詞的表格，我已經好幾年沒有接受正式的法文測驗，不過它也從來沒有協助我在一般對話中實際使用這些動詞。如果每碰到一個動詞就要藉助記憶法在心裡默想一遍這份表格，看看要怎麼講出過去式，聽起來會非常奇怪。為了流暢地實際運用，我們必須**內化**這些動詞的用途，透過反覆使用、熟悉和理解，就會知道哪個結構是對的。

背誦和內化之間的這個差異相當重要，但我們說明這個差異時不夠清楚，所以會陷入「背誦」在數學中是否重要的爭議，而參與爭議的每個人提出的說法或許都有點不同。我個人認為在極少數的狀況下，死記有其必要，它或許有幫助，但僅限於**喜歡**這麼做的人；如果不喜歡這麼做，它的害處應該會大於益處。我們討論數學教育時，傷害問題往往被嚴重低估，某些東西或許能有效幫助學生在考試時拿到更好的分數，但我們應該考慮這些東西是否也會造成嚴重的數學創傷，使學生從此一輩子都在逃避數學。如果是這樣，那最後的長期結果將是除了厭惡數學之外，什麼都沒學到。

有趣的是，我自己在學校時確實背過三角函數的定義（但不是SOHCAHTOA，我以前沒聽過這個記憶法，是我當教授之後，新一代的學生告訴我的）。直到很久之後，我開始教書時，才理解其中蘊含著美妙的關係，當時真希望有人能早一點告訴我。我受害不深，是因為我沒想過背誦這些公式，但不是每個人都是這樣。

我說的公式是跟正弦、餘弦、正切等三角函數和三角形的邊長有關的公式。你或許還記得正弦波是什麼樣子，如果畫在軸上，看起來就像下圖左邊這樣，餘弦則稍微偏移一點，像右邊那樣：

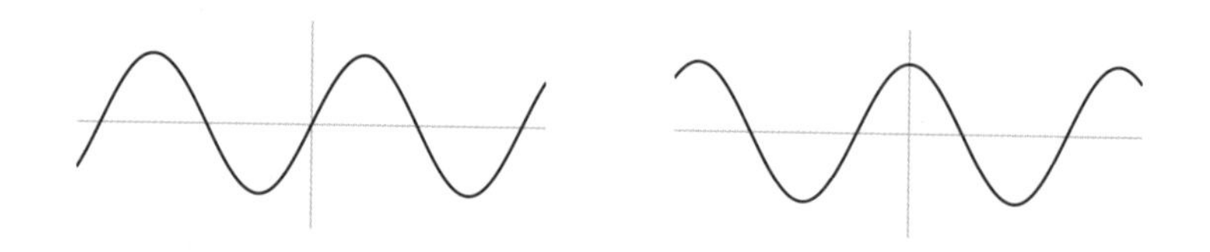

現在我們計算任何正弦或餘弦，都是依靠計算機或電腦，但這些公式告訴我們如何使用三角形的邊，把這些函數套用到直角三角形的某個角。這些邊以相對於使用的角命名，如同下面的圖一樣，其中的角以彎曲的虛線標示：

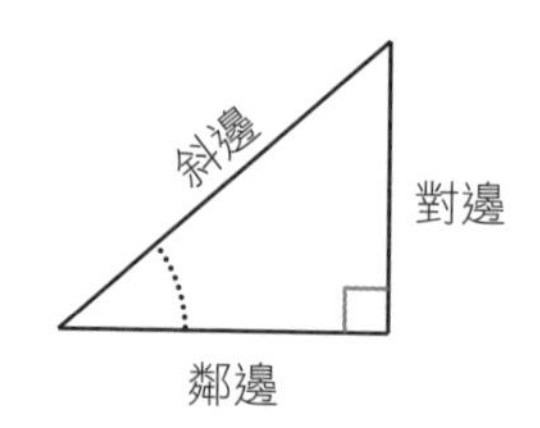

記憶法要告訴我們的是這些：

- SOH：正弦（S）等於對邊（O）除以斜邊（H）
- CAH：餘弦（C）等於鄰邊（A）除以斜邊（H）
- TOA：正切（T）等於對邊（O）除以鄰邊（A）

以前我和其他許多學生覺得必須把這些背起來，因為沒有人解釋這些定義是怎麼來的，所以我沒有其他方法記住它。現在我了解它們是怎麼來的，就不再需要死記了。此外，我已經很久沒有死記過，不確定我能不能正確地死記下來，這又是死記的另一個問題。相反，如果了解這些公式真正的用意，就能透過理解照樣寫出來，這樣比死記可靠得多。

關於三角函數「真正的用意」是什麼，可能有很多不同的看法，但就我看來，它的用意是解釋圓和正方形之間的關係，或是圓形網格和直角網格之間的關係。

圓形網格與正方形網格

上一章中曾經討論過，描述二維平面上任何一點的方法有兩種：笛卡兒座標（直角網格）或是極座標（圓形網格）。此外我們也提到，用哪個系統來描述平面上的點都沒有關係，只要知道怎麼把資料轉換到不同平面上就好。

所以重點來了：我們該怎麼在極座標和笛卡兒座標之間轉換？

假設我們知道某個點的極座標，想把它轉換成笛卡兒座標，我們已經知道的是這個點和原點間的角度和直線距離，如下圖所示：

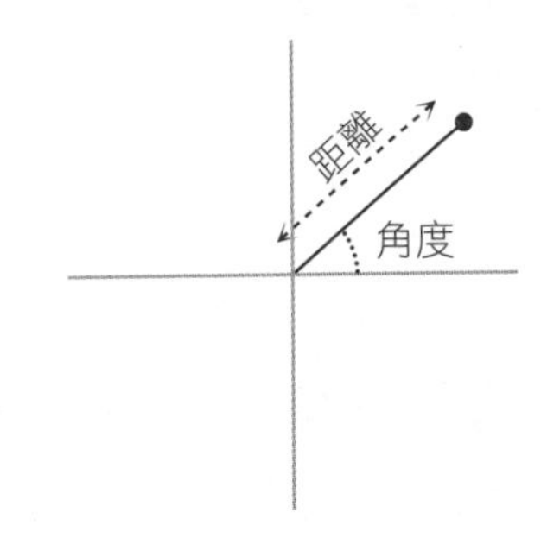

我們要怎麼把這些資料轉換成x和y座標？這要用到下圖中的直角三角形：

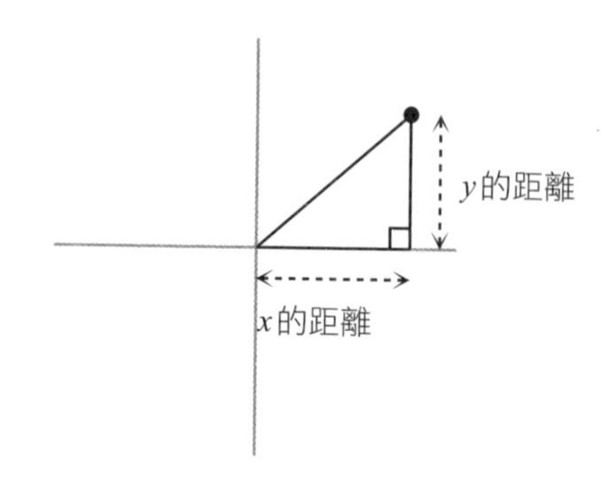

需要注意的是，它是直角三角形的原因純粹是我們要轉換成直角的笛卡兒座標系，所以我們以角度和三角形的長邊（也就是斜邊）開始，算出三角形的另外兩邊。

要將笛卡兒座標轉換成極座標，是把一個點的x座標和y座標轉換成它和原點間的角度與距離，所以我們以三角形的兩個短邊開始，算出長邊和角度（也就是非直角的兩個角之一）。

前面提到的這些程序處理的對象是二維平面上的某個點，但數學家喜歡一次解決整個狀況，而不只是一個點。我們想了解兩個座標系之間的整體關係，而不只是一次轉換一個點的方法（這大概有點像翻譯機比字典有用得多）。如果我們要思考如何轉換不斷變化的點，而不是一次轉換一個點，可以想像不斷環繞極座標系中的一個圓移動，觀察x座標和y座標如何變化。

舉例來說，這就像我們坐在大輪子上（摩天輪），環繞輪子移動時，會覺得垂直運動比水平運動明顯。畢竟我們人類經常水平移動，但垂直移動比較少見。我們位於一側時，向上的垂直運動非常明顯。接著隨我們接近頂端而逐漸減慢，最後到達頂端時，有一小段時間好像靜止下來，然後我們從另一邊逐漸下降，垂直運動再度加速，接近底部時速度再度減慢。

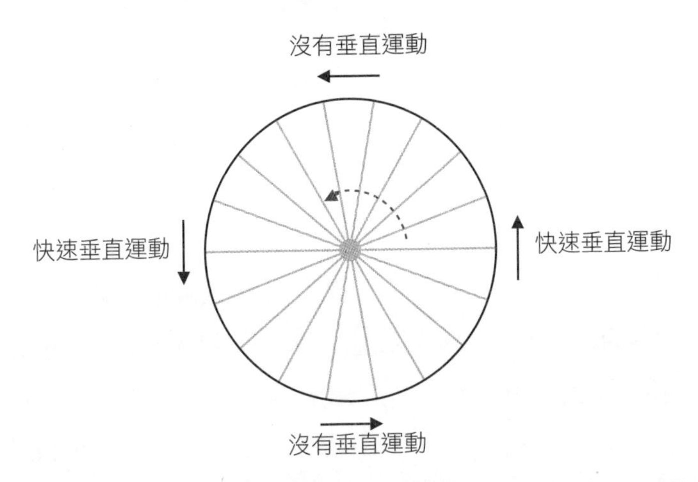

水平運動的變化則正好相反，在我們通過頂端或到達「最底部」的時候最明顯，接近兩側時逐漸變慢，到達最旁邊時則完全朝垂直方向移動。

現在重點來了：正弦和餘弦函數就是這麼來的。如果只看垂直運動，它就是正弦函數，如果只看與它互補的水平運動，就是餘弦函數。下面是正弦函數的圖形，以及它如何對應我們環繞圓移動時不斷改變的角度。重點是記住（依據先前的極座標圖形），角度是相對於水平x軸的角度，所以0°和180°是圓的兩側，90°和270°是頂端和底部。

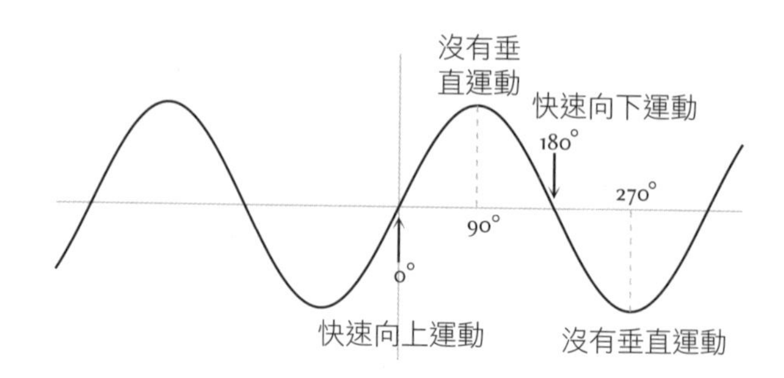

在數學中，co這個字首經常用來代表互補的事物，通常表示要從相反或逆向的觀點來看同一個概念。在這個意義上，正弦和餘弦兩者是互補的。

或許你還不清楚正弦和餘弦為什麼互補，還有「正弦」這個詞彙是怎麼來的。正弦的英文可能是語言上的誤解，它似乎是某個梵文詞彙轉譯成阿拉伯文時出現錯誤，後來再翻譯成拉丁文的結果。糟糕的是，這類從其他語言錯誤地借用過來、因而滲透到英文中的單詞相當多。舉例來說，chai原本的意思就是「茶」，所以「chai tea」其實等於「茶茶」。說到茶，喜歡中國菜的西方人經常說要去吃「點心」，這件事沒什麼問題，但香港人通常會說要去「飲茶」，而「飲茶」實際上是要吃「點心」（通常會搭配茶）。此外還有很多移民的家族歷史很難追溯，就是因為抄寫名字時寫法經常不同，更不用說還有縮寫、簡寫、誤解或是全部消失。

三角學大致上可以追溯到相當久遠的古代文化，但我們現在所知的正弦函數，其實是公元4世紀和5世紀的印度天文學家提出的。目前已知最早的紀錄出自阿耶波多（Aryabhata the Elder），他用jya這個單字代表半弦（half-chord），梵文的意思是弓弦。在這個脈絡下，「弦」指的是圓上兩點間的直線，樣子有點像弓弦。從下面的圖中可以看出，如果讓圓心位於0並旋轉這個圓，讓弦呈現垂直狀態，則弦的長度是垂直距離的兩倍。

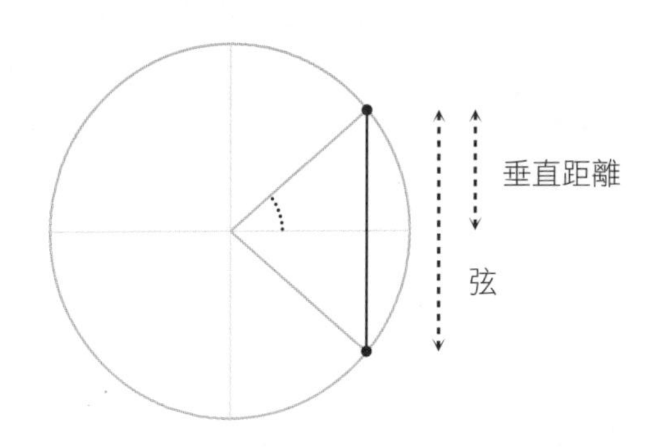

當然，如果是一個大輪子，中心就不會位於地面，但我們可以想像這個大輪子有一半位於水中。我們會需要防水的密閉容器、能在水中運作的結構，還有各種安全措施……這就是數學和工程的一大差別，我可以舒服地坐在沙發上，想著一半在水中的大輪子，不用擔心工程細節或這個東西是否符合實際等等。現在我已經想到了，而且很喜歡這個點子。

我們讓圓的中心在兩個方向上都位於0，是為了方便、簡潔，或是因為我們懶惰，也是因為我們想去除不必要的混亂（或許這些其實都是同一件事）。有時候數學就像在做實驗，我們想把注意力集中在某一方面，所以會想辦法讓其他方面不造成干擾。在這個例子中，只要知道圓心位於0時會有什麼結果，就不難推測圓心不在0時的結果。

此外，圓心位於0時具有可人的對稱性，也讓我們回頭想到極座標的概念。極座標最重要的關鍵就是0的周圍環繞著同心圓。我們擺放這個圓時可以嘗試以下兩種方式：

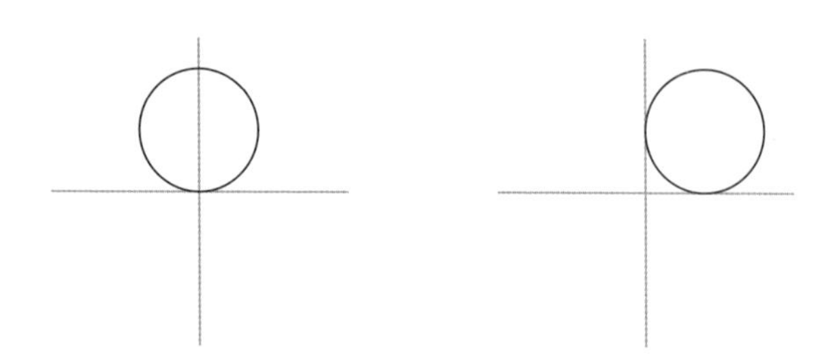

然而這樣只會增加複雜性，對理解也沒有任何幫助。如果增加複雜性，但是**能夠**幫助理解，或許還值得考慮一下，可在這個例子中，這麼做的價值不大。

數學家做實驗時通常還會做一件事，就是把整體狀況放大或縮小，盡可能讓多一些數變成1。以這個圓而言，設定這個圓的直徑為1會非常方便。接下來只要放大或縮小，就能了解其他圓與這個圓的關係。

你或許會想，這是「1什麼」？也就是這裡用的單位是什麼？前面我曾經提過，這也是我喜歡純數學、而沒那麼喜歡工程學甚至物理學的理由之一：我們用什麼單位都沒有影響，所以也不用說明單位。只要確定我們在已知狀況下使用相同的單位就好。這和我們運用數的方式一樣：我們不需要說明要把2個東西和3個相同的東西相加，只說2加3，就能了解是2個東西加上3個東西。這也有點像只列出比例的食譜，例如麥片粥的做法是1份燕麥加上2份水（以體積為準）。一「份」的大小不重要，只要量水時使用同樣大的一「份」就好。

我和許多人一樣，小時候有某種測量「創傷」。我最近找到一份很古老的物理測驗，測驗中要我們讀一段文章，接著要回答「這隻狗要花幾秒才能到達那顆球？」之類的問題。我回答「5」，結果被扣一半分數，因為我少寫了「秒」，但明明問題就寫了「幾秒」。你大概可以看得出來，我到現在還有點不高興。這種事可能會讓學生永遠排斥某個科目。

無論如何，在這個大輪子的中心位於高度0且半徑為1的前提下，垂直高度為正弦函數。

正弦和餘弦

現在我們要來討論三角函數了，我覺得需要開始使用一些字母來代表這些不斷變化的數。數學家通常喜歡用希臘字母代表角、用羅馬字母代表邊長，讓我們知道這些字母扮演的角色不大一樣。我會使用希臘字母θ（theta）代表角，用常見的x代表水平距離、y代表垂直距離。這裡要講的是θ和y之間有個固定關係，稱為正弦，可以用以下的方式來表達：

$$y = \sin\theta$$

沒錯，那個單字是sine，但數學家把它縮寫成三個字母sin。

一開始，我們研究如何在極座標和笛卡兒座標之間進行「轉譯」，目前我們已經研究過如何表達y座標。x座標和角θ之間也有個固定關係，稱為餘弦。我們令：

$$x = \cos\theta$$

你可能會注意到一件事，就是正弦和餘弦**似乎**有點像。這是因為圓有對稱性，所以水平運動和垂直運動其實具有相同的模式。我們對水平和垂直的感覺相當不一致（嗯，這或許和我們對重力的感受有關），我們可以任意選擇一條參考線，得到相同的模式。對稱性通常能提供一些線索，在這裡，它能協助我們了解餘弦其實和正弦相同，只是偏移一點點。正弦在兩側移動得很快，在頂端和底端很慢，餘弦則在頂端和底端移動得很快，在兩側很慢。如果旋轉我們的參考座標系（例如側倒下來，從側面觀看），正弦和餘弦將會互相交換，所以正弦和餘弦的圖看起來非常相似。

關於我們這麼選擇的原因，有個可能的解釋（不過是情緒上的）是：測量相對於同一個參考軸的角和距離有種滿足感。

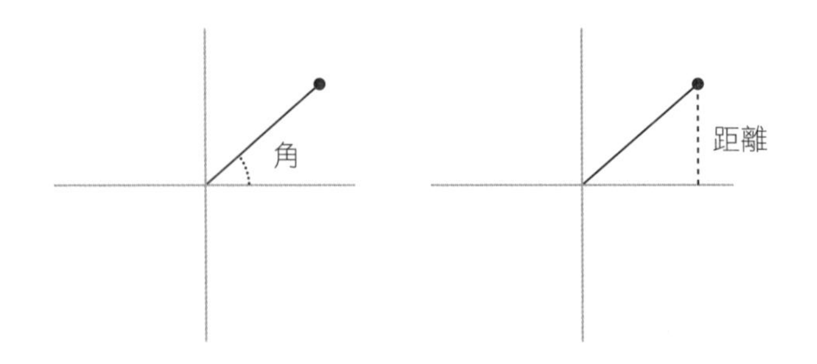

這表示不論是角度和距離，都可以從0開始，接著兩者同時開始增加。如果我們要測量相對於某個軸的角度，以及相對於另一個軸的距離，這樣的話角度會從0開始測量，距離則是最大值。這麼做其實不是因為垂直比水平來得重要，而是所有測量都從同一個軸開始。所以我們把這個當成比較「基本」的關係（正弦），另一個視為互補的關係（餘弦）。

順便一提，這還沒有告訴我們如何知道某個特定角度的正弦函數值。這個問題有點困難，需要用到微積分，但我們可以離題一下，多了解一點。這件事其實發生在一次研討會上，主辦單位提供捲餅作午餐。捲餅的切口是斜的，這麼做通常是為了多露出一點餡料，讓它看起來比較多。斜切的時候，截面會比平切大一點。

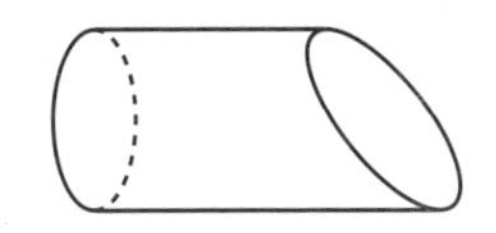

當時我覺得餅皮太多，想去掉一層，所以我鬆開捲餅，拿掉一層餅皮。看，我手上拿著一個正弦波。

後來的聊天內容我恐怕大部分都沒聽到，因為我正忙著在餐巾紙背面（真的是背面）計算，確定這不是我自己的想像——它真的

是正弦波。

我還很年輕的時候，花了很多時間邊講電話邊玩螺旋形的電話線，把電話線捲起來，再把它拉直，盡量消去打結的地方。如果把螺旋形電話線或彈簧圈之類的螺旋線拉直，從側面看起來就是正弦波。這是因為把它拉直並從側面觀察時，只看得到螺旋線一圈圈環繞時的垂直座標。我們只會看到它上下移動，因為我們看不到它遠離和接近我們的眼睛。要看到水平座標，必須從上方看，而不能從側面看。但具對稱性代表它看起來沒什麼不同，只是偏移一點點。下圖是我把一條彈簧拉直之後的樣子，照片的問題是鏡頭固定在中間，正對彈簧圈的中心，但看兩邊時稍微有點偏斜，所以看起來沒那麼像正弦波，不過我希望你至少看得出來中間部分看起來很像正弦波。

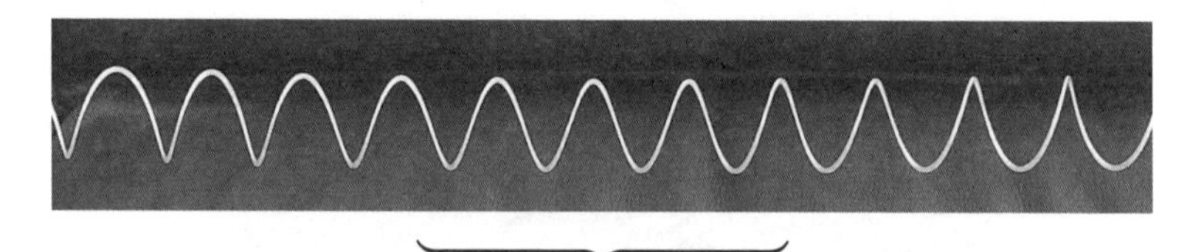

看起來很像正弦波

我試過以長時間曝光拍攝我一面直線行走、一面拿著LED燈畫圓圈的照片。我的行進方向垂直於相機，LED燈拿在前方畫圓，移動方向是上－右－下－左－上－右－下－左：

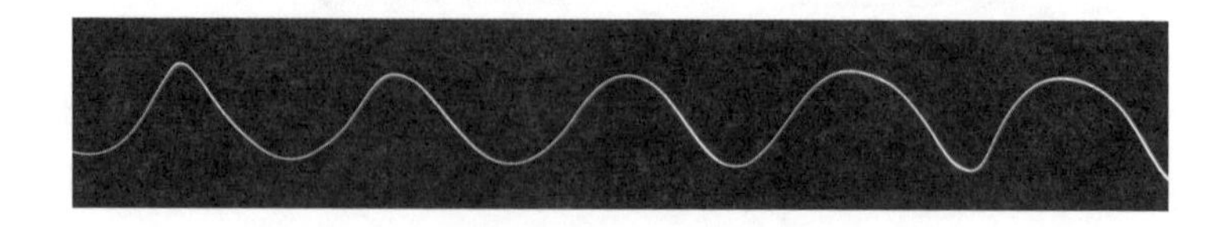

以恆定速度行走，同時以恆定速度畫圓，這件事很難辦到，但結果至少大致上看起來像正弦波。

從我們不斷重複畫圓，就可以知道正弦波為什麼不斷重複，這在數學中稱為具有「週期性」（periodic）：我們回到圓的起點時，y座標也會重新開始。

畫出圓的圖形和x與y座標，思考一下幾何概念，可以幫助我們了解三角函數之間的關係。我們可以用公式來表達這些關係。

關係與公式

下面的圖同樣是圓上的一個點和它的x和y座標，以及這時候幫助我們思考的直角三角形。同樣地，我們用θ代表圖中的角，所以y的距離是$\sin\theta$，x的距離是$\cos\theta$。.

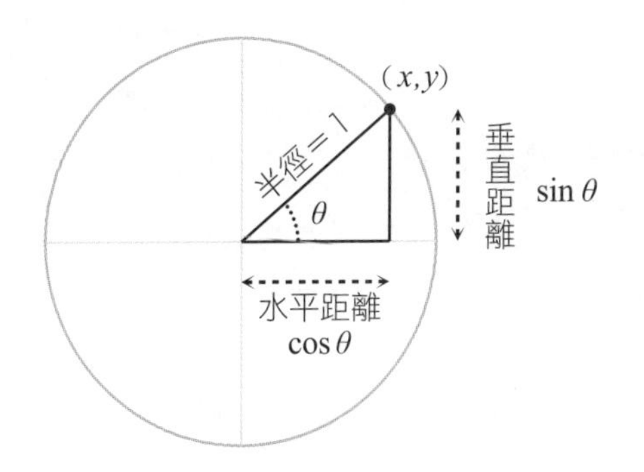

立即可知的一個結果是我們可以運用畢氏定理$a^2+b^2=c^2$，其中的a和b是三角形的兩個短邊（也就是構成直角的兩個邊），c是長邊，也就是斜邊。

在這個例子中，a和b是$\sin\theta$和$\cos\theta$，斜邊是1，所以依據畢氏定理，正弦和餘弦之間的關係是：

$$(\sin\theta)^2 + (\cos\theta)^2 = 1^2$$
$$= 1$$

如果思考一下縮放三角形的幾何原理，將可多了解一點SOHCAHTOA這個臭名遠播的記憶法。我們還是必須了解放大和縮小的基本原理：要放大或縮小某個東西但保持形狀相同時，必須維持每個角不變，並把所有長度乘以同一個數，也就是「縮放係數」。以下圖左邊的三角形為例，我可以維持每個角不變，但把所有長度乘以2，得到右邊的三角形。

任何形狀都可以這麼做，無論這個形狀有多複雜，只要把每個長度乘以相同的縮放係數，就能維持所有的角不變。這表示這個圖形看起來會完全一樣，只是大小不同。我用程式碼來畫這兩個圖時就是這麼做的，我只需要改變基本度量單位，其他程式碼完全不用改，所以在下面的左圖中，我設定基本度量是1毫米，右圖則是2毫米。

實際上，這就像我們從不同的距離看同一個圖形——對我們而言**看起來**不同，但兩者其實相同。縮放時一定是**乘法**，而不是加法。如果我把每個長度加上10，而不是乘以10，這個三角形會變成下圖的樣子：角度改變，形狀也跟著改變。

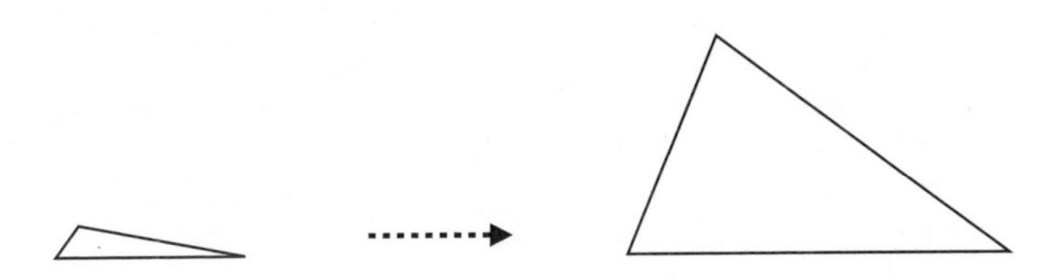

有了縮放原理，我就可以從已經了解的單位圓（半徑為1）圖形開始，放大成需要的任何大小。舉例來說，如果我想知道半徑為2的狀況，將會得到這個三角形：

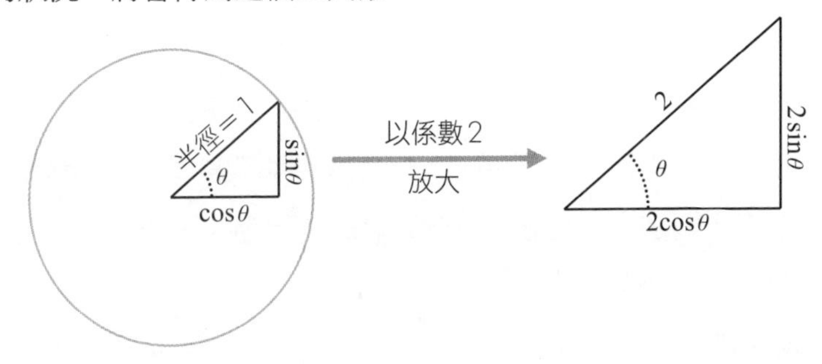

現在我們知道，半徑乘以2後，如果希望這個三角形整體形狀不變（角度相同），我必須也把所有長度乘以2。這表示y座標現在是$2\sin\theta$，x座標是$2\cos\theta$。

因為我們不想列出所有可能大小的三角形的這個關係，因此我們可以運用字母，我們可以說：假設半徑的長度（斜邊）是h，則整個三角形都必須乘以h。所以y座標現在是$h\sin\theta$，x座標是$h\cos\theta$。

這個部分的最後一步是了解一件事，就是即使三角形的方向不同，上面的「y座標」不在垂直方向，「x座標」也不在水平方向，

sin和cos同樣適用。舉例來說，如果把三角形轉成以下這些方向：

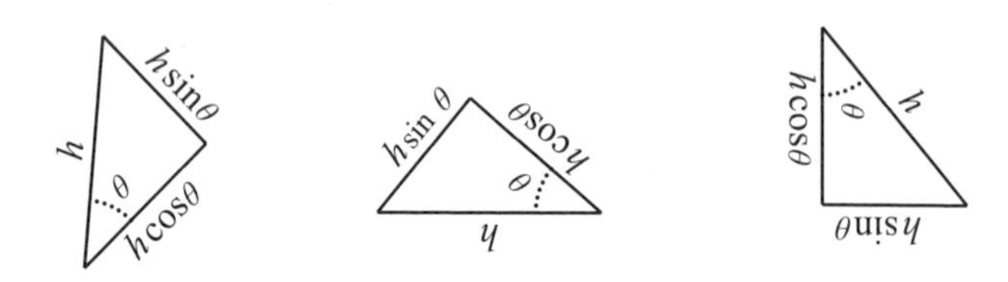

只要有一個角是直角，這個通用原理就成立。這表示我們可以旋轉這個三角形，形成一個水平邊和一個垂直邊，而長邊（斜邊）看起來像對角線。

為了避免必須實際旋轉三角形才能研究它，我們最好能有更好用的方法來代表y座標和x座標，不需要先判斷三角形的哪一邊朝上。所以我們把y座標想成「三角形中與要計算的角**相對**的一邊」，x座標則是「三角形中與要計算的角**相鄰**的一邊」，這是為了預先排除可能的歧義問題。

現在我們說：

$$\text{對邊} = h\sin\theta$$

這表示如果我們稍微改寫一下：

$$\sin\theta = \frac{\text{對邊}}{\text{斜邊}}$$

以及：

$$\text{鄰邊} = h\cos\theta$$

改寫之後可以得到：

$$\cos\theta = \frac{\text{鄰邊}}{\text{斜邊}}$$

看，這些公式可以死記成SOH（正弦、對邊、斜邊）和CAH（餘弦、鄰邊、斜邊），我們已經完成了SOHCAHTOA前面的$\frac{2}{3}$。

現在只剩下最後的TOA，提到的是正切函數。這個函數稍微有點差別（但差異不大），因為它只和我們提過的輪輻（半徑）的斜度有關。要測量斜坡的斜度時，可以從我們水平移動時向上爬升的比率來觀察。路標也是用這種方式來標示坡度。如果路標寫1:5，表示水平移動5單位時，垂直距離改變1單位。同樣地，這也表示無論水平移動多少距離，垂直移動的距離都是它的$\frac{1}{5}$。

直線的斜率（slope）或梯度（gradient）在數學中就是這樣定義，也就是垂直移動距離和水平移動距離的比例。以數學方式來表達，就是梯度是以下的比例：

$$\text{梯度} = \frac{\text{垂直距離}}{\text{水平距離}}$$

從原先單位圓中的三角形可以得知，垂直和水平距離分別是正弦和餘弦：

這表示梯度是 $\frac{\sin\theta}{\cos\theta}$，由於正切函數的定義就是梯度，所以我們得到了這個公式：

$$\tan\theta = \frac{\sin\theta}{\cos\theta}$$

我們還可以做個簡單的「心智檢查」，驗證如果放大這個三角形，這個比例也不會改變：

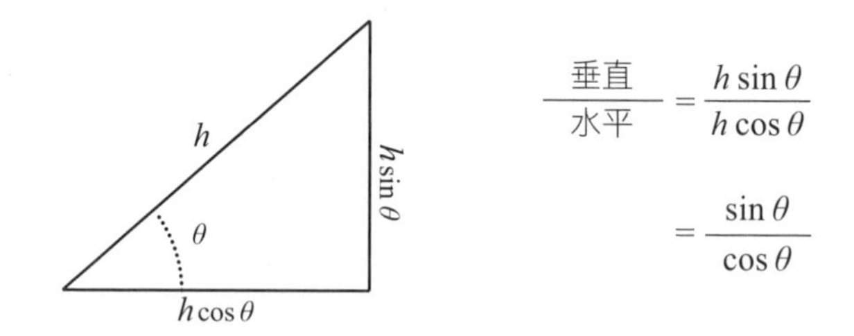

感覺上我們好像需要「背起來」它是「垂直除以水平」還是相反，但我比較喜歡**理解**為我們要測量的是直線的升高率，也就是垂直距離，接著把它除以水平距離，因為我們要測量的不是升高**量**，而是升高**率**，也就是升高量與水平距離的比例。

如果你還在學校唸書，要接受某些標準化測驗，必須在短時間內盡可能回答很多問題，沒有時間藉助完整的探討過程推導出這些公式，那麼能不假思索地寫出這些公式確實會很有幫助。但問題在於考試制度：迅速地寫出這些公式，唯一的理由是很多人執迷於限時考試。我不知道這些限時考試除了想辦法把學生劃分等級，讓他們進入不同的大學、工作或行業之外，還有什麼其他目的。這個理由實在非常差勁。

公式的功能其實是解釋事物，而在這裡，公式是解釋（和探討）圓形座標和正方形座標之間的關係。

圓形和正方形

思考圓形和正方形之間的關係，也是 π 這個數的起源。在圓周率日的推動下，π 成為數學中最重要的概念之一，也和發音相同的派（pie）建立了美味聯盟。當然，這個諧音哏相當英語中心，因為我**覺得**其他語言裡很少有食物的發音像希臘字母。此外我最近還發現，派的希臘文是*pita*，這表示我們這些母語是英語的人顯然又在翻譯時弄錯了意思，所以認為*pita*是一種希臘麵包。

除了派這個諧音哏很英語中心，圓周率日的概念也很美國中心，因為它源自美國寫日期的方式，月在前、日在後，所以3.14代表3月14日。這點再加上 π ／派這個哏又不是很說得通，曾經讓我不怎麼喜歡圓周率日的概念，但我後來了解到這只是個小玩笑，是一年當中帶有數學趣味的一天，而且我們不需要對這個玩笑的由來太過認真。對這個玩笑潑冷水，只會更加強化數學不只不好玩，還**不准**大家開玩笑的印象。

另一個反對圓周率日的說法更加迂腐（依據我對迂腐的定義而言）：有人主張圓周率是「錯誤」的常數，「應該」是 τ 才對。τ 是希臘字母*tau*，代表 2π 。我們進一步討論過 π 究竟是什麼之後，再來討論這個問題。

圓周率的重點似乎是盡可能多記得幾位數。我沒那麼喜歡圓周率日的原因之一，就是競賽和「挑戰」越來越流行。我本來就不喜歡競賽（我在《x + y》裡曾經提過，競賽對我而言太具侵略性），所以我也對圓周率日流行辦烘派**比賽**有點反感。但我更反感的是背出 π 的比賽，因為在競賽之外，這些比賽只把我們的注意力集中在背誦數字上。π 的數字本身沒什麼東西需要理解，它是無理數，所以重點是它的數字本身沒有模式。因此要記住它的數字，不是依靠理解，而是死背。

我承認我很喜歡開玩笑說我只知道 π 的小數點後兩位數：3.14（其實我知道3.14159）。對我生活中需要的精確程度而言，兩位數已經綽綽有餘。我做的不是牽涉到人命的精密工程，對我的研究而言，3大概也夠用。這是因為我只有在把圓形蛋糕食譜換算成正方形蛋糕，或是正方形換算圓形的時候，才會需要圓周率。這同樣是圓形和正方形之間的關係。

比較精確的說法是：如果我有一份圓形蛋糕的食譜，但我想用正方形烤模來做，這個正方形會有多大（假設我希望蛋糕厚度相同）？這個問題可以簡化成做出與圓形面積相近的正方形，巴比倫和古埃及數學家都研究過，巴比倫數學有相當完整的泥板紀錄，古埃及數學也有公元前一千多年的莎草紙紀錄，抄寫員名叫阿姆斯（Ahmes），他說是從更古老的卷軸上抄下來的。因此這份莎草紙紀錄有時稱為阿姆斯紙草書（Ahmes Papyrus），但可惜的是它又稱為萊因德紙草書（Rhind Papyrus），因為蘇格蘭古董商萊因德（Alexander Henry Rhind）於1858年在埃及買下這份紀錄，最後收藏在大英博物館。未來如果有人發現我的散佚作品，而且認為它很有價值，我希望能以我命名，而不是以出售或收購者的名字。以買賣者而不是創造者命名，是著名殖民主義博物館的殖民主義傳統。

另一個例子是頗具爭議性的額爾金石雕（Elgin Marbles），它是雕塑家菲狄亞斯（Phidias）和助手為帕德嫩神殿製作的經典希臘大理石雕像，後來被第七代額爾金伯爵於19世紀初期取得。我認為我們不應該以收購者命名任何事物，當然更不應該以掠奪者命名，這些人沒有經過允許，就把這些東西據為已有。

回到正方形和圓形的話題。古代數學家不是用蛋糕來敘述這個問題，而是用抽象的方式敘述：一個圓的大小為已知時，與這個圓面積相同的正方形有多大？圓面積問題需要稍微離題一下，因為談到曲線時，連「面積」如何定義都變得相當困難。

面積的概念

我們可以**想像**，計算曲線形狀的面積就像把液體倒進非常薄的這個形狀裡，再把這些液體倒出來，做成很薄的正方形，看看這個正方形有多大，但這方法完全不嚴謹，而且也很難讓它變得嚴謹。

我們念小學時的方法可能是把形狀畫在正方形網格上，再數數這個形狀佔了幾個方格。接著我們還需要一套方法來處理部分方格：如果佔一半以上就算一格，如果不到一半就不算。以下是一個範例，灰色部分是我數出來的方格：

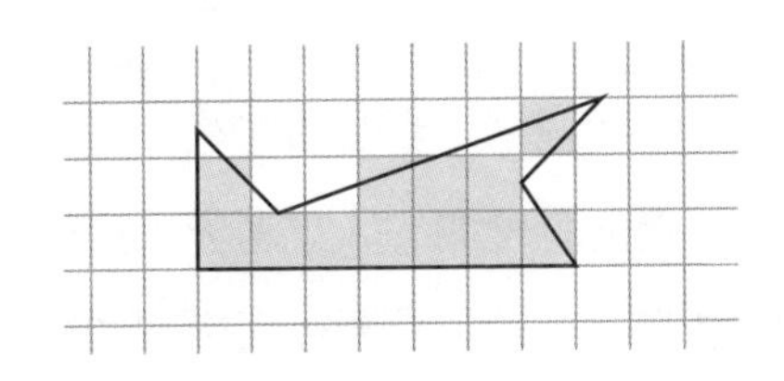

這樣還是一點也不嚴謹。這個方法除了必須猜測哪些方格超過一半、哪些沒有超過（我也不大確定右上角那個灰色方格正不正確），而且它的前提是超過一半的方格和不到一半的方格相加時可以互相抵消。這個估計方法不錯，但當然不算嚴謹。

比較精細的方法是把這個形狀劃分成三角形，再算出每個三角形的面積。我們找出三角形面積的方法是研究三角形和矩形之間的關係：三角形是矩形的一半。而矩形的面積相當顯而易見，對吧？這個公式究竟從何而來？它其實源自想像把計數方塊排列成網格，以及正方形的邊長為1時，面積應該也是1的概念。如此一來，我們可以建立邊長為整數的矩形，接著是分數，接著再跳到無理數。

所以我們已經逐步建立面積的概念，從正方形到網格，再到矩形、三角形等。這讓我們能針對由有限數量直線構成的任何形狀，嚴謹地定義其面積，因為我們一定能把這樣的形狀劃分成有限數量的三角形。但這點本身需要一些證明，而且還有個問題，就是可用的方法很多，但是否都會得出相同的答案？舉例來說，採用以下幾種方式分割時，得出的總面積為什麼相同？雖然看起來**應該**如此，但其實不是那麼顯而易見。

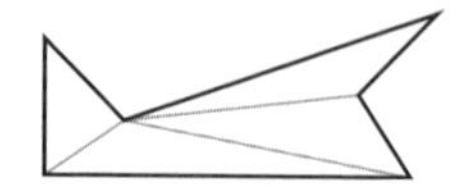
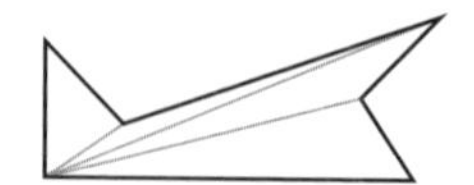
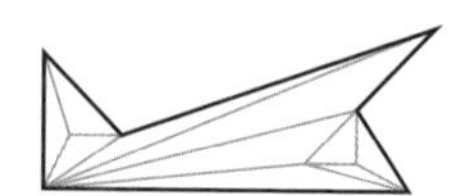

同樣地，在這個狀況下，認為看起來「顯而易見」的人好像數學比較好，但其實感到有疑問的人思考方式比較接近數學家。

探討面積概念的下一步是思考如何處理曲線邊緣，畢竟自然界中沒有東西是完美的直線，這個探討過程是由先前概念建立新概念的好例子。我們是否能找出具有曲線邊緣的事物和我們已經了解的直線邊緣事物之間有什麼關係？某樣東西的邊緣是曲線時，仍然能以三角形估算，但三角形一定會有點誤差。不過這就是公元前250年左右阿基米德採用的方法，他用正多邊形（邊長相等的多邊形）來估算圓。邊數越多，估計結果越接近實際值，如同第4章中這個正方形和八邊形的比較圖。

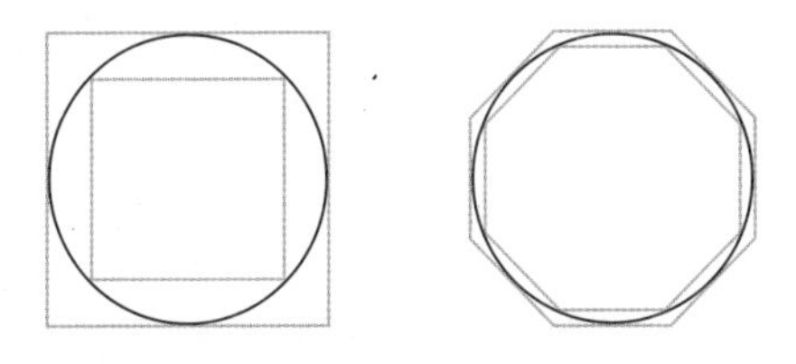

邊數越多，就能越來越接近，但這樣並不嚴謹。曲線涵括的面積需要做很多微積分計算，才能嚴謹地定義。這個過程必須思考「無限小」的三角形，而思考無限小的事物時，就需要用到微積分。或許還有其他方法，但微積分還是最有名、而且可說是效率最好的方法。

事實上，定義曲線的**長度**時也要用到微積分。曲線的長度背後的直覺不是很困難。我們可以想像沿著曲線拉一條線，再把這條線拉直來測量，但這樣還是不嚴謹。

你或許覺得這樣就足夠好了，這個時候就需要用到數學發展和建立論證的概念。對日常用途而言，拉線法已經相當夠用。如果我要在圓形蛋糕模裡鋪烘焙紙，不需要用半徑和 π 計算圓周長，只要把烘焙紙圍著烤模，留一點重疊的部分，剪下來就好了。我的日常生活中沒有什麼事情需要更精確地知道曲線的長度。

但數學在結構上疊加結構，或是在論證上疊加論證時，邏輯上就必須完全正確，而不能只是大致上精確。邏輯上的正確讓我們發展出更多數學運算，也發展出更多複雜的用途，例如非常複雜的工程結構等。在前一章中，我們曾經質疑過這樣的「發展」是否有價值。但除此之外，我們還想追求純粹的理解，而不只是實驗數據：用一條線獲得答案，但實際上是怎麼回事？

我想到我找不到某個東西，在家裡瘋狂到處亂找的狀況。我不喜歡這樣，這樣感覺像在做實驗，而不是依照邏輯做事。我喜歡在心中思考，想想我上次用這個東西做了什麼，再推斷它應該在哪裡。我很欣賞克莉絲蒂小說裡的偵探白羅（Hercule Poirot），他相信破案的關鍵是在心中思考，了解犯案**動機**，而不是像其他偵探一樣，趴在地上四處亂摸，尋找物證——他最瞧不起這種偵探。

如果你沒興趣**了解**曲線的長度，也沒興趣建立更複雜的理論或用途，那應該也不會對微積分如何處理這個問題的故事有興趣。儘管如此，我曾經看過一個許多人認為很有趣的網路迷因，內容大概是這樣：

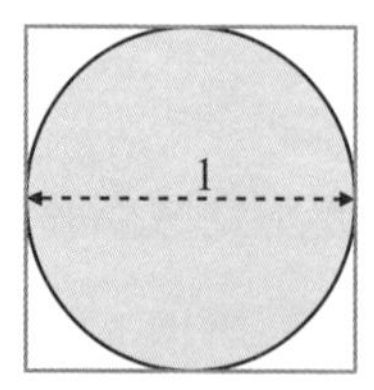

在圓周圍畫一個正方形。
周長＝4

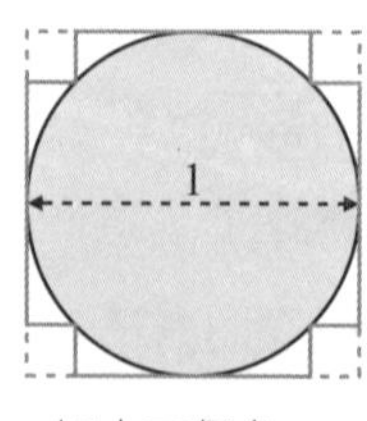

切去四個角。
周長仍然是4

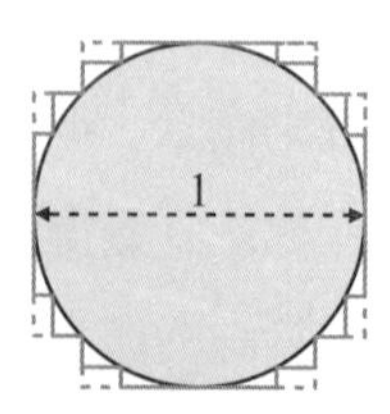

切去更多的角。
周長仍然是4

很多人分享這張圖是因為它似乎打破了數學。許多喜歡數學的人開始試著解釋這個迷因的推論有什麼地方錯誤，但最深奧的數學答案是：這個推論沒有錯，只是所處的脈絡不同。我們先前曾經提過，長度的概念受脈絡影響。這表示π也可說受脈絡影響：它不只是數，而且是關係，這個關係正好可以說明我們探討定義和定理的不同方法。

π 是什麼？

如果我們認為 π 只是一個數（3.14…等等），那麼還有些「事實」必須記住，例如圓的周長是$2\pi r$，面積是πr^2等。我認為這個探討圓的方式相當單調乏味，掩蓋了許多更美妙的東西，這些東西與縮放形狀的原理有關：如果按比例縮放一個形狀，所有長度都必須乘以相同的量，這表示形狀中的長度之間的關係保持不變。如果畫一個長邊為短邊2倍的矩形，那麼無論如何依比例縮放，長邊仍然會是短邊的2倍：

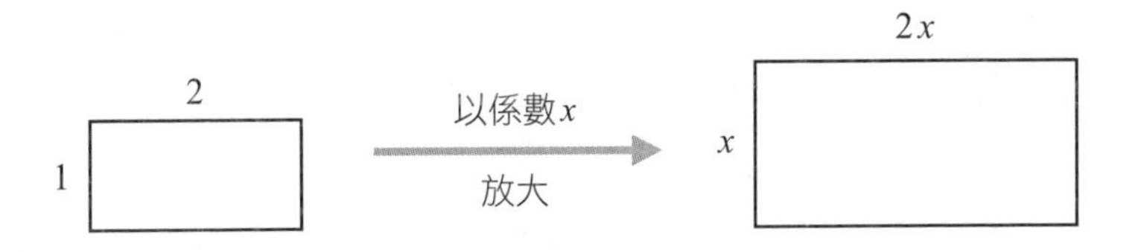

主要概念是這對圓而言應該也成立。我們不大清楚如何嚴謹定義環繞圓外側的長度（圓周長），但無論是什麼，它和通過中央的距離（稱為直徑）應該有恆定的關係。無論我們如何縮放這個圓，這個比例都不會改變。這個事實美妙、深奧又基本，老實講我不大知道它從何而來，這或許是自然宇宙的奧祕，是比例定律？還是關於人類的真理？在某種意義上，它很「顯而易見」，但在另一種意義上又一點也不明顯，我只想對它感到驚奇。「顯而易見」往往可能代表「這件事明顯到我沒辦法解釋」，不過我建議多思考一下，「顯而易見」似乎代表「難以理解」，這點相當奇妙。

無論如何，一個圓無論多大，圓周長和直徑的比例都相同，這代表它是固定的數，也就是常數。在這種狀況下，用字母代替數確實很有用。我們不需要知道這個數是什麼，但只要給它一個名字，還是可以稱呼它。這有點像我不知道現在室外是幾度，但還是稱呼它是「室外溫度」（無論它是幾度）一樣。所以我可以提到這個比例，數學家則選擇以希臘字母 π 來代表它。數學家決定它的名稱**之後**，就開始運用多邊形近似法等方法來研究它是什麼數，因此這裡要說的是，π 的**定義**是：

$$\pi = \frac{\text{圓周長}}{\text{直徑}}$$

我們確定 π 是什麼數之後，就可以改寫這個算式，從直徑求出圓周長，因為我們可以得出：

$$\text{圓周長} = \pi \times \text{直徑}$$

因為直徑是半徑的兩倍，所以也可以寫成 $2\pi r$。

微妙的部分來了：這個比例取決於我們所處的脈絡，因為它是

長度的比例，所以它取決於我們討論的是哪種長度。現在如果我們想確定 π 究竟是什麼數，會碰到兩個問題：我們必須知道討論的是哪種長度，還必須知道如何測量曲線的長度。

如果回到只能在直角網格上移動的計程車世界，就能了解這個脈絡怎麼來的。別忘了，在這個世界裡，我們不能走對角線，只能沿著網格上的「街道」移動。在這個脈絡中，「圓」是什麼？

那麼，圓究竟是什麼？

圓什麼時候不是圓的

你可能認為圓的形狀看起來像這樣：

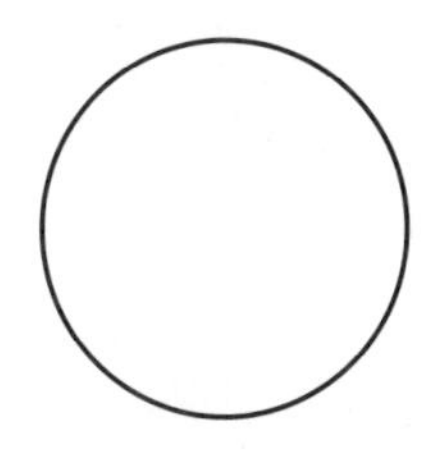

不過**這是**什麼？我們該怎麼對電話另一頭的人描述它，或是我們該怎麼向別人解釋這個**概念**？

線索是我們如何用圓規畫圓（可能還有人這麼做，而不是在繪圖程式裡點選圓）。先把圓規打開到固定長度，把針腳插在紙上的定點，再用筆腳在紙上畫出圓。由於筆腳和針腳之間的距離是固定的，所以這樣其實是找出紙上所有和針腳位置距離相同的點，針腳的位置就是圓心，這個固定距離就是半徑。

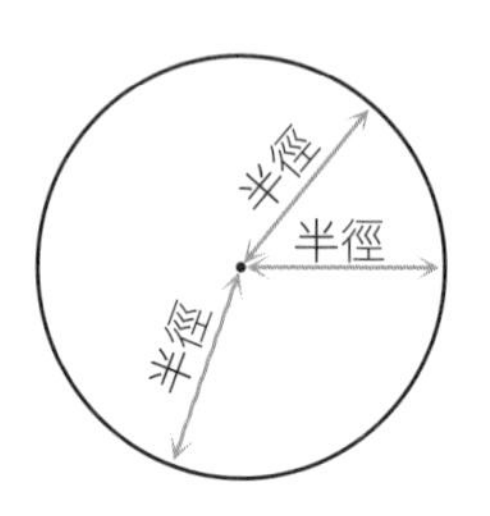

所以，圓其實是所有與某個中心點距離相同的點。這個定義聽起來或許遙遠又抽象，但一如往常，這個抽象有個重點：現在我們可以把這個概念運用得更廣。我們可以把它運用到維度更高的狀況，得到球和更高維度的球的概念。此外我們也在距離測量方式不同的其他世界尋找圓，例如計程車世界等。

我們可以試著找出所有與這個中心點距離相同的點，例如4個路口。我把這個中心點標示為A：

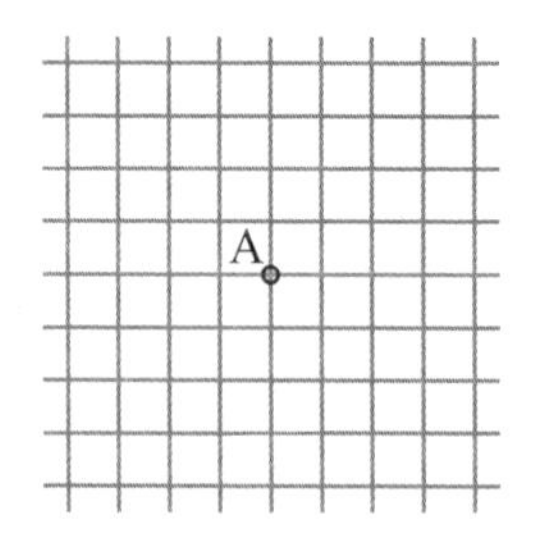

最顯而易見的地方是正東、正西、正南和正北4個路口外的點，但我們也可以先向東走2個路口，再向北走2個路口，總共是4個路口。我們也可以向東走3個路口，再向北走1個路口。你亦可以嘗試走之字形，走一個路口後轉彎，再一個路口後轉彎、再一個路口後轉彎、再一個路口後轉彎，這樣和走2個路口後轉彎再走

2個路口相同。請記住不要往回走，因為這樣就沒有走完全部的距離了。

如果把所有與中央點A距離4個路口的點都標示出來，可以得出這個圖形：

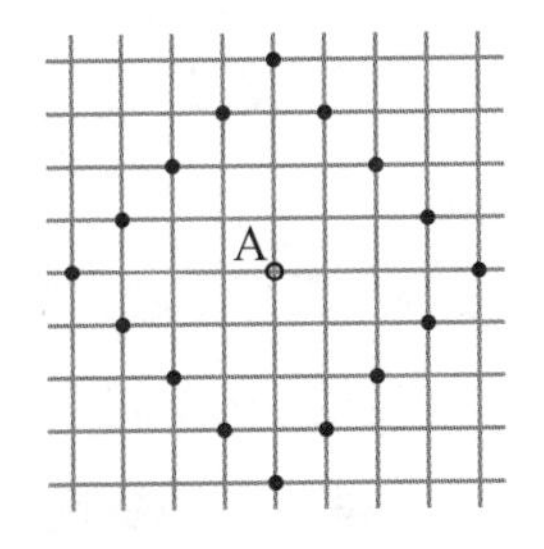

這就是計程車世界裡的「圓」。它不只看起來不是很圓，也沒有用線連起來。可能有人會想畫對角線來玩「連連看」，但別忘了，在這個世界裡不能走對角線。此外也可能會有人想用階梯形來把它們連起來，在這個世界裡可以走這樣的路線，但這樣一來，中間的點距離中心點就不會正好是4個路口，所以它其實不屬於這個「圓」。

現在我們可以開始研究π在這個世界裡是什麼，因為π是圓周長和直徑的比例。但是別忘了，我們必須測量**這個世界裡**的距離。要測量外圍的距離，我們必須採取所有點之間的最短距離，也就是測量下圖中標示的線：

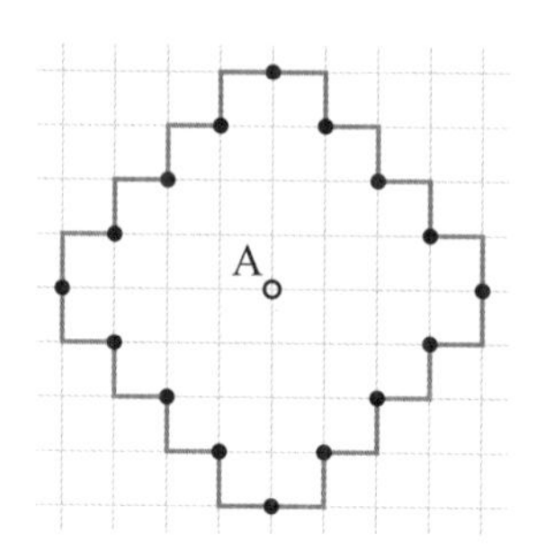

所以總共有32個路口。直徑是通過中央的距離，在這裡是8，所以π是$\frac{32}{8}$，等於4。

在計程車世界裡，π是4，跟迷因圖講的一樣。*

所以π不是固定的數，而是在不同脈絡下各不相同的比例。當然，我們可以直接宣告π是我們由歐氏空間中的圓（我們習慣的「正常」距離）取得的數，但我喜歡專注在脈絡上，所以我個人偏好認為它受脈絡影響。此外，我也喜歡在圓周率日的圓周率背誦比賽中只唸出「4」的想法。

但同樣地，我也認為除了圓周率日以外，還應該有個以虛數i命名的「i日」，而且應該定在2月29日，因為i具有週期性：它每4次方循環一次，因為i乘以i是-1，所以i^3是$-i$，i^4是1。這表示如果我們讓i重複相乘，結果將是i、-1、$-i$、1不斷循環，每4次方循環一次，和閏年一樣。我也認為i沒有數字，所以我們已經背好它了。

我喜歡「i日」這個點子，是我試圖反擊π是固定的數，而且必須背起來的想法。π這個數是基本常數，不過是與特定脈絡有關的基本常數。而在每個脈絡下，π的概念可以告訴我們這個脈絡下的正方形和圓之間的**關係**。

這個關於π的迷因真正告訴我的就是這個，但我覺得當初製作這個迷因的人根本沒想過它隱含著這麼多深奧的數學。

最後我想回到某些人相信的另一個常數，這個常數是希臘字母τ（tau）。它的主要概念是公式$2\pi r$中的2或許有點惱人，如果把2π當成基本常數應該會比較好。τ就是用來代表這個數。這是說我們可以用圓周長和**半徑**的比例代替圓周長和直徑的比例，如此一來，圓周長的公式就是τr（τ乘以半徑）。這樣的圓周長和半徑間的關係比較簡潔，這樣很好，但會搞亂面積和半徑間的關係。因為面積通常是πr^2，但如果改用$\tau = 2\pi$來表達，就會變成$\frac{\tau}{2} r^2$。

但τ真正讓我感到困擾的地方是，有些人把它當成主張自己比其他人優秀的方式，彷彿他們知道更深奧的宇宙奧祕，因為一般人用π，只有某些**特殊**的人才知道τ。

糟糕的是有許多數學迷因也這麼做，藉此吸引數百萬人按讚、留言和分享。另一個每隔一段時間就會出現的東西是測驗「運算順序」，也就是我們進行＋、－、×、÷等運算的標準順序。世界各地都以形式不同但同樣無聊的記憶法來背誦這個順序，連同樣說英語的國家也各不同。

---

* 或許我應該指出這個迷因描述的狀況稍有不同，因為圖中畫出來的不是計程車世界中的圓，而且甚至不可能存在計程車世界中，不過它在街道無窮接近的計程車世界中確實可能存在。在這種狀況下，這個形狀的圓周長確實是4，π是4仍然成立，只是這不是它的理由。

記憶法

BODMAS、BEDMAS、PODMAS、PEMDAS，我搞不清楚這些縮寫實際上代表什麼，但它們應該都是用來記憶我們進行數學運算的順序。B是括弧（在美國則是用P代表），O應該是次方，E是指數，接著是乘、除、加、減。其實除法和減法在這裡有點多餘，因為除法其實和乘法一樣（逆運算），減法則和加法一樣（也是逆運算）。

我剛剛估狗了「BODMAS 迷因」，跳出來的第一個結果正如我所想的，看起來像這樣：

> 答案是什麼？
> 7 + 7÷7 + 7×7−7
> 大多數人都**算錯**！

最後一行是老招了，專門用來吸引自認為比大多數人聰明，以及認為自己一定能算對的人。這類貼文底下的留言通常很快就會變成許多人提出不同的答案，互相譏笑對方好笨，連BODMAS／PODMAS等等都不會。我不喜歡這類迷因的原因有很多，最主要的兩個原因是：第一，這些迷因主要是讓某些人有機會聲稱自己比其他人優秀，第二是它們把注意力放在數學中最沒意義又無聊的部分，而且這些部分跟數學家做或思考的事情完全無關。

現在我要提出幾個公共服務公告：第一，數學家不是沒事就在做加法和乘法！第二，而且可能更嚇人的是，數學家不在乎「運算順序」。或許我不應該說所有數學家都這樣，但我從沒碰過在乎運算順序的數學家。重點是「運算順序」其實不是數學，只是一套方便的標記方法。我們可以選擇不同的標記方法，但完全不影響實際數學運算。我可以決定要先做加法再做乘法；我們仍然需要括弧（或至少需要某種方法）來跳過一般順序，所以我們不能**完全**把BODMAS反轉成SAMDOB，但我們可以把ODMAS反轉成SAMDO，這樣一來，就會產生以下的轉換：

ODMAS的世界		SAMDO的世界
$2\times4+5=13$	⟷	$(2\times4)+5=13$
$2\times(4+5)=18$	⟷	$2\times4+5=18$

看，這其實沒有那麼嚴重。在我的想法裡，我們這麼做是因為我們通常會省略乘號，尤其是用字母運算的時候。所以我們會把$2\times x$寫成$2x$，讓彼此有關的單位看起來更接近。所以這個算式：

$$2a+3b$$

把2和a放在一起，3和b放在一起。這麼做的目的是讓標記方式符合我們的直覺。然而，如果我們加上乘號，這個協助功能就消失了：

$$2\times a+3\times b$$

我完全沒辦法想像哪個數學家會寫出這樣一串符號，因為這樣看起來很混亂。因此我覺得即使是數學家要做這樣的計算（其實不大可能），也不會寫出迷因裡的算式。數學家不只很少寫乘號（在我的經驗中），其實也很少寫除號，而是會寫看起來很清楚的分數記號。而且我們其實根本不用煩惱運算順序，因為這樣的算式：

$$\frac{2}{5} + 7$$

可以很清楚地看出2和5在一起，7是分開的。

至於迷因裡的算式，我會這樣寫：

$$7 + \frac{7}{7} + 7 \cdot 7 - 7$$

我們有時會用後面兩個7之間的點號取代乘號，放在兩個數之間，因為這時候我們不能仿照$7a$的方式把兩者寫在一起，否則看起來會變成77。

如果真的必須寫乘號和除號，我會加上括弧和空格，寫得更清楚一點：

$$7 + (7 \div 7) + (7 \times 7) - 7$$

寫這個算式時，我很不喜歡不用括弧，這不是數學問題，而是數學的正確寫法。

談到我最不喜歡的記憶法時，一定要提到的就是FOIL。我在第4章中曾經提到這個記憶法，它的用途是協助我們把兩個括弧相乘，例如：

$$(2x + 3)(4x + 1)$$

主要概念是先把最前兩項相乘，再把最外的兩項相乘，接著是最內的兩項，然後是最後兩項。這個方法除了讓我們略過理解過程，還有許多數學問題。它其實**限制**了理解，忽視我們其實不需要以這個順序相乘的事實。如果加法有交換性，那麼我們就可以用任何順序計算F、O、I、L；即使我們不知道乘法具有交換性，把這兩個括弧相乘時也會把FOIL改成FIOL，這是因為兩者相乘的方法源自乘法的分配律，而不是加法。這裡其實包含兩個定律：

$$a(b+c)=ab+ac$$

以及：

$$(a+b)c=ac+bc$$

我們或許可以把它想成和乘法的網格法相仿。在乘法的網格法中，兩種形式的分配性分別以這兩個圖形說明：

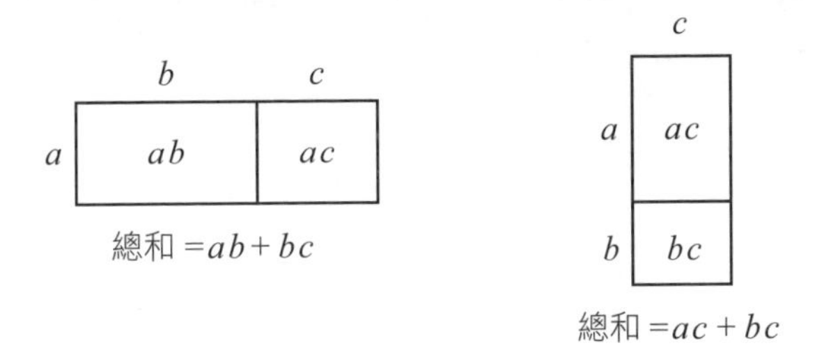

其中一個圖形像是把方塊水平放置，另一個圖形則像是垂直放置。

這裡有件事相當重要，但FOIL完全沒有提到，就是要把每個括弧包含兩項的算式乘開，必須用到兩種分配律。舉例來說，如果要計算（$a+b$）（$c+d$），它相當於這個網格：

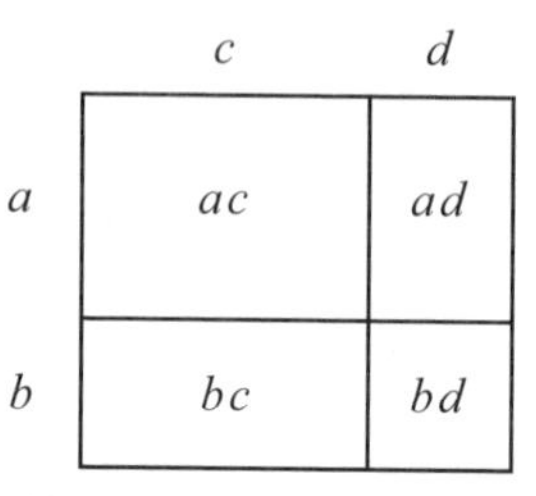

總和=$ac+ad+bc+bd$

要得出總和，我們必須了解垂直和水平放置方塊這**兩種**方法，並且決定先處理哪個部分。

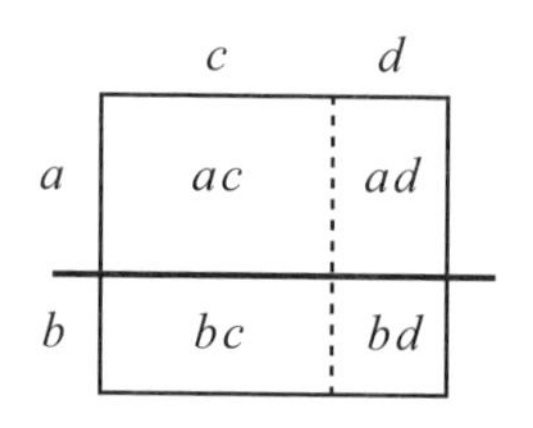

總和=$ac+ad+bc+bd$

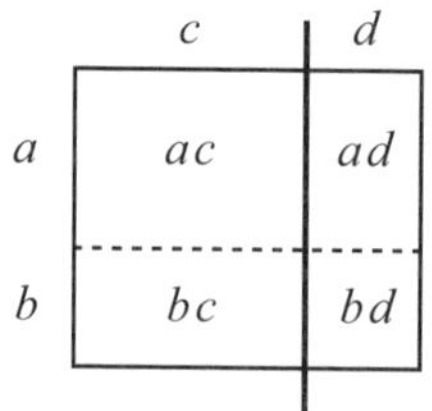

總和=$ac+bc+ad+bd$

如果用代數來寫，第一個圖形先把（$c+d$）當成一個單位來處理，得出：

$$a(c+d)+b(c+d)$$

接著把它乘開，這樣是FOIL。

第二個圖形一開始把（$a+b$）當成一個單位，得出：

$$(a+b)c+(a+b)d$$

接著把它乘開。這樣是FIOL。現在我們來看看這兩個結果，它們不完全相同，因為中間兩項的順序相反，如同記憶法中間兩個字母順序調換，使FOIL變成FIOL一樣。如果兩個分配律都成立，FOIL和FIOL一定會得出相同的答案，而且我們由此可以推論加法**一定**也具有交換性，別無選擇。

我提出這個有點神祕難解的論證有兩個理由：第一個理由是證明強迫依照FOIL的順序非常侷限，FOIL和FIOL兩種順序得出的答案相同，在某方面而言代表我們只需要記住一種順序就好，但也證明了一些深奧的數學原理；另一個理由是我想強調FOIL方法和網格法相比之下的缺點。

網格法不只以圖形的方式**進行**乘法運算，還讓我們了解**為什麼**會產生四個乘積組合。此外，它還能同時製作四個三明治：我們把兩種餡料放在一片麵包上，再把兩種餡料放在另一片麵包上，然後把它們垂直放在一起，這樣可以做出四種餡料組合，而且具有活潑的想像力。

我們用這個抽象概念產生的視覺關聯十分重要，而且本身就是數學中非常重要的一部分，而這就是下一章的主題。

第7章 圖形

為什麼2＋4＝4＋2？

這看來平淡無奇又顯而易見，每個人很早以前就學過，而且大家都知道它成立，因為兩邊都等於6。或許，依據前面幾章中討論過的內容，我們應該立刻把這個問題轉換成「**在什麼地方**2＋4＝4＋2？」。這個想法很好，但這次我想嘗試另一種方法，指出這兩者其實不**完全**相同。等號左邊的意思是拿2個東西之後再拿4個，右邊的意思則是拿4個東西之後再拿2個。我們有必要觀察一下，看看這兩者應該產生相同的結果有多麼不顯而易見。

我打算探討一下該怎麼看出這兩者原則上會產生相同的結果，而且不需要知道結果是什麼。我們可以仿照小孩第一次做算數的方式，用積木或其他物品來做，或是畫出物品的圖形。用圖形做數學運算聽起來是很「幼稚」的方法，但我將在這一章中探討圖形在數學中的重要性。我喜歡把圖形視為「童趣」的最佳展現方式。「幼稚」是批判的口氣，好像在說長不大的人才這麼做，應該成熟一點，不要這麼做。但「童趣」在許多方面很棒又有幫助，可惜的是經常在社會壓力或成人責任下遭到扼殺。「童趣」包含無限的好奇心、樂於接受新概念、不懼怕運用想像力，以及坦然承認自己不了解某些事物。孩子們知道自己還沒辦法了解成人世界中的許多事物，也對此相當習慣。我認為這就是孩子們雖然不了解數學，卻不怎麼怕它的原因之一。相比之下，成人如果不了解數學，就會認為自己數學不好（或者一直記著曾經被別人講數學不好）。

畫圖是抽象數學研究者常做的另一件事，而且這件事比許多人認為的更像小孩。在我研究的範疇論領域中，處處都看得到圖形，方程式或代數反而比較少。這種方法稱為「抽象代數」，但其實大多數推論都使用圖形（比較正式的說法是圖表〔diagram〕），使用圖形也是這個新數學領域成果格外豐碩的原因之一。甚至還有一種數學圖表就叫做兒童畫（dessin d’enfant），由傑出法國數學家格羅騰迪克（Alexandre Grothendieck）於1984年所創造。

2016年，我第一次接受芝加哥的EMC2飯店委託創作數學藝術品時，我實在不認為自己是視覺藝術家。但後來我想到，我在研究中畫了那麼多圖形，就這方面而言，我也算是個抽象視覺藝術家。所以這一章要談的是圖片在數學中的功用，它不只是視覺輔助，同時也是數學本身的一部分。

一開始我準備用圖形協助我們了解為什麼2＋4＝4＋2，尋求更深入的理解，而不只是說「因為等號兩邊都等於6」。

「所有方程式都是謊言」

孩子們通常需要一點時間才能相信2＋4真的等於4＋2，這很正常也很合理，因為就某個重要的意義而言，這不算完全成立。如果一個小小孩仍然只會用手指算加法，問他4加2是多少會相當容易：他會先記住4，再用手指輔助「加上」2，很快地算出6。不過如果要他算2加4，他就會先記著2，再用4隻手指加上4。這時候對孩子而言，4可能需要動很多根手指，所以花費的時間比較長，也更費力，而且最後可能會算錯。

因此對兒童而言，4＋2真的和2＋4不一樣，2＋4比4＋2難得多。所以我不問這兩者為什麼相同，或是這兩者哪裡相同，而是把重點放在它們**在哪種意義上**相同。

在這個例子中，就等號兩邊產生的答案理論上相等而言，它們兩者是相同的，只是過程不同。這其實也是這個方程式的重點：等號的一邊比另一邊難處理，所以我們知道等號兩邊得出的總和相等，就已經方便許多。這表示我們可以用比較容易的一邊來理解困難的一邊，這對所有數學方程式而言都成立。

我們討論的方程式說明數的加法有**交換性**，表示我們把事物相加時順序沒有影響。另一個關於數的加法的基本原理是數的分組方式沒有影響，分組通常以括弧表示，這就是**結合性**。舉例來說，我們思考加法時，以下算式成立：

$$(8+5)+5=8+(5+5)$$

我個人覺得等號右邊比左邊容易思考得多。括弧要我們先做5＋5，這很容易。我不用動腦就知道5＋5等於10，接著我同樣不需要動腦，就能把10加上8。

相反，等號左邊要我們先做8＋5，這樣會超過10，所以難得多。接下來，這對我而言的確沒**那麼**困難，但花費的腦力一定比5＋5多得多。比起誇耀自己、覺得那是多麼容易，我覺得仔細觀察哪些事物比較困難有趣得多，尤其是這些微小的額外認知負荷很容易累積，並讓我們感到疲勞。

順帶一提，這也是數學有時要求我們背誦「事實」的理由，我們可以藉助背誦得出答案，又不會造成認知負荷，這樣可以進行得快一點。我個人覺得我可以藉由內化來減少認知負荷，而不需要依靠背誦。我從來沒有「背」過5＋5等於10，這是我的一部分，在這裡真的是如此，就在我手上。必須注意的是，背誦有時或許有助於降低認知負荷，但是也可能降低理解程度，這樣的代價往往不大划算。

因此無論如何，2＋4＝4＋2這個方程式的重點是等號兩邊在某些方面不同，有一邊比另一邊容易，所以我們能用比較容易的一邊完成這個過程，並且知道總和相同。

事實上，這其實也是**所有**方程式的重點所在。方程式的用意是發現兩個事物在某個意義上不同，但在另一個意義上相同。這表示我們可以運用兩者為相同的意義，在兩者不同的其他意義之間移轉，藉此提升我們的理解程度，並且進一步運用它。我們通常只注意方程式告訴我們這兩個事物相同，然而這也代表在另一種意義上，等號兩邊是不同的，所以它們並非真的相同。

等號兩邊真的完全相同的方程式只有一個，就是：

$$x = x$$

以及形式相同的任何方程式。這個方程式的等號兩邊確實相同，結果是它完全沒用。表達某個事物等於自己沒辦法增進我們對任何事物的知識。

我有時候會說「所有方程式都是謊言」，這聽起來有點像標題殺人法。我或許應該修正一下，說「所有方程式都是謊言（或是沒用）」。但重點是方程式說等號兩邊相等時並沒有**說謊**，只是比我們所想的更微妙一點（或許我們對方程式的看法其實才是謊言）。方程式的意思其實是如果我們只看這兩個狀況的某一方面時，兩者相等。但從整體看來，這兩個狀況很可能在某個重要方面有差異。在我研究的高維度範疇論中，這點相當重要，因為我們研究比數更細微的概念時，會有更多細微的地方不只相等，而且完全相同，所以會有一些在任何已知狀況下應該視為相同的微妙選擇。這讓我們回想到最原始的$2+4=4+2$問題，並且回想到我們應該如何用積木向小孩解釋這些事物。

以積木計數的深奧性

很多人認為小孩子才需要用積木做算術，因為他們還沒有學過如何「正確地」做算術。小孩子長大之後就不會再用積木，只會在心裡計算，或是使用各種讓父母親看不懂的高深「策略」。

但是實際上，用積木做算術相當深奧，而且能讓我們一窺高維度抽象數學的細微面向。我們做基本算術時就會接觸到高維度數學這點或許令人驚訝，但確實如此。

我們使用網格法做乘法時，已經稍微接觸過高維度思考方式，這其實就是我們把乘法想成重複加法。如果我們把3×2想成3組2，或許就會拿出3組2個積木，像這樣：

而如果我們要思考的是2×3，或許就會拿出2組3個積木，像這樣：

這時候還不大容易看出這兩者為什麼相同。我們可以用數的，但這樣只能確定兩者相同，卻不知道**為什麼**，而且不知道共通的原理，就很難概括到其他數。

我們（在第3章）已經知道，把方塊像下圖一樣排列成網格狀比較清楚。

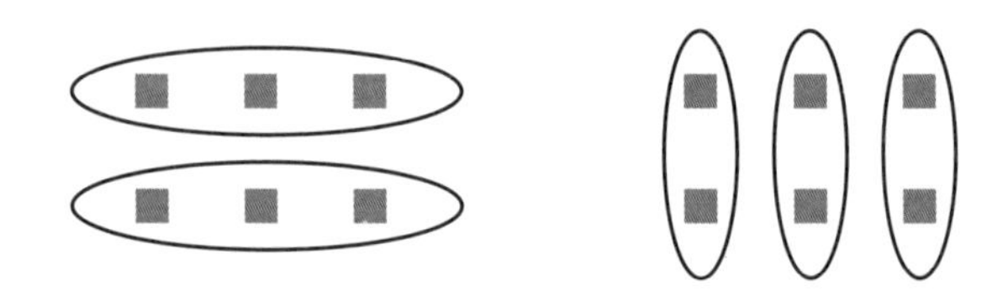

現在我們可以運用更多視覺直覺，更深入地了解它**為什麼**成立。重要的是，我們不需要真正求出答案，也能知道這兩個狀況的答案相同。

這個圖形表達我們可以把這些積木看成2列3個積木，或是3行2個積木。就某方面而言，我們其實是在旋轉：可以旋轉放積木的桌子，也可以繞著桌子走，從不同的角度看積木，積木數目不會因為我們繞著它走而改變。以抽象角度看來，這和我說過縮放三角形就像從近一點或遠一點觀看這個三角形一樣，我們改變了自己對三角形的看法，但沒有改變三角形本身。

代表我們旋轉積木觀看角度的邏輯結構是：

$$3\times 2=2\times 3$$

不過必須注意的是，這個論證代表我們使用了不只一個維度，而是兩個。如果這些積木是算盤上的一排算珠，我們就不能提出這樣的論證。

如果要探討加法的交換性，我們還需要增加一個維度。想像用積木來做$4+2$，可能會得到這個結果：

如果做$2+4$，可能會得到這個結果：

現在我們可以了解這兩者是相同的，只要走到另一邊，或把兩組積木的位置對調就好：

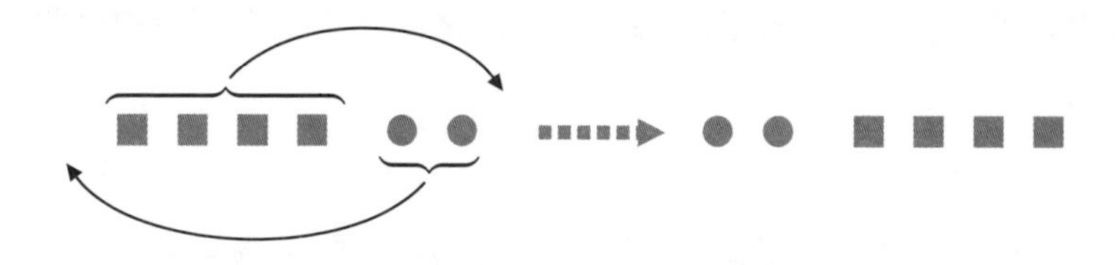

這在視覺上很有說服力，但同樣需要兩個維度才能這麼做。相反，結合性可以在一個維度中發揮作用（例如在一排算珠上），只要像下圖那樣，把圓移到旁邊就可以了。這個圖形說明在移動之前是$(4+2)+3$：

移動之後變成4＋（2＋3）：

這個探討過程使我們疑惑2＋4**在哪裡**會等於4＋2。我們在哪裡這麼做確實有影響，因為我們如果處於一維世界，就沒辦法這麼做。把這個狀況畫成圖形，有助於指引我們。

圖形扮演的角色

圖形有時候只是視覺輔助，協助我們理解某個抽象狀況；有時候是進行運算的形式標記。形式標記在範疇論中經常出現，範疇論這個領域研究的代數更加複雜，所以需要的協助比把符號寫成一行來得更多。

因此我必須承認，這個領域可說有點身障歧視，對看不見的人很不公平。我盡可能在我的書裡放進許多生動的圖表，但還是收到一些有視覺障礙的讀者傳來（非常客氣）的訊息。他們是聽有聲書，也很喜歡這些書，但沒辦法了解PDF檔案中的圖表。目前我還沒有解決方案可以處理這個問題，我感到非常抱歉。對許多人而言，數學中的視覺呈現非常有幫助，也使這個主題不斷進步。

我還想說明，有許多優秀的數學家看不見，其中許多人的研究領域是幾何學和拓樸學，專門研究形狀和形狀之間的關係。莫林（Bernard Morin）曾經提出把球內外翻轉的數學方法（稱為外翻

〔eversion〕)，這在有形世界中非常違反直覺，所以**看不到**有形世界反而可能有幫助。*

此外我也要承認，有聽覺障礙的人可能也很難依賴視覺輔助。前陣子我教過一位聾人學生，有手語翻譯陪他一起來上課。我知道他必須看手語翻譯，不可能同時看我的解說。最後我每次解說都講兩次，但對他而言當然不理想，因為他必須分別看手語解說和我的解說。

我想放幾個我的範疇論研究中的視覺表徵範例，以下是嚴謹論證中的一些真實內容：

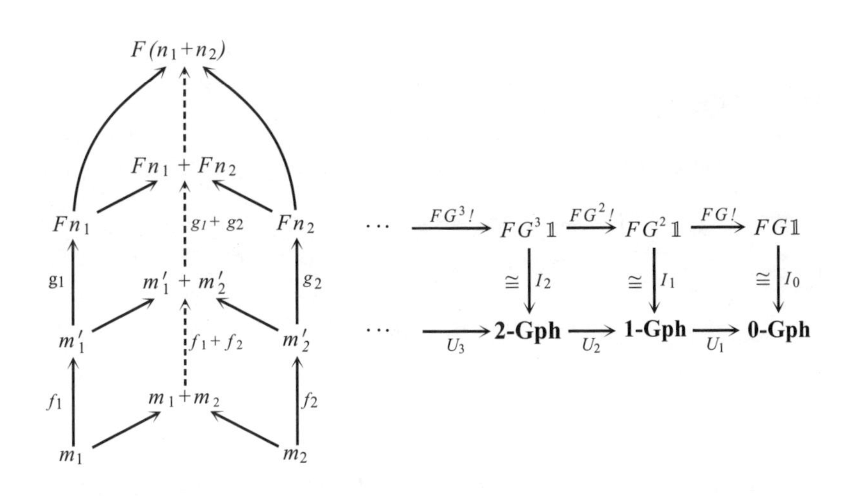

*有一篇有趣的文章描述莫蘭和其他視障數學家的研究，請參閱：'The World of Blind Mathematicians'(2002), *Notices of the American Mathematical Society*, Vol. 49, no. 10。網址：https://www.ams.org/notices/200210/comm-morin.pdf。

以下是一些藉助直覺協助我們的視覺輔助：

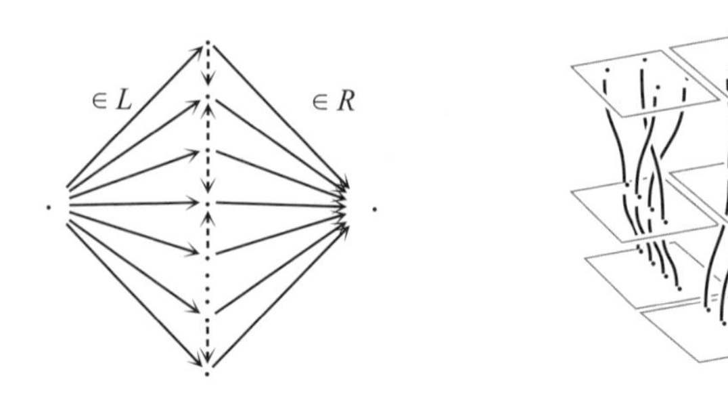

這兩個例子的重點在於能理解邏輯如何對應於所見，以及所見如何對應於邏輯。這個過程不限於研究數學，也是繪圖時的重點，許多學生對它感到十分頭痛。

圖形繪製

圖形繪製為什麼這麼重要？我曾經聽過有人抱怨，畫圖畫得好應該算是美學能力，而不是數學能力，那麼在數學中為什麼需要畫圖？

我的第一個答案是，某件事是藝術問題，不代表它一定不是數學問題。但我想提出另一個更深入的答案，就是它還取決於畫圖畫得「好」究竟是什麼意思。我確實認為能畫出「數學上很好」的圖和能畫出「美學上很好」的圖是不一樣的。這兩者都很重要，但各有各的理由（不過有部分重疊）。在一般數學教育中，我們的目標是能畫出數學上很好的圖，不過忽略美學這一面仍然是失察（oversight）。

順帶一提，oversight這個英文單詞和overlook一樣，涵括兩個相反的意義，算是相當少見。它的意思可以是眼光掠過某個事物上方，因而沒有看到這個事物；但也可以是眼光從事物上方俯視，因而看到事物的全貌。由龐大團隊執行的計畫需要良好的監督，如果沒有人負責監督，就可以視為失察。其他類似單詞包括 impregnable（堅不可摧／可被滲入）、cleave（劈開／黏合）和 resigned（辭職／續聘），這類單詞稱為反訓詞（auto-antonym），我覺得這類單詞相當有趣。

無論如何，圖形經常和痛苦又沒意義的數學課聯想在一起，各種各樣的公式在課堂上拋向我們，也不說明它們代表我們想知道的東西，只要學生畫出來。它的重點完全被抹滅了，我們不知道為什麼畫圖，也不知道這個過程有多麼神奇。

我對數學最早的記憶是我母親跟我解釋，說我們可以畫出平方的圖形。也就是我們可以把數加以平方，再把這些數變成圖形，像這樣：對於水平軸上的每個數，標出這個數上方某個距離的點，此時的垂直距離是這個數的平方。

所以我們從這個過程開始：

$$\begin{array}{ccc} 1 & \longmapsto & 1 \\ 2 & \longmapsto & 4 \\ 3 & \longmapsto & 9 \\ 4 & \longmapsto & 16 \\ & \vdots & \end{array}$$

但0、負數和不是整數的數也包含在內，所以圖形是這樣：

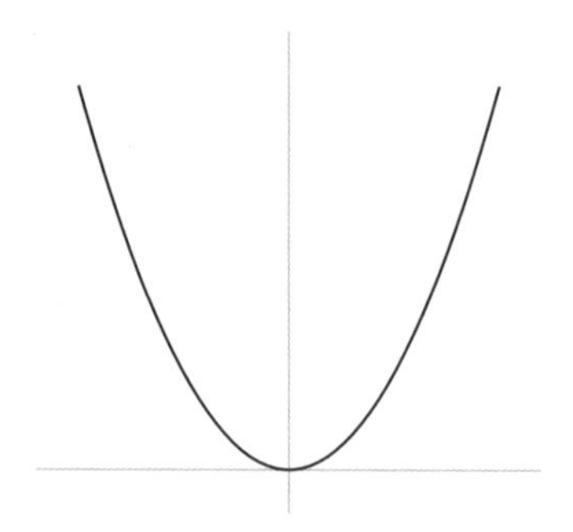

當時我年紀很小，還記得我的大腦朝四面八方伸展，想要理解這個從數學過程到**圖形**的轉變，以及能夠**目睹**數學過程有多麼神奇。它讓我想到所謂的跨形式轉譯（intermodal translation）。我的好朋友嘉邦荷（Amaia Gabantxo）是譯者、作家、詩人、音樂家和創作者，曾向我解釋這個名詞。她從事和教授的翻譯不只是轉換不同的語言，也轉換不同的形式，可能是音樂轉換成詩、詩轉換成舞蹈，或是食物轉換成舞蹈等。就某方面而言，我們可以把繪製圖形想成一種跨形式轉譯。就我看來，它的主要用意是充分運用不同形式的優點和直覺。在圖形繪製中，起初的「形式」是數學過程，以嚴謹和正式的方式表達，通常使用公式。公式很適合用來推論，也適合用來建立合乎邏輯的論證。我們把它轉譯成圖形，圖形比較不正式或嚴謹，也較不適合用來建立合乎邏輯的論證，但能喚起關於形狀和走向的其他直覺，或許更具人性的直覺。

舉例來說，以下是紐約市從2020年3月起的COVID-19病例數：*

3/3	1	10/3	70	17/3	2452	24/3	4503
4/3	5	11/3	155	18/3	2971	25/3	4874
5/3	3	12/3	357	19/3	3707	26/3	5048
6/3	8	13/3	619	20/3	4007	27/3	5118
7/3	7	14/3	642	21/3	2637	28/3	3479
8/3	21	15/3	1032	22/3	2580	29/3	3563
9/3	75	16/3	2121	23/3	3570	30/3	5461

除了看得出這些數字不斷增加之外，很難產生什麼直覺。不過把它們變成圖形就會是下面的樣子，左邊看起來有點搖擺，但右邊是七天平均值，這個值可以消去每天的波動。

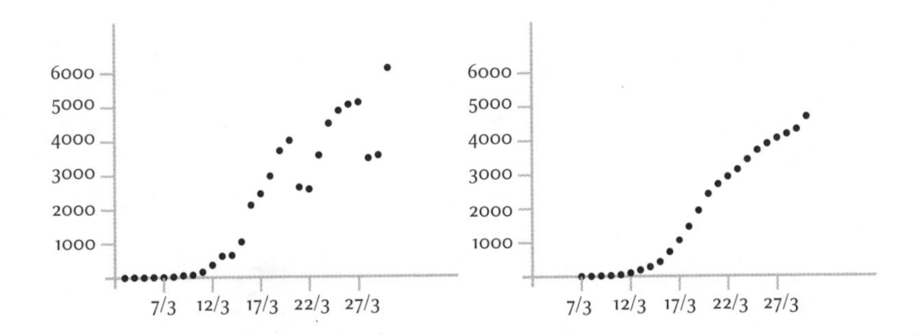

現在我們可以藉助視覺直覺，看出病例增加的程度相當驚人，不只數字大幅增加，圖形也相當陡峭，直到3月22日左右才稍微穩定下來。

研究抽象概念相當困難，因為它……很抽象。把它轉譯到我們比較能產生直覺的領域會有所幫助，把抽象概念轉換成看得到的東

---

* 資料來源：https://github.com/nychealth/coronavirus-data。

西，讓我們能運用視覺直覺，是數學中成果豐碩的部分，因此最重要的是知道哪些抽象特徵代表哪些視覺特徵。

轉換特徵

我們看到圖形時可能想知道的視覺特徵包括：它是否有轉角？空缺？它是上升還是下降？有沒有逆轉？它在什麼地方上升或下降得較快？是否有任何地方變成無窮？它的末端是否穩定發展到無窮？它是否變得平坦？它是否波動得很厲害？

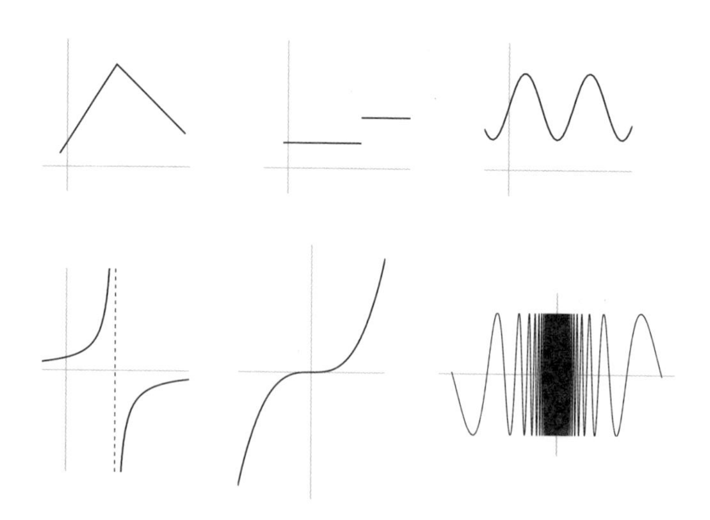

接著我們著手了解為什麼會出現這些狀況。這些視覺特徵相當顯眼，它們分別代表哪種邏輯結構？再來我們可以把這個問題反過來：如果現在有某個抽象狀況，它會產生哪些視覺特徵？這就是繪製圖形真正的用意，它能讓我們進一步了解這些公式是如何發揮作用的。

畫圖畫得好的意思不是畫出漂亮的曲線，而是清楚地呈現我們想知道的重要特徵。就某方面而言，藝術的重點其實也是如此。藝術最重要的是決定把觀看者的目光吸引到哪裡，同時選擇適當的呈現方式，讓我們把注意力集中在這個特徵上。立體主義和印象主義以各自不同的方式，把我們的注意力集中到不同的東西上。

在某些狀況中，「清楚地」呈現事物確實等於以漂亮的方式呈現，這點取決於觀眾是誰。我剛開始在藝術學院教學時，準備做一個有關等邊三角形對稱性的活動，所以我給每個人一張厚紙板和剪刀，要他們大致剪出一個等邊三角形。我沒預料到的是，學生非常認真地要讓三角形的三邊完全相等。我還沒有告訴學生真正要做的是什麼，而且三角形是否完全等邊也沒有影響，因為我們不是要建造建築物或把三角形組合在一起。有影響的只有他們是否認為它是等邊，這點仍然不確定，因為每個人對可以「視同」等邊的寬容度不同。我很滿意這兩個答案：

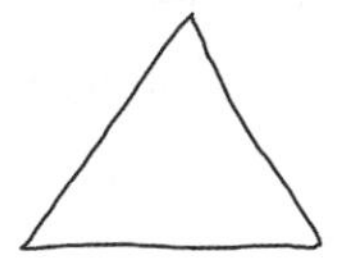

就像我畫出這兩個圖之後，宣告它們是圓一樣滿意：

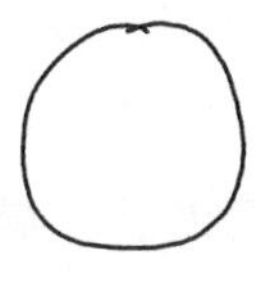

但是小孩或寬容度較低的人或許沒辦法把它們視為圓。這種狀況有點像觀賞戲劇或歌劇演員演出14歲或肺結核病人角色時的懸置懷疑。著迷和陶醉於音樂中的觀眾能在音樂響起時想像任何狀況，其他觀眾則沒有那麼感動，也無法（或不想）相信這個人是14歲。更糟的問題是當劇評或導演認為飾演主角的演員一定要瘦，原因是角色不瘦沒有說服力。這不僅是肥胖羞辱，而且其實是劇評的問題，因為是他們自己無法想像有人會跟不瘦的人談戀愛。好，我離題了。

對學數學的人而言，哪些特徵「重要」、哪些不重要，可能相當難以理解，尤其是這個標準還會隨情境而改變，而且通常不會清楚說明。教育工作者丹尼爾森指出，如果給小朋友這兩個形狀：

許多小朋友會說左邊的圖是正方形，右邊的圖不是正方形，而是菱形。但兩者其實是相同的正方形，只是擺放方向不同。我們或許會告訴小朋友，這兩個形狀是相同的，然而如果他們這麼寫數字7：

一定會被大人指出寫錯了。看吧，如果是形狀，無論怎麼擺放都沒有影響，但如果是字母的話，擺放方式就有影響。情境真的很重要。

在第1章談到不同情境下各不相同的三角形概念時，我們已經知道了這點。要知道哪些是必須強調的重要特徵，必須知道（或決定）我們目前所處的情境。

你或許會說：既然電腦能繪製圖形，又能精確地呈現**所有**特徵，我們為什麼還要自己手繪圖形？這個問題很好。繪圖計算機剛問世時，我很喜歡在計算機上輸入公式，看著計算機畫出圖來，真的太棒了！現在我們只要在搜尋引擎上輸入公式，它就會幫我們畫出圖形，其實我也很喜歡這麼做。我有時就在搜尋欄輸入$\sin(\frac{1}{x})$，接著輸入$x\sin(\frac{1}{x})$，然後讚嘆馬上出現在螢幕上的圖形。我覺得這些圖形相當厲害，它們是這樣的：

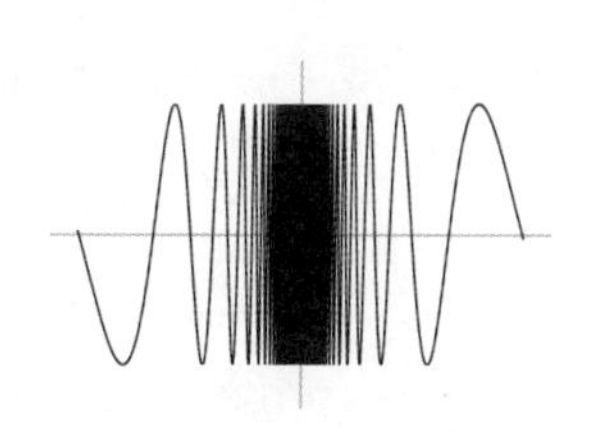

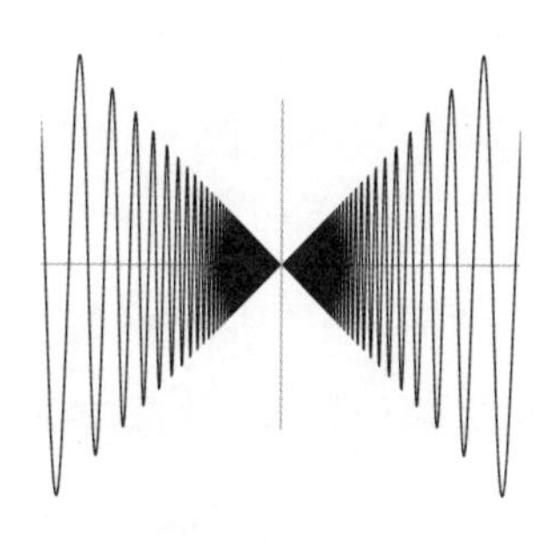

不過，繪製圖形的重點不是描繪出這個圖形，而是**理解**哪些代數和邏輯特徵產生哪些視覺特徵。所以即使眼前已經有個圖形，我們還是必須了解它**為什麼**是這個圖的圖形。如果你看到這樣的圖形時，心裡浮現的是「為什麼？」，代表你的思考模式和數學家一樣。如果你的直覺反應是趕快跑，可能是因為以前被圖形傷害得太深，這是教育制度的錯（請注意我不是怪罪某些老師，而是迫使他們這麼做的制度）。

以圖形呈現數學深奧也有點難解，因為必須理解或決定哪些東西與目前的狀況有關，而且只呈現這點，暫時隱藏其他特徵特別能協助不那麼熟悉這個狀況、因此不知道可以忽略哪些特徵的人。「美學的」特徵有時候也很重要，但數學家已經習慣抽象思考，所以有時候會忽略。

這是非常重要的資料視覺化工作，南丁格爾就很清楚這一點。

數學家南丁格爾

南丁格爾（Florence Nightingale）有「提燈女士」的稱號，最為人所知的身分應該是優秀的護理師，但她其實也是傑出的數學家和統計學家。她最大的貢獻是進行嚴謹的量化分析，研究克里米亞戰爭中軍人的死因。她開展這項工作之前，軍人的死亡率高達40%，但她依據分析結果，估計病死的軍人數為陣亡的10倍。她提出幾項措施，包括清潔醫院、改善通風和下水道，以及軍人的飲食等，大幅降低病死人數。她不僅做了這些分析，也意識到以清晰生動的方式，向握有權力但可能不了解資料的人士傳達實情，是件非常重要的事，所以她設計了看來極具說服力的方式來呈現資料。她提出的方法是一種圓餅圖，她稱這種圖為雞冠花（coxcomb），現在通常稱為極座標圓餅圖（polar area diagram）。範例如下圖，這個圖表說明每個月的死亡人數，再把每個月的死亡人數分成作戰受傷、病死和其他原因死亡：*

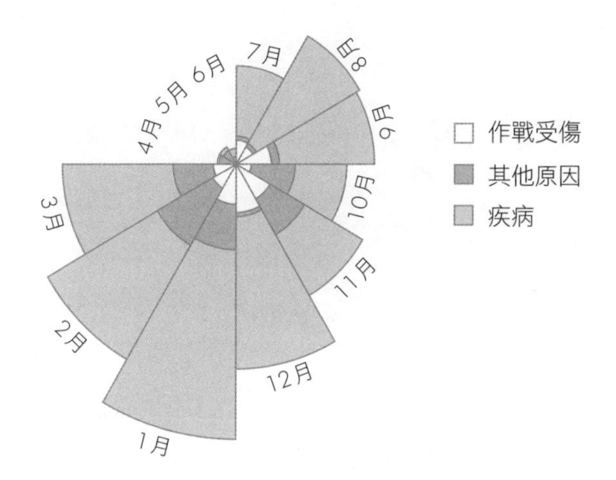

這裡的重點是相對死亡率，而不是死亡人數本身。這張圖生動地呈現出死亡原因大多是疾病，而且與季節的關係相當密切。實際人數以圖中各區塊的面積代表，面積計算方式相當複雜，但相當引人注目。圓餅圖的重現方式比較簡單，但重點同樣是比例，而不是數字本身。下圖是說明美國用水量的圓餅圖：†

---

* 這張圖是南丁格爾的〈東部軍隊死因圖〉（Diagram of the causes of mortality in the army in the East）的一部分，原圖登載於1858年上呈維多利亞女王的〈有關影響英軍健康、效率及醫院管理的因素之備忘錄〉（*Notes on Matters Affecting the Health, Efficiency, and Hospital Administration of the British Army*）之中。完整圖片請參閱：https://en.wikipedia.org/wiki/Florence_nightingale#/media/File:nightingale-mortality. jpg。

† 這項資料的來源是：https://www.statisticshowto.com/probability-and-statistics/descriptive-statistics/pie-chart/。出自美國水務協會研究基金會的研究：'Residential end Uses of Water', 1999，所以已經相當久遠，但我只是用它來說明圓餅圖。

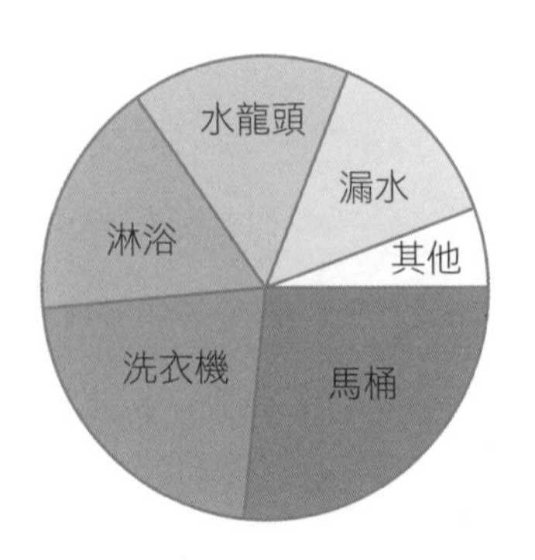

這類圓餅圖的數字也以面積代表，但這裡的面積與圓成正比，所以比較容易計算。這種圖要觀察的東西較少，不需要看清楚是哪個月，只要觀察各種用水類型的相對比例，所以更加簡單。

這個只觀察特定環境下某個事物的概念，讓我想到芝加哥的冬天。芝加哥的冬天冷到一定程度之後，我就不用再注意自己的樣子，只採取各種方法來保暖，看起來也不會太離譜。我有時候希望自己也能有夏天那樣的自由度，但還是會屈服在社會壓力之下。

圓餅圖和極座標圓餅圖的重點是以視覺化方式呈現資料，然而在抽象數學中，我們不僅思考「事實」，也思考過程，所以我們需要以視覺方式來呈現過程。這在我的範疇論研究中相當重要，有個生動的例子是更精細的交換性的研究方式。

有細微差異的交換性

以視覺方式解釋為什麼2＋4＝4＋2，有助於更深入地了解它為什麼成立，但是也帶來了更多問題。我們已經知道，只要我們不侷限在一維世界裡，就能如下圖一樣把積木交換位置，使這個方程式成立：

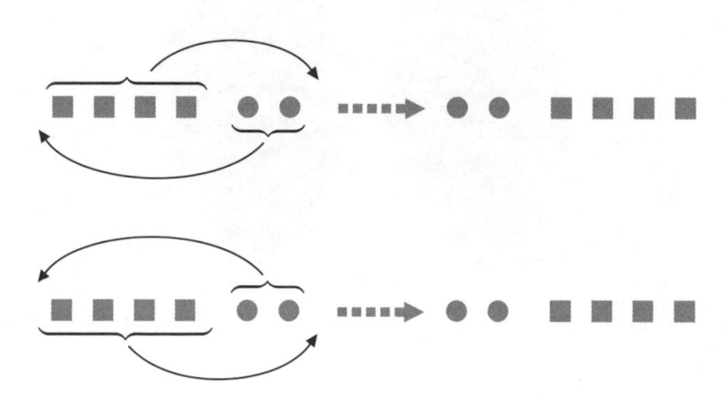

所以4＋2有兩種略有不同的方式與2＋4相同。在抽象數學中，我們關注的不只是結果，而是達到某個結果的過程，因此我們比較關注的應該是交換兩者位置的方式。

我們之所以關注一件事，可能只是因為有興趣，也可能因為真的有差異。在古老的英國傳統五朔節舞中，舞者抓著長長的彩帶，彩帶固定在中間的五朔柱上。舞者跳舞時彼此環繞，彩帶因此而交織在五朔柱上。我小時候對這種舞很有興趣，但當時不認為它是數學，後來才這麼想。舞者彼此交錯的方式影響相當大，因為這樣會在五朔柱上形成不同的圖樣，如果舞者沒有內外交錯，彩帶就不會形成圖樣。

這樣有點難以理解，不過把頭髮編成辮子時也會用到這個概念，尤其是編法式辮子的時候。下面兩張照片是我的頭髮，第一張照片中，我把頭髮從外側繞過中間的頭髮**上方**，編成法式辮子。而在第二張照片中，我把頭髮繞過中間的頭髮**下方**，這樣則稱為瑞典式辮子。

我小時候很著迷於如何編出這些不同的髮型，現在我更著迷於它和我的高維度範疇論研究有關。

在我的研究中，這個部分的出發點是我們通常不只對某樣事物是否能交換感興趣，還想知道它交換的**方式**。還有如果它**無法**交換，又是怎麼回事。它是否能進行「某種」交換？這些問題都比單純回答「它是否能交換？」細微且深入得多。

我最喜歡舉的幾個例子在廚房裡：如果要做美乃滋，我們必須先放蛋黃，再慢慢加入橄欖油。如果先放橄欖油再放蛋黃，就做不起來，這表示它無法交換，連一點點都不行。在廚房裡，了解什麼時候可以或不可以交換相當重要，這樣才能知道什麼時候一定要依照特定順序加入材料，什麼時候可以不用。我做巧克力慕斯的時候，發現必須把蛋黃加入融化的巧克力（而且速度要慢），而不是把巧克力加入蛋黃，這樣會使巧克力結塊。做提拉米蘇時，我曾經試過把馬斯卡邦乳酪加入蛋黃混合材料，但我把蛋黃混合材料加入馬斯卡邦乳酪時比較成功，否則馬斯卡邦乳酪會在蛋黃混合材料裡留下疙瘩。我在某個地方看過，稍微加熱可以消除這些疙瘩，但我這麼做只是把整盆材料變稀，這樣很讓人挫折。（我想應該會有人想寫訊息告訴我做提拉米蘇的訣竅，但我其實不需要建議。）

在抽象數學中，我們會觀察接近成立的事物，取得更細微的理解。對交換性而言，我們認真地接受4＋2和2＋4其實只是產生的結果相同，但不是相同的過程。我們仔細觀察這兩個過程，發現它們之間的關聯是這個交換積木位置的過程，但我們也注意到，交換積木位置時有兩種不同的方式。

現在有了新的問題：這兩種交換積木位置的方式，可以視為相同嗎？

現在狀況變得更有趣了，因為它確實取決於是否有另一個維度。目前我們已經確定，在一維空間中無法交換積木的位置，但在二維空間中有兩種方式可以交換，而在三維空間中，這兩種方式彼此有關，稍後將會說明。我被吸引到更高維度的數學，因為我想了解更多關於答案的細微之處時，這些問題把我推向那個領域。

現在我想稍微談談這個交換性的故事在我的研究領域中如何發展。我們現在深入到許多抽象概念中，所以似乎有點嚇人，你可以儘管略過或只看圖片。一般認為要向數學界以外的人解釋研究數學非常困難，所以這麼做沒有意義，但我個人覺得還是有意義，即使只是為了簡單說明狀況，有機會引起一些興趣。這就像我喜歡看Alinea餐廳的烹飪書，即使裡面的食譜幾乎全都超過一般家庭廚房的技術能力，我喜歡書中那些鼓勵讀者的註解，例如「沒有凍煎盤也不用擔心，可以用液態氮代替」（因為我們的廚房裡一定會有液態氮）。我還是很喜歡看那些圖片，以及主廚艾查茲（Grant Achatz）和團隊在廚房中的努力過程。接下來的幾節中，我的目標是至少能讓讀者發現，即使不懂純數學，也會覺得閱讀純數學研究過程很有趣。

數學辮子

在抽象數學中，我們研究的是整體交換性，不需要說明現在討論加法或乘法。我們非常認真地研究移動物體、讓它們在空間中互相交錯的概念，並畫出它們的路徑互相交叉的圖形，例如這個 *A* 和 *B* 互相交錯的圖形：

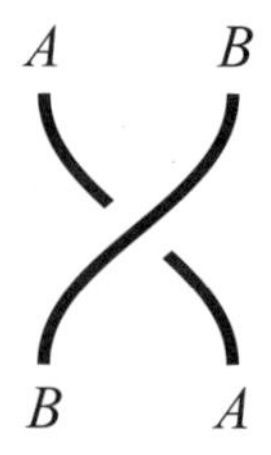

接著我們想像把它們當成真實的細繩或某種繩索來操作。如果有更多條繩索，就能把兩條相鄰的繩索抓在一起，讓它們同時交叉，但這樣應該視為和每次交叉一條相同。這點可以用下面的辮子方程式表達：

我們也可以讓一條繩索和兩條抓在一起的繩索交叉，這樣應該視為和每次交叉一條相同：

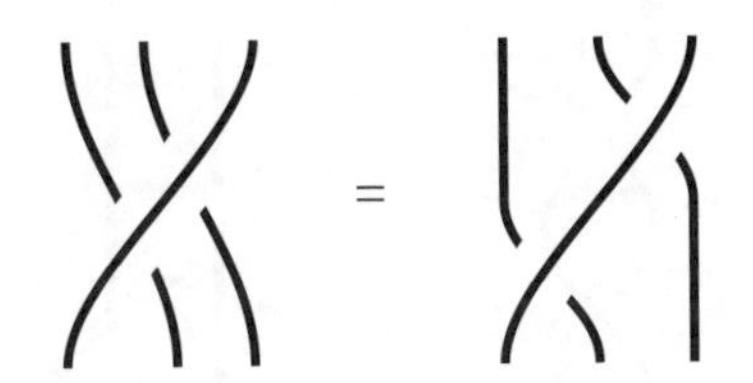

希望你可以了解，如果這些真的是彼此交叉的細繩，那麼方程式呈現的配置其實沒有很大的不同，因為我們只要推拉左邊的細繩，就能形成右邊的配置。所以如果兩條辮子只有推拉細繩造成的差別，而沒有實際復原或取消復原，在數學上就被視為「相同」。

這麼講似乎不正式又模糊，但可以藉助20世紀中期的阿廷（Emil Artin）所提出的辮子理論，就變得非常合乎邏輯。這個理論證明我們可以如何由「基本組成元件」製作辮子。在這個例子中，基本組成元件是單交叉：

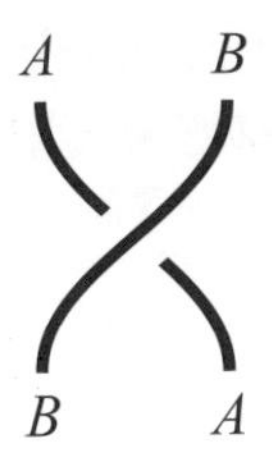

一條細繩壓在另一條細繩上方相當重要。如果這樣交叉兩次，得到的結果不會和什麼都沒做相同，雖然A和B最後的狀態和開始時相同，因為細繩會彼此卡住：

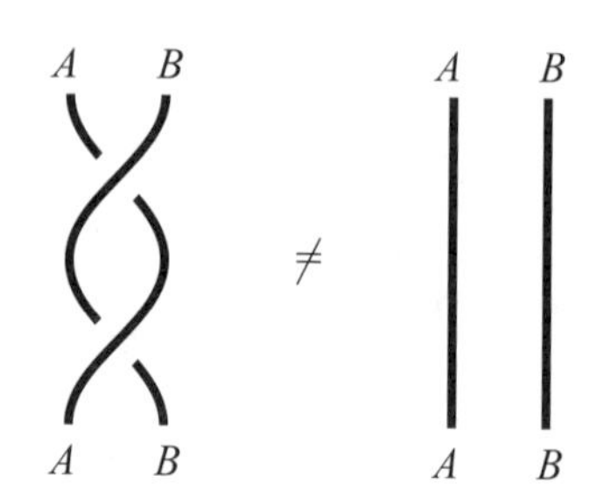

辮子呈現的其實是A和B彼此交錯的**過程**。

要實際**復原**這個交叉，我們必須使用反交叉：在原始交叉中，從右邊出發的細繩在上方，但是在反交叉中，從左邊出發的細繩在上方：

這是原始交叉的**逆轉**，因為如果我們連續做這兩者，結果將會分開。在辮子的世界裡，這樣被視為和什麼都沒做「相同」。

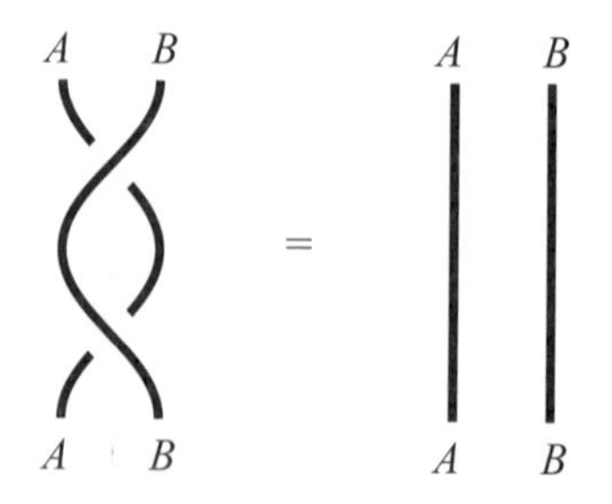

這有點像我們想把頭髮編成左邊的辮子，但最後頭髮將會分開，跟什麼都沒做一樣。

請注意，我們選擇基本交叉時有個任意選擇，因為我們也可能選擇第二個是基本交叉，第一個是反交叉。最後整個系統的表達將完全相反，但對整體結構沒有任何影響。

現在舉例來說，我們可以反覆地只用這兩種交叉（基本交叉和反交叉）編成基本的三股辮，長頭髮的人常編這種辮子。我們先用右邊兩股做基本交叉，然後在左邊兩股做反交叉，如此反覆下去。逐步分解說明在下圖左邊，如果我們「把它拉緊」，這三股就會變成右邊的辮子，它在數學中視為相同，因為我們沒有解開任何一股，只是把它們拉緊。

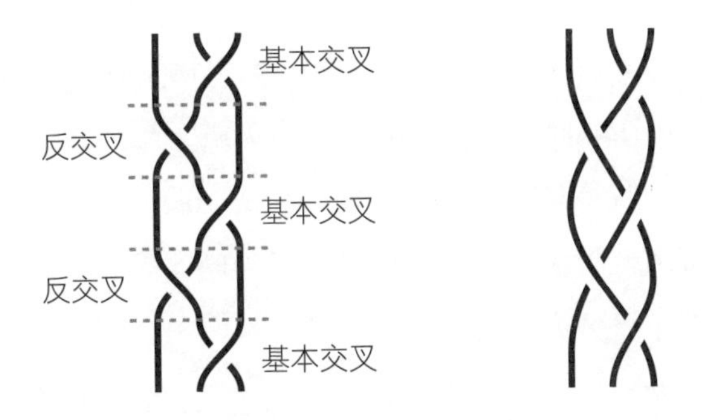

我們可以把基本交叉當成1，也就是整數的基本組成元件，反交叉就像−1，在加法中能「復原」1。我們可以用這兩者建立所有整數（包括正整數和負整數），同樣也能以基本交叉和反交叉建立所有辮子。不過辮子的可能性比較多，因為我們可以使用任意多個股，所以我們不只是把相同的兩股不斷互相扭轉。

有一種可能會使用越來越多股的狀況是做辮子麵包。我不是麵包專家，但很喜歡做辮子麵包。

我最熟悉的辮子麵包是哈拉麵包（challah），但我知道，因為我不是猶太人，所以我沒法做真的哈拉麵包，因為它不只是麵包，還是宗教儀式。然而，把麵包編成辮子則是古老的傳統，不僅限於猶太人。瑞士民間傳說辮子麵包源自古老的父權習俗，依據這個習俗，丈夫去世時女性必須殉葬。到了某個時代，這個習俗改成比較人道的方式（但在我看來還是歧視女性又白癡），讓女性用自己的辮子殉葬。最後再改成用金黃的辮子麵包殉葬，瑞士辮子麵包（Zopf）就是由此而來。另一個可能性是辮子麵包不容易腐壞，所以很受歡迎。我猜想這是因為這種麵包每一股的表面硬皮較多，但我也很懷疑這個說法，因為我做辮子麵包時，麵包的截面仍然是單一截面，而不是分成好幾股。

我發現做辮子麵包很讓人著迷，我建議觀看這類影片，看看簡單的動作一再重複後如何形成圖樣。* 我覺得柔軟的麵團移動很讓人滿足，而且我承認我超級著迷於研究如何把這個技巧轉化成數學表達式。解釋麵包的目的是讓讀者也能自己編辮子，這和以嚴謹為目的的數學表達式不同。

對數學而言，最重要的事情是證明以這些圖來推理合乎邏輯。在這類例子中，我們可以運用視覺直覺，把這些辮子想像成真正的辮子。我曾經提過，有些辮子如果只要稍微拉緊細繩，就會變成另一種辮子，這些辮子就可視為「相同」。如果我們實際讓細繩和交叉交錯，或是讓交叉互相交錯，這種「相同性」可能變得更加複雜。在標準的髮辮中，沒有東西可以和其他東西交錯，因此是固定頭髮的安全方法。但在其他多股配置中，我們或許能加以移動，使它看來很不一樣，而且不改變端點，也不需要解開再重編。在這類例子中，新的辮子可以視為和舊的「相同」。

舉例來說，如果觀察下面兩種辮子一陣子，或許會發現，只要把左邊的配置移動一下，就能變成等號右邊的辮子，不需要解開或重編：

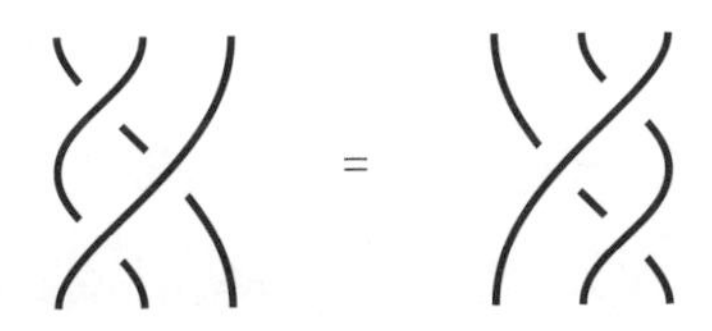

有個看出這點的方法是觀察在兩個例子中，從右上方出發的一股其實是在最上方，也就是沒有其他東西在它上面，接著直接走到左下方。接下來是從中間出發的一股，它彎了一下，但走到底端之後位於中間。從左上方出發的一股在其他兩股下方，沒有跨到其他股上方，最後走到右下方。我完全相信你看著這個圖形思考時是在研究數學，只不過不是在計算答案，也不是在處理數字。

這表示我們可以把左邊的辮子最下方的一股向下移，再把中間一股向右移，最後把最上方一股向左移，就會變成右邊的辮子。

這就是視覺直覺，但一點也不正式。所以我們必須證明形式和

---

* 我比較喜歡看 thebreadkitchen.com。

視覺兩者相符，這就是我研究的範疇論中的重要結果。

範疇論中的辮子

我們思考一般乘法的一般交換性時，只有兩個選擇：可交換或不可交換：

$$a \times b = b \times a \text{ 或 } a \times b \neq b \times a$$

但如果我們想知道乘法**如何**視為具交換性的過程，就需要更具表達力的代數形式。我們需要介於「等於」和「不等於」之間的關係，以便測量和記錄抽象地讓積木彼此交錯的過程。範疇論就是能這麼做的一種代數，「範疇」在這裡是數學名詞，而不是一般的詞，意思是一種不僅研究物件，也研究物件間關係的數學領域。在範疇論中，這些關係通常會畫成箭頭，稱為態射（morphism），因為它通常是一種狀況轉變成另一種狀況的方式，所以現在我們可以把交換性畫成過程，像這樣：

$$a \times b \longrightarrow b \times a$$

然而，我們經常使用這個符號⊗，它可以代表乘法、加法或其他運算。這就像我們以字母代替數，以便於討論所有數，不需要說明是哪個數。現在我們使用共同符號⊗代替＋或 × 等具有特定意義的符號，也仍然使用字母代表數或物件或其他事物，所以我們可以把 A 和 B 兩個事物放在一起，寫成 $A \otimes B$。在抽象數學中，抽象性確實會越來越高。

這種抽象性也帶來以符號代表其他事物的可能性，或許是有點像乘法的事物，即使不一定真的是乘法。這就像我們在第1章中思考把數以外的其他事物相乘的可能性，接著討論把形狀相乘。可以相乘的事物很多，所以範疇論把這些空間的概念當成抽象結構來研究。具有類似乘法的一組物件稱為么半群（monoid），如果這種類似乘法具交換性，就稱為可交換么半群（commutative monoid）。具有類似乘法的範疇稱為**么半範疇**（monoidal category），因為它是範疇和么半群的混合。

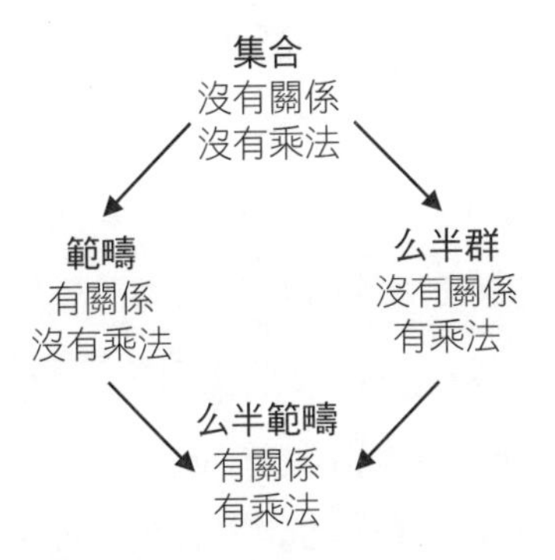

交換性過程可以說是一種狀況逐漸「變形」成另一種狀況的方式，它在範疇論中稱為「交織」（braiding），源自我們編頭髮的方式，一股股的頭髮記錄我們走哪條路徑。範疇中的交織可以寫成一個過程或態射，像這樣：

$$A \otimes B \longrightarrow B \otimes A$$

上圖代表把 A 和 B 互相交換位置的過程。交織必須滿足幾個基本規則。這些規則和我在前一節裡畫的圖相符，但現在它們是以代數表達，而不是圖形。如此產生的代數結構稱為**交織么半範疇**（braided monoidal category）。

我們接著證明，如果有任意兩個可視為「相同辮子」的辮子圖，則這兩個圖代表範疇中表達為代數的相同態射。在範疇論中，這稱為一致性定理（coherence theorem），因為我們可藉由它得知自己各種不同的推論方法彼此一致。

一致性定理非常吸引我，因為它的重點是證明兩種不同的結構推論方式相等，所以我們兩者都可以用。如果其中之一是代數，另一種是視覺性，表示我們可以同時運用不同形式的直覺。

這讓我想到生活中一致又很令人滿足的事物。我記得有一次發現某家店的某罐橄欖的蓋子可以用在另一家店的橄欖罐上，因此感到很開心——（在重複使用的時候）為罐子尋找合適的蓋子往往相當麻煩。我記得哪些蓋子可以交換使用，我最近一次（相當隨機）的發現是Bonne Maman果醬和Claussen醃菜。

它的目的似乎是運用（較強的）視覺直覺，協助（較弱的）代數直覺，這點在低維度下很可能成立。但維度增加時，我們的視覺直覺將會迅速到達極限，我們可能就必須依靠代數操作。

高維度下的辮子

我們或許可以提高一個維度，繼續以視覺方式想像事物。現在我們還在思考交換性，所以也還在思考交換積木的位置。目前我們已經看過這些維度：

- 在一維空間中，積木固定在軌道上，完全不能交換位置。
- 在二維空間中，積木可以由兩個不同方向交換位置。

我們思考交換積木位置的兩個方法是否可以視為相同時，我說過它取決於我們處在幾個維度下。一如往常，關鍵在於什麼可以視為「相同」，假設我們把左邊的積木繞過右邊的積木，那麼如果我們採取相同的方式，但在移動時向上一點，如此會有差別嗎？

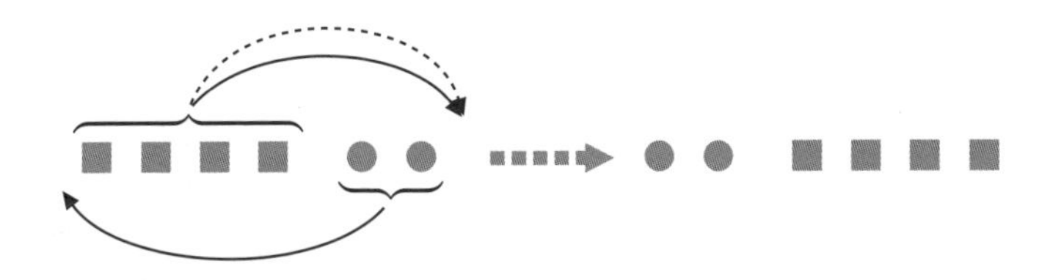

我們或許不會認為這兩個方式完全不同。在二維空間中，我們或許會認為交換位置的方式只有兩種，也就是從上方和從下方，而不需要考慮經由上方和下方的什麼地方。如果覺得有趣，我們或許會交換位置好幾次，但仍不會留意積木交換位置的**確切**路徑。

那麼如果是三維空間呢？我們不只可以讓正方形積木向上一點，還能讓它離開頁面。依照相同的概念，這個方式應該也不算完全不同，因此我們可以讓積木離開頁面越來越遠，在空中下降，最後回到頁面但在圓形積木**下方**。所以如果我們處於三維空間中，從上方和從下方其實沒那麼不同。

另一個思考方式是如果有兩個人在地面交換位置（二維空間），我們當然會把順時鐘或逆時鐘方向視為不同。但如果是兩隻鳥在空中交換位置（三維空間），「順時針」和「逆時針」就沒那麼容易分辨，因為這時候沒有固定平面可以參考（也就是鐘面），所以這其實取決於我們怎麼觀察它們。

從數學上看來，它的意思是我們在三維空間中其實分辨不出順時鐘和逆時鐘方向，因為有一種方式可以先走順時鐘路徑，再把它「變形」成逆時鐘路徑。這是一開始先選擇2＋4，再把它變形成4＋2的高維度做法，我們發現有兩個方式可以這麼做。

我們已經選擇執行變形的方式，並且發現可以從一種變形再變形成另一種變形。現在狀況有點超出想像，因為高階變形有兩種方式：我們可以把原始路徑拉向我們（離開頁面）再拉向下方，也可以把它推回去（進入頁面）再拉向下方。和交換性一樣，我們可能不會在意自己採取哪個方式，只在意它做得到，或者我們可能（像辮子一樣）想記錄自己採取哪個方式並進行測量。為了達到這個目的，我們在範疇論中需要再增加一個維度，因此產生二維範疇，而更高階的交換性變形稱為雙敘（syllepsis），它雖然是二維範疇，但源自思考三維空間中的路徑。

如此產生的結構稱為**雙敘么半2範疇**（sylleptic monoidal 2-category）。這些單字和概念彼此堆疊在一起，當然也會使得數學難以理解，但我們每次嘗試理解先前的事物，逐漸建立起這些概

我們有興趣的概念	——→	數學結構
關係	- - - →	範疇
乘法	- - - →	么半群結構
交換性過程	- - - →	交織
比較交換性過程	- - - →	雙敘

念。我們先從某些物件開始，我們想了解這些事物之間的關係，所以建立範疇。我們想了解乘法等事物，所以建立么半群結構。我們想增加微妙性，所以建立2-範疇。我們想測量我們用來達成交換性的過程，所以建立交織，我們想測量把一個交織變形成另一個交織的方式，所以提出雙敘。

如果你的大腦還沒有燒起來，或許可以猜測、想像、預測或推論到，這個過程會繼續進行下去。在這麼多維度下，從前方交換位置和從後方交換位置的雙敘不是相同就是不同，但如果多一個維度，我們就能測量如何達成這個結果，而且有兩種交換位置的方式。如果再多一個維度，我們就能測量兩者間的差異，以此類推。我們最後得到的是無窮維度範疇論中不同交換性細微差異的理論，我的研究大部分就是這個：如何了解、整理和分析這些細微差異。因為視覺直覺雖然在二維和三維空間中對我們幫助相當大，但它在無窮維度中幾乎沒有用，我們還是必須依靠嚴謹的代數方法。

詳細解釋這些概念遠超出這本書的範圍（其實解釋前面這些或許也已經超出範圍）。如果你覺得大腦要爆炸了，或許你的想法是對的，因為它現在還是能讓我的大腦炸開。它當然不「顯而易見」，但我們可以想像我們熟悉的三維空間，產生一些直覺，我覺得它非常迷人。

這類研究與空間中的路徑以及路徑如何彼此交叉有關，所以也有一些直接用途。我們雖然生活在三維的實體世界中，但高維度空間也和我們有關。以前我曾經提到過，具有數個關節的機械臂其實是在更高維度空間中活動，因為每個關節都需要一個座標來指定它的位置。人類的手臂可由肩膀、手肘和手腕做出各種複雜的動作，每個關節都能前後、上下和左右活動，有時還可旋轉。手臂本身位於三維空間中，但它的活動必須透過許多資料來精確地描述，維度可能多達八個以上，所以了解高維度空間中的路徑是機器人科學和其他學科的一部分。研究**抽象**高維度空間路徑的理論，對了解電腦等複雜系統會於何時崩潰相當重要。這些過程可以描述成抽象空間中的路徑，這些路徑彼此交會時，就可能發生崩潰，就像要從已經牢牢固定的辮子抽出一股那樣。

但我不想把注意力放在這些用途上，因為這些不是推動我的因素，也不是推動純數學研究的因素。推動我和純數學研究的因素，是數學的美妙、好奇和奧祕。這些都源自我們思考交換積木位置的視覺呈現，以及持續依循我們的直覺和想像。

抽象結構的視覺呈現

抽象結構的視覺呈現能喚起我們的視覺直覺，所以效用相當強大。但不只如此，它還能讓我們以不同的方式運用視覺直覺，探究同一個抽象結構。

在這方面，我最喜歡舉的例子是標準倫敦地鐵圖。因為智慧財產權的關係，不能把它完整放進書裡，但我希望你能透過想像或自己搜尋，以便了解我的意思。就查詢如何搭地鐵從一個地方到另一個地方這個目的而言，倫敦地鐵圖設計得非常好。不過它在地理位置方面一點也不精確，如果看到地理位置精確的地鐵圖，就會發現它極其不易查詢，看著地理位置精確的地鐵圖，讓我知道標準地鐵圖有多棒。現在的地鐵圖不是原始設計，而是在1931年由貝克（Harry Beck）所設計，他是工程製圖員，設計概念來自電路圖。電路圖只注意元件之間的連接，而不是實體位置，貝克發現這個概念也可以用在地鐵上：標準地鐵圖必須呈現的重要結構只有不同路線間的連接，而不是路線的實體位置，所以他改變了地鐵圖的實體布局，但不改變連接。他遭遇到一些來自管理當局的阻力，但試印本獲得了使用者一致好評。

這個概念移動實體位置但維持連接，類似於我們畫出8的因數圖時的方法，源自先前30的因數。我們一開始或許可以說，8的因數是1、2、4、8，而且8是2×4，所以這樣的圖應該合理：

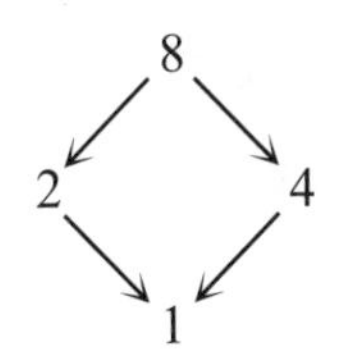

不過少了一些東西：2也是4的因數，但圖中沒有呈現出來。所以我們加上一個箭頭從4指向2，接著我們發現現在有些多餘的東西：8就像2的祖父，所以兩者之間不需要箭頭，因為我們可以經由4推論到它。同樣地，4指向1的箭頭也不需要。所以現在圖形變成鋸齒狀：

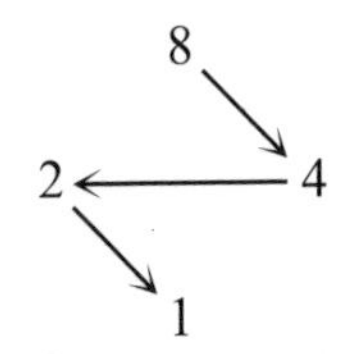

這時抽象結構已經完成，但實體上還需要修改：它不需要那麼鋸齒。從抽象上看來，這些連接都是在一條線上，所以我們不妨像這樣把它拉直成一條線：

$$8 \longrightarrow 4 \longrightarrow 2 \longrightarrow 1$$

和倫敦地鐵圖相同，我們改變了實體布局，但不改變抽象結構。這樣的彈性相當有用。我們有時候或許會發現自己畫的形狀看起來不是很符合直覺，像這樣：

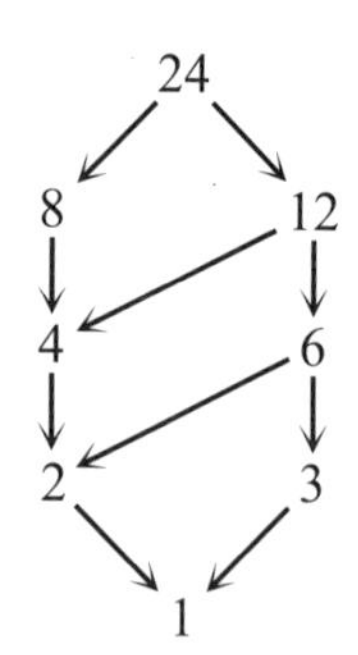

但如果重新排列過，就可看出它是三個正方形並排在一起：

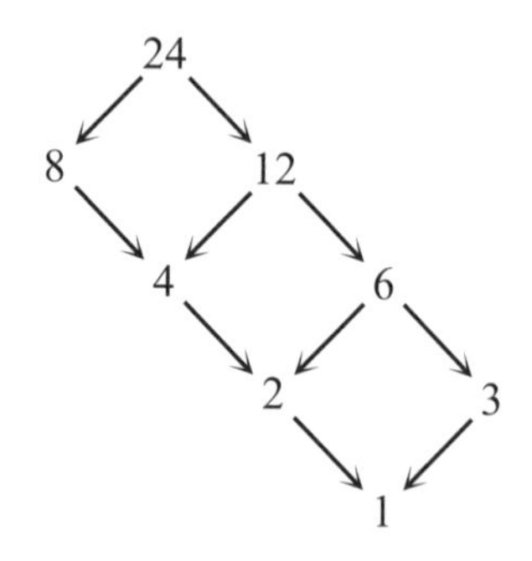

視覺標記保有少許實體彈性時，往往是效果強大的特徵。我們

研究族譜的排列方式時，每一代必須依序排列在頁面上：

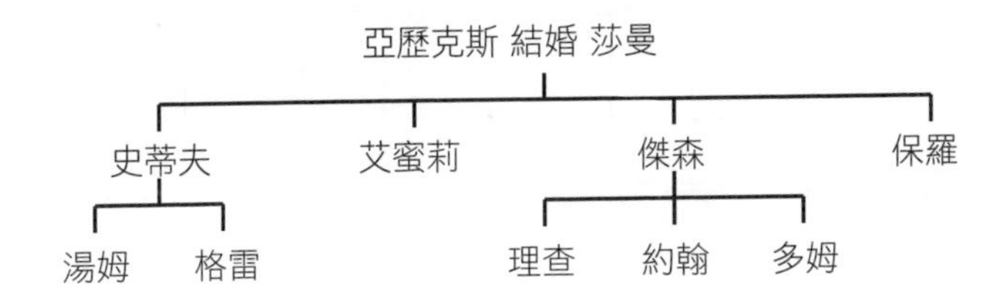

在範疇論中，我們不用頁面上的實體位置代表關係，而是使用箭頭。有一種結果是我們改變實體位置，但不改變要呈現的資訊。舉例來說，我們可以用以下任何一種方式畫出8的因數圖，呈現相同的抽象概念，但不同的視覺呈現可能和我們產生不同的情感連結。

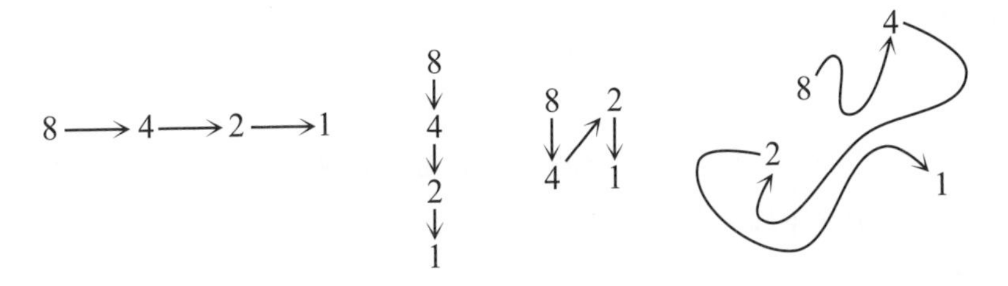

有些這類例子是為了提出觀點而特別設計的，但這裡的觀點可能相當有用，可以協助我們以這些狀況進行推理。以下是我自己的研究中的一段證明，在其中，相同圖形的兩種呈現方式，產生看起來非常不同的結果。對現在的目的而言，這些證明的意義不重要，但我希望你能從圖中的形狀了解，這個版本呈現的幾何資訊不多：

$$\begin{array}{ccccc} & \overset{T^2f}{\nearrow} & T^2B & \overset{\mu^T_B}{\searrow} & \\ & & = & & \\ T^2A & \xrightarrow[\mu^T_A]{} & TA & \xrightarrow[Tf]{} & TB \\ Ta\downarrow & = & \downarrow a & \Swarrow_\tau & \downarrow b \\ TA & \xrightarrow[a]{} & A & \xrightarrow[f]{} & B \end{array} \quad = \quad \begin{array}{ccccc} T^2A & \xrightarrow{T^2f} & T^2B & \xrightarrow{\mu^T_B} & TB \\ Ta\downarrow & T\tau \Swarrow & \downarrow Tf & = & \downarrow b \\ TA & \xrightarrow{Tf} & TB & \xrightarrow{b} & B \\ & \underset{a}{\searrow} & \Swarrow_\tau A & \underset{f}{\nearrow} & \end{array}$$

但如果重新排列一下，它就會變成立方體：

$$\begin{array}{ccccc} T^2A & \xrightarrow{T^2f} & T^B & \overset{\mu^T_B}{\searrow} & \\ Ta\downarrow & \overset{\mu^T_A}{\searrow} & = & & \\ & = & TA & \xrightarrow{Tf} & TB \\ TA & & \downarrow a & \Swarrow_\tau & \downarrow b \\ & \underset{a}{\searrow} & A & \xrightarrow[f]{} & B \end{array} \quad = \quad \begin{array}{ccccc} T^2A & \xrightarrow{T^2f} & T^B & \overset{\mu^T_B}{\searrow} & \\ Ta\downarrow & \Swarrow_{T\tau} & \downarrow Tf & & TB \\ TA & \xrightarrow{Tf} & TB & = & \downarrow b \\ & \underset{a}{\searrow} & \Swarrow_\tau & \overset{b}{\searrow} & \\ & & A & \xrightarrow[f]{} & B \end{array}$$

我們希望了解抽象概念時，這個方法非常好用，但可惜這個方法也能用在不好的方面。有人會使用誤導性的視覺呈現來操縱缺乏戒心的讀者，這不算是完全錯誤，因為這類方法呈現的仍然是合乎邏輯的相同資訊，只是被刻意操縱來影響我們。有一類很糟糕的例子是用下面的圖呈現某個不斷變化的事物：

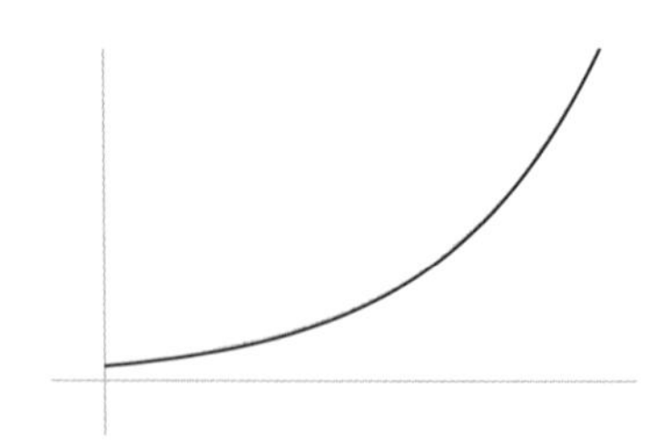

但仔細檢視的話，會發現y軸是從100萬開始，如果是從0開始，圖形應該是下面這樣，其實沒那麼驚人。

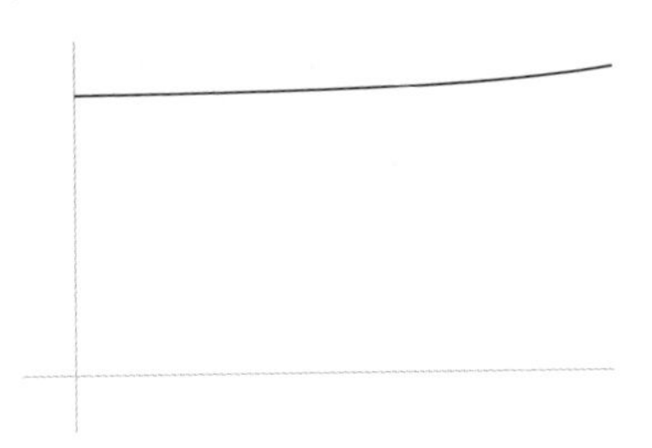

另一個視覺操縱的例子是三維圓餅圖，這種圖不只是一個圓，而是圓柱。但我們會自動看到比較「前面」的部分，讓我們產生前面的幾片看起來比實際大的印象。有人可能利用這種方法，刻意使前方的部分看起來比實際大，而後方的部分則比實際小。以下的例子可能就利用這種方法，讓觀看者不注意因為漏水而流失的水量：

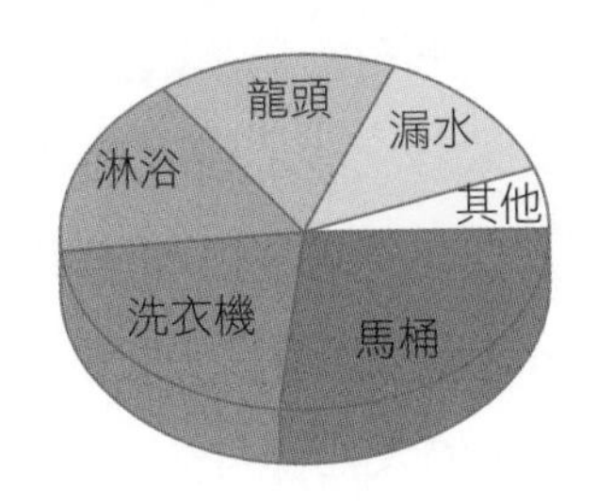

另一個企圖使我們認為某些事物比實際大的例子，是世界地圖上某些眾所周知的呈現方法。這必須再度提到圓和正方形之間的關係，但要增加一個維度，因為這個問題是我們想把（近乎）球形的地球畫在一張平面的紙上，這麼做一定會造成變形，所以我們必須決定要怎麼使變形程度最小。投影的方法有很多種，目的各不相同，最常見的是麥卡托（Mercator）投影法，這種投影法適合用於導航，因為它能維持角度正確，讓我們精確地知道應該朝什麼方向航行才能到達想去的地方。然而，這麼做的代價是會使面積嚴重變形，距離赤道越遠的地方看起來越大，因此北方國家（帝國）看起來比實際上大得多，而赤道國家看起來小得多。舉例來說，這種方法使美國看起來大得不成比例，而非洲大陸則小得不成比例。

改變我們對事物的情緒感知，但在定義上不改變內容，是非常巧妙的操縱技巧。這種狀況也發生在語言中，結果可能有好有壞。為事物取可愛的暱稱可以使我們更喜歡它，例如毛球定理，這個定理原本很難理解，直到有人用毛球來描述時才流行開來。它假設我們有個毛球，而且想把上面的毛梳平，這個理論指出，毛球上至少有一個地方沒有辦法梳平。還有一個例子是第4章提過的三明治困境，它的重點其實是把一個函數放在兩個我們已經了解的函數之間，藉以了解這個函數，就像兩片麵包之間不平整的餡料一樣。

這種改變情緒感知的技巧也能用在惡意操縱上，例如美國的《患者保護與平價醫療法案》（ACA）就被共和黨暱稱為「歐記健保」（Obamacare），因為他們知道只要把它跟歐巴馬連在一起，某些原本可能支持這個法案的人就會因為討厭歐巴馬而發自內心地討厭它。結果，有些人表示自己支持ACA但不支持歐記健保，可其實這兩者根本是相同的東西。

然而，如果我們只專注於了解改變大眾對某些事物的情緒反應的方法，將會忽視它用在好的方面時，也會是效力強大的工具。舉例來說，觀察疫情期間的感染率時，用對數尺度取代線性尺度就會很有幫助，方法是把y軸上10、20、30、40等間隔相等的刻度改

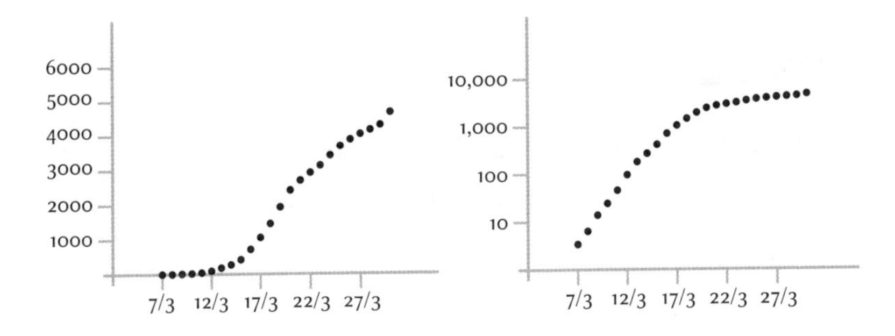

成**倍數**相等的刻度，例如10、100、1,000、10,000等。這樣一來，我們研究可能以相等倍數增加，而不是以相等幅度增加的資料時會很有幫助。

下面是先前看過的新冠肺炎感染率圖（取最近七日平均值），左邊是y軸為線性尺度，右邊為對數尺度。

一開始，右邊的圖看起來像直線，這代表它是指數，也就是倍數恆定的指數性增長，所以如果以間隔同樣是恆定倍數的y軸來畫它，看起來就像是直線。我們的眼睛看直線比看指數曲線容易得多，此外，增長率減慢也比較容易看到，因為我們看得出來它在原本應該升高的地方「變平」。最重要的是知道圖中用了指數尺度，別有居心的人可能使用指數尺度但不讓人發現，藉此隱藏某樣東西增長得非常快。

這就是把抽象資訊變成圖形的力量，我們最好能了解它如何產生作用，這樣才能讓自己免於被別有居心的人操縱，也能讓自己了解如何以最生動的方式傳達概念。我甚至也用圖形來幫助了解自己的生活。

我的生活圖

我已經展示過幾個我最喜歡的純數學圖形，而且在這本書一開始的前言中，我貼過一張我對數學的喜愛隨時間推移的變化圖，把我對**數學課**經常改變的喜愛和我對數學永遠不變的熱愛彼此對照。

以下是幾個我最喜歡的圖形，可以幫助我了解自己生活中的其他層面。我相信你能從我的文字可以看出，我喜歡用圖形輔助說明抽象結構，協助我們進一步了解狀況。我畫這類圖形時，有許多是用來協助我向其他人說明我的想法，但其中也有些圖形是我用來協助自己了解自己的生活，當然也能向其他人說明。

冰淇淋帶給我的愉悅

這是冰淇淋帶給我的愉悅，隨時間而變化。

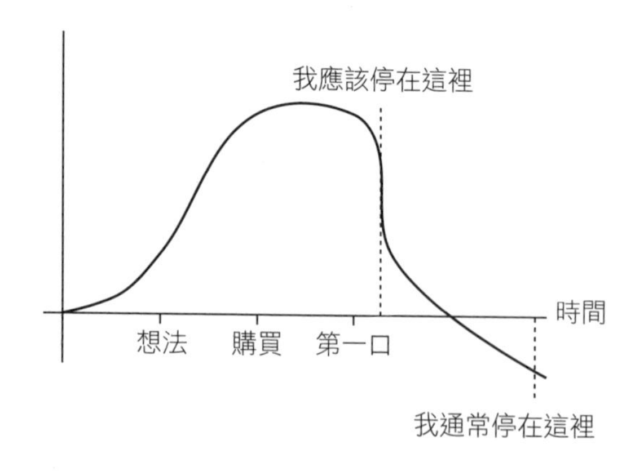

這張圖說明，我開始想到冰淇淋的時候就越來越興奮，而最興奮的一刻多半是拿到冰淇淋的時候，連吃到第一口冰淇淋時，興奮

程度也沒有購買和期待它的時候那麼高，接著我的興奮程度大幅滑落，但我通常會繼續吃下去，掙扎著想恢復先前的興奮程度。到某個時候，吃起來其實有點痛苦，可惜我通常會吃到真的因為吃太多冰淇淋而不舒服時才會停下來。

不過這是以前的事了，畫這張圖有助於讓我相信，吃第一口冰淇淋之後盡快停下來比較好，因為這時候愉悅程度會開始大幅滑落。要是這樣的話，我就可以等到下次再享受第一口和最大的興奮程度，讓冰淇淋帶來的愉悅達到最大。神奇的是，這表示現在我可以在冰箱裡放一盒冰淇淋，每次吃個一兩口，這樣以同量冰淇淋獲得的總愉悅會比一次吃完整盒大得多。

睡眠

下一張圖是我的清醒程度相對我的睡眠時間。

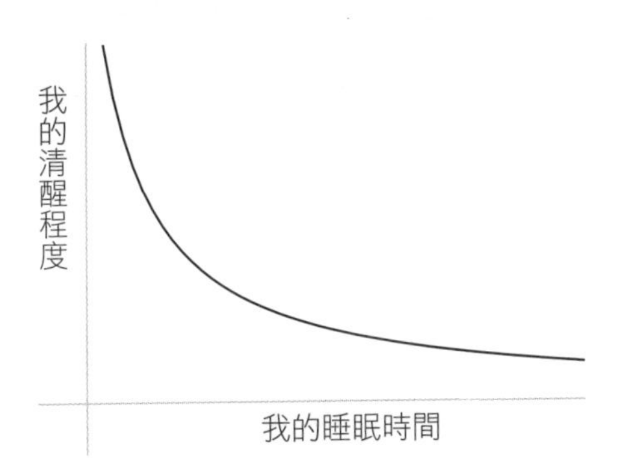

這是相當典型的反比例圖：某樣事物逐漸變大，另一樣事物逐漸變小。我睡得比較少的時候反而清醒得多，似乎有點違反直覺，但這是因為我們認為因果關係是這個方向：

睡眠 ——→ 清醒

但實際上對我而言，主要因果關注是這個方向：

清醒 ——→ 睡眠

所以如果我相當清醒，就不需要睡很多，但如果我很累，就需要睡很多。這可以幫助我了解我的清醒程度不完全取決於我昨天晚上的睡眠，而是取決於最近幾個星期以來的一般生活狀態。另外有些狀況看起來自相矛盾，但以不同的方式來思考因果關係就會懂了。舉例來說，如果不富有的人比女性和有色人種容易進入某個行業，例如學術界，那麼這個行業擔心對不富有的人不夠包容，但不擔心對女性和有色人種不夠包容，聽起來似乎相當矛盾。依據目前的包容程度而言，這聽起來不合理，但要知道一般人比較在意自己的不利，而不那麼在意別人的不利，所以如果某個行業裡沒有很多女性或有色人種，這個行業就比較不會擔心對女性和有色人種不夠包容，這樣說來就合理了。

人

有些圖也協助我了解關於人的某些事物。我有一次參加洛克（Patti Lock）教授的簡報，其中包含生動的資料視覺化部分。她舉的一個例子來自針對線上交友網站OKCupid使用者進行的研究，這張圖說明尋求交往機會的使用者認為有吸引力的人的年齡，其中一條線是女性尋找男性，另一條線是男性尋找女性。這張圖有點像這個樣子：

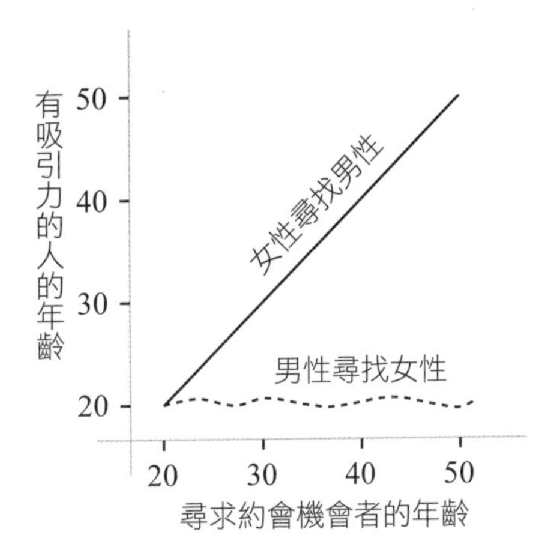

我這張圖是憑印象畫的，但你可以在洛克教授的網站看到實圖。* 她展示這些投影片時的時機恰到好處：她先展示出女性尋找男性的圖，讓我們都暗自想道：「當然了，女性通常覺得跟自己年齡相當的男性有吸引力。」接著她再展示異性戀男性無論年齡多大，都覺得年輕女性最有吸引力的圖。這時所有聽眾都在翻白眼，非常喜歡這個生動的呈現，而且開始大笑。

我對別人的關注程度

這張圖是我對別人的關注程度和我與這些人的親近程度（實線）：

---

* *Data Analysis in the Mathematics Curriculum*, 2018。參見網址：https://www.lock5stat.com/powerpoint.html brockport 2018。

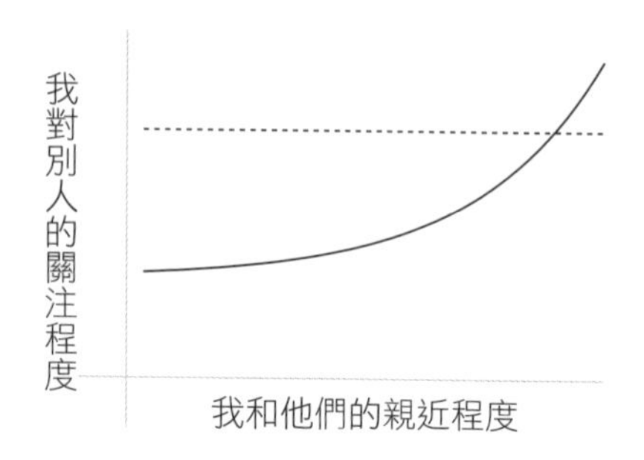

圖中說明我對每個人都多少有點關注，但我比較關注和我親近的人。對我而言，這是合理的，如果家人遇到不好的事，我的煩惱程度會比不認識的陌生人遇到不好的事更糟，這也是很自然的。然而這點可能有些爭議，因為有些濫情的自由主義者怨嘆我們比較關注親近的人，不關心世界另一邊的人。我知道有人堅持平等對待所有的人，在圖中以虛線表示。我不想批評這麼做的人，但這張圖協助我了解我們的友誼中可能出現一些奇怪的互動。

傷心

這張圖協助我了解為什麼會有人傷心，以及人類該怎麼不再讓人傷心。這張圖需要的敘述說明比較多，它是這個樣子：

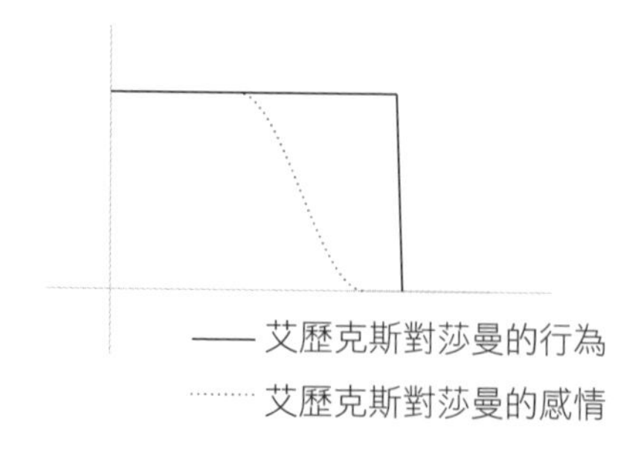

有些感情必然會結束，但幾乎所有傷心的發生原因都是其中一方摔落情緒的懸崖。但其實分手或是不愛了很少突然發生，而是慢慢累積了一段時間。依照以往的習慣，我稱這兩個人為艾歷克斯和莎曼。在這張圖中，虛線代表艾歷克斯對莎曼的感情逐漸減少。問題是艾歷克斯的感情雖然逐漸減少，但還是假裝一切都沒有問題，或者說至少莎曼還是相信一切都沒有問題。後來艾歷克斯的耐性達到極限，沒辦法再假裝下去，莎曼才猛然驚覺艾歷克斯實際上的想法和莎曼以為的完全相反，這就是所謂的情緒懸崖，以較黑的實線代表。

艾歷克斯可能其實在這段感情消失期間已經外遇，但還不想說破，直到新感情完全確定穩固後才提出。也可能艾歷克斯只是剛開始覺得有點不開心，但不確定為什麼，也不想跟莎曼說什麼，以免莎曼反應過度，所以艾歷克斯假裝一切都沒問題，最後有一天突然發現自己撐不下去了。

無論是哪種狀況，我都認為關鍵是確定實線和虛線間不要出現空隙，這樣就不會有懸崖。但艾歷克斯在這方面必須有自覺，而且兩方必須互相信任，才能對彼此誠實說出自己的感受。或許正是因為這段關係不算良好，所以他們才沒辦法這麼做。

那麼如果艾歷克斯接近懸崖，又沒有自覺會怎麼樣？在這種狀況下，我認為最好的辦法是小心地建造坡度。也就是下圖中的新虛線：

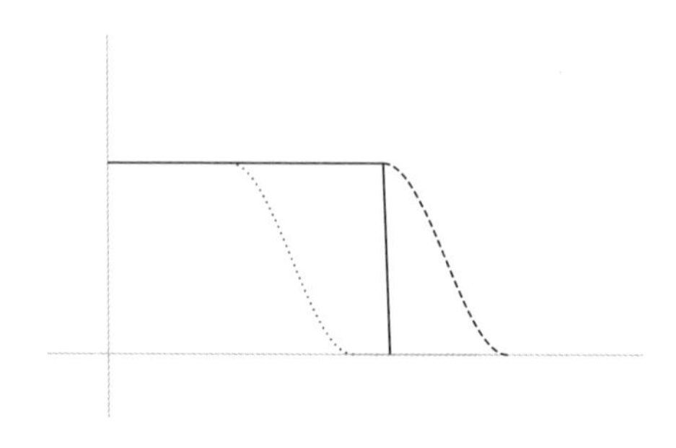

這條虛線和原先的下滑相仿，不過是在事件之後。我知道許多人反對這麼做，跟我說這樣是不誠實，但我的看法是艾歷克斯隱藏第一個下坡已經是不誠實了。此外，建造新坡度是為了防止另一方受到傷害的不誠實，在這類狀況下，不誠實或許有其理由。從另一面說來，誠實也不是傷害對方的好理由。我們在生活中有許多方面不會百分之百誠實，以便顧及他人，或是為了客氣或好心。事實面的誠實和情緒面的誠實不一樣，如果有人送我們禮物，我們不喜歡這個禮物但還是說很喜歡，就某方面而言是事實面的不誠實，然而如果我們真正想說的是我們很感謝對方的心意，那麼它在情緒面是誠實的。同樣地，如果有人說：「你喜歡我的新髮型嗎？」但我們其實不喜歡，那麼我們說喜歡就是事實面的不誠實，然而如果我們真正的意思是想鼓勵對方和肯定對方的選擇，而它其實跟我們沒有關係，這在情緒面是誠實的。

同樣地，製造情緒坡度來取代懸崖，在事實面是不誠實，但如果我們不想當個糟糕的人，希望減少世界上的傷心程度，那在情緒面是誠實的。有時候我會想到莎士比亞的十四行詩，或更久遠的卡圖盧斯（Catullus）的詩，感嘆我們人類幾千年來一直在讓別人傷心。但如果我們學不會如何不再讓別人傷心，那些我們在學校裡教的東西、進步、探索太空、建造摩天大樓以及建立無窮維度的範疇等等，都是沒有用的。

我想學校數學課應該不會教這些東西，但我希望能教，而且我為學藝術的學生開數學課時，也在結尾加上這些主題。後來有一位學生告訴我，她跟所有朋友提到這個圖形，而且光是看到這個圖形，就讓幾個朋友決定選修我的課。

如果覺得數學跟自己沒有連繫，學起來就會很辛苦。對一些人而言，這個連繫來自得出某些正確答案並因此獲得讚賞；對另外某些人而言，操縱符號本身就非常有趣；還有一些人覺得，內在邏輯本身就是一種成就感；或是某些人認為，直接用途更讓人開心。但有些人在數學上從來沒有獲得過讚賞，符號和邏輯對他們而言有如天書，對直接用途也完全無感。他們比較感興趣的或許是開放式問題、生動的視覺心像和間接用途，生活中與這些事物相關的部分通常被認為和數學無關。如果我先前講得不夠清楚，這裡我要再講一次：這在數學中是非常重要的一部分，這些東西可能會被視為「數學門外漢」的說法而遭到忽視，但其實它們相當接近抽象數學家的想法，我們抽象數學家應該投入更多的時間和心力，讓大眾了解這一點。

第8章　故事

目前我已經談過，提出看似天真的問題能引導數學家開發出新的抽象數學分支。現在我想做些不一樣的事情，看看**現有**的抽象數學如何處理某些天真問題，並把它們變成令人驚奇的故事，攀登極高的高山、跨越遼闊的海洋，或是飛上九重天之外，全都從一個想法開始。它的重點不完全是我們如何開發新的數學領域，而是數學能如何帶領我們踏上這些奇妙的旅程。基本問題只是起點，就像尋寶遊戲裡的第一個線索，我們以為它只會帶我們在房間裡走來走去，但後來它帶我們到了花園底下，又到了田野上空，進入不知名的遼闊荒野。這些只是抽象數學講的幾個「床邊故事」，從某些看似天真或不重要的問題開始。這些天真問題和其他某些問題不同，不是它本身就很深奧，而是觸發具有深刻意義的數學故事。

星星有幾個角？

我們來看看五芒星。

我一向很喜歡這類圖形，因為我的筆不用離開紙面，只要從一個點到另一個點畫出五條直線，就能畫出這個圖形。當然，我們不是依照順序通過這些點，而是每次跳過一個，因為如果依照順序，就會變成五邊形。我們可以這麼做是因為5是奇數。六芒星沒辦法用這個方法來畫，因為如果在圓上放六個點，用直線連接這些點，但每次跳過一個，結果將是還沒通過所有的點就會回到出發點，最後畫出一個三角形。所以要畫出六芒星，必須用兩個重疊的三角形，而不能用一條連續直線，也就是說，我們必須讓筆離開紙面。

下面我用虛線畫出其中一個三角形，用以強調兩個三角形是分開的。

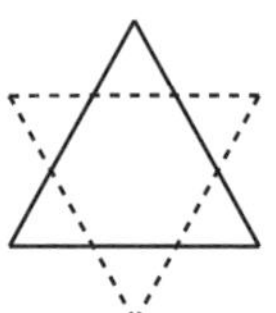

六芒星是著名的大衛之星（Star of David），是猶太教的符號。

如果是七芒星，我們又可以仿照五芒星的做法，每次跳過一個點，因為7是奇數。但還有另一種可能：不是每次跳過一個點，而是跳過兩個點，這樣可以畫出另一種星形。下面是這兩種不同的星形，都有七個角，但連接方式不同，所以角度也不同。

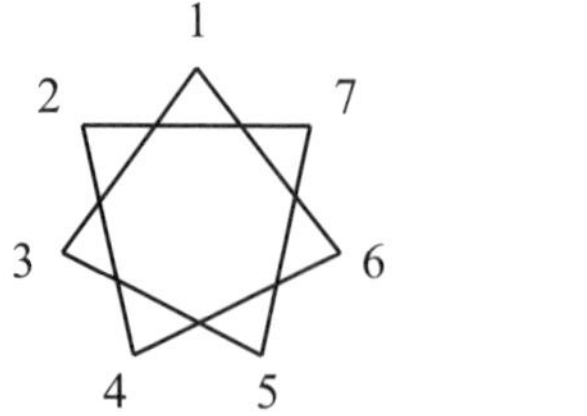

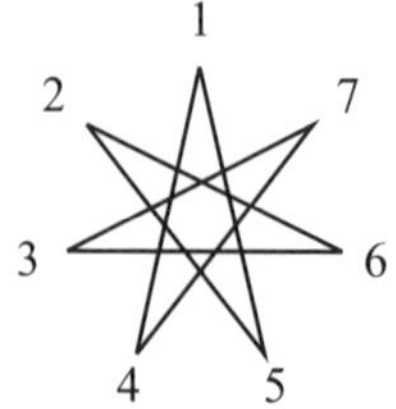

如果每次跳過三個點，其實和跳過兩個點一樣，只是順序相反，因此形狀還是一樣。總而言之，畫出七芒星的方法有兩種。

八芒星的狀況就更有趣了。如果同樣每次跳過一個點，最後會畫出正方形，所以我們可以用兩個重疊的正方形來畫出八芒星。

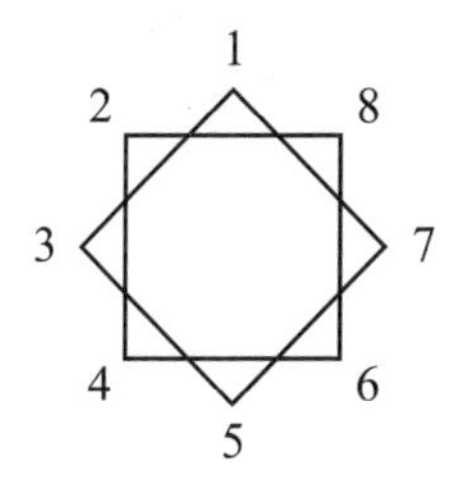

我們可以把這個規則概括化到角數為偶數（$2n$）的所有星形：任何角數為$2n$的星形都能以兩個重疊的n邊形畫出。

不過我們可以嘗試跳過兩個點，等於每三個點畫一次（跳過兩個點，落在第三個點上），這樣確實可以讓筆不離開紙面就畫出八芒星。

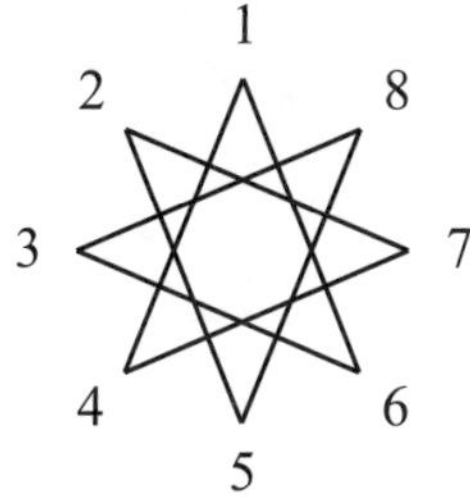

我覺得這種任意塗鴉的方式很有趣，不過它實際上是在解釋因數。如果把角數平分，跳過去時將會太快回到起點，然而如果跳過的點數不是因數本身，而是它和角數的公因數（1以外），或許也會如此。舉例來說，如果有10個點，每4個點畫一次，雖然不會馬上回到起點，但只會通過五個點就回到起點。這樣將會畫出五芒星，只用到10個點的一半。因此要畫出十芒星，必須再用剩餘的點畫出另一個五芒星。

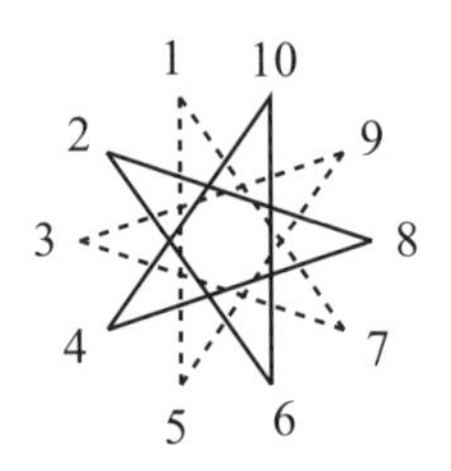

最大公因數（highest common factors）可以告訴我們繞一圈時可畫出的形狀。兩個數的最大公因數是兩者的因數中最大的數。在上面的例子裡，10和4的最大公因數是2，但10和3的最大公因數是1，這表示如果在10個點中每3點畫一次，將會在回到起點前經過所有的點。

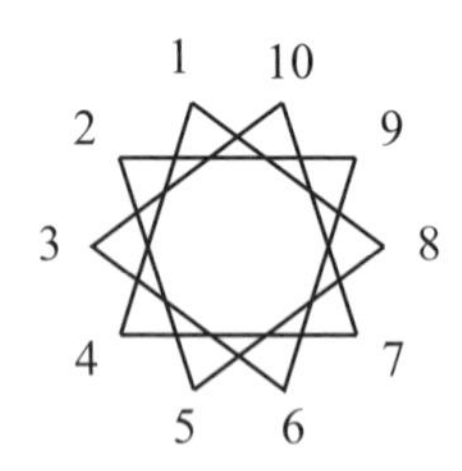

這讓我想到我住在尼斯的時候，健身房逢星期天休息，這表示如果我每隔一天去健身房，每兩個星期就一定會有一次是星期天去健身房。但如果我嘗試另一種模式，例如三天中去兩天，我還是一定會碰到星期天去健身房。沒有任何一種模式可以避開星期天，除非是以星期而不是更少的天數來建立模式，這是因為7是質數，所以7和任何較小的數的最大公因數是1。

畫星星讓我開始探討最大公因數和循環模式，也讓我思考角。回到最開頭，我們為什麼稱它為五芒（point）星？那些點是什麼？它們不算點嗎？如果我們討論的是角呢？這個星形有幾個角？

一如往常，答案取決於我們把什麼東西視為角，而這又取決於我們用它來做什麼。向外的角可以說比向內的角尖，向內的角比較像是內凹。我們碰到向外凸出的東西時可能受傷，但碰到向內凹的東西時不大會（除非我們是在這個東西裡面，但這時狀況相反）。

然而我們在數學中計算事物時，無論是形狀、角、因數分解方式、三角形等，都必須決定怎樣算一個，* 以及哪些可以算是真的彼此相同。所以在計算三角形時，我們首先必須決定怎樣「算」一個三角形（邊必須是直的嗎？邊是否必須大於0？），接著必須決定哪些三角形「算是」彼此相同。在抽象數學中，這兩個步驟是計算時最有趣的層面，而不是實際的計數部分。

對於角而言，我們對哪些角相同其實沒有疑問，但對哪些東西可以稱為角確實有疑問。如果把向外凸或向內凹的東西都稱為角，我們或許就必須說這個星形有10個角，這樣言之成理，尤其在思

* 史東（Deborah Stone）曾經在她的書籍《計算》（*Counting*）中提到這點對社會的影響。

考外圍形狀時，因為我們透過這樣的計算來畫出它的直線數目。

但如果我們想區分向外凸和向內凹的角呢？有什麼比較嚴謹的方法來討論「向外凸」而不是「向內凹」的角？有個方法是看角度：如果小於180度，這個角就是向外凸，如果大於180度，就是向內凹。

然而就某方面而言，這只是說明判定向內凹或向外凸的原則，而不是描述向內凹或向外凸。數學直接描述向內凹或向外凸的方法，是判定我們是否能完全在形狀內部從一邊到另一邊。對於星形中向外凸的角而言，我們可以完全在星形內部從角的一邊到另一邊；但對向內凹的角而言，使它向內凹的原因是有個凹陷部分，這表示要從這種角的一邊到另一邊，就必須離開星形，跨越這個凹陷部分。

這就是數學中的凸形（convex shape）和非凸形（non-convex）理論。凸形是不需到外部就能由任何一點直線行進到另一點的形狀；如果有某些點之間的直線一定要到外部，則這個形狀為非凸形。這點也和我們思考柏拉圖立體有關，因為它的完整定義包括我們要的**凸**多面體（convex polyhedra）。多面體由多邊形組成，而多邊形是以直線邊緣構成的二維形狀。凸多面體是沒有凹陷的多面體，所以類似於球，我們可以用它產生近似的球。這和我們由具有許多個邊的多邊形產生圓的近似方法相同，我們使用的邊越多，這個形狀就越接近圓。這把我們帶到另一個問題，也就是我在第2章提過的圓有幾條邊。

圓有幾條邊？

圓是不是只有一條邊，而這條邊環繞一圈？還是它沒有直線邊緣，所以沒有邊？還是有無窮多條？還是介於兩者之間？

這個嘛，就某種意義而言，這些答案可能都對，取決於我們所謂的「邊」是什麼意思。

我最近很開心地發現芝加哥一家有名的披薩店賣八角披薩。這家店的一般披薩是矩形的，稱為底特律披薩，但我覺得義大利應該也有矩形披薩。事實上，我小時候曾經吃過這種披薩，而且因為從沒聽過這種東西，所以相當驚訝（難怪義大利人會對「底特律披薩」相當驚訝。如果這本書翻譯成義大利文，我想先為造成義大利文譯者困擾道歉）。

無論如何，這種披薩以焦脆的邊緣聞名，有些人特別迷戀它酥脆的四個角，希望它有更多角，因此出現了「八角披薩」。我在菜單上看到這種披薩時，大腦開始瘋狂轉動，很想知道這種披薩是怎麼做的。它是八邊形的披薩嗎？但這樣一來就不會那麼脆了，因為它的角度會大得多。它是星形的披薩嗎？如果是，他們是不是只算向外凸的角？

我興奮地準備探究它的做法，最後他們的解決方法完全在我的預料之外：披薩的大小相同，只是分成兩個較小的正方形來烤，所以有八個角。我覺得自己很好笑，運用過於深奧的數學，還腦補出不必要的複雜解決方法。

不過我想像的八邊形披薩有幾個重大問題：它的角確實比較多，但它的角比正方形「尖」還是「不尖」？這取決於我們所謂的「尖」是什麼意思。如果「尖」只表示角的數量多，那麼角越多當然就越尖。但這時會有個奇怪的現象，因為如果角真的很多，例如無窮多個時，它會變得很像圓，這樣一點都不尖。這表示「尖」的概念可能不是非常固定。

這個說法不怎麼嚴謹（尤其是關於無窮的部分），但確實是微積分中某些嚴謹概念的開端。我們已經討論過圓的多邊形逼近法，在這個方法中，我們把圓視為具有無窮多條邊，每條邊都為無窮小。當然，就定義上而言不是這樣的，圓還是平面上與圓心距離相等的所有點，但我們可以藉助有n條邊的多邊形的外圍距離得出圓周長，再看看n趨近無窮大時會有什麼結果。正式說來，我們定義一個數列，其中第n個數是有n條邊的正多邊形的外圍距離，接著我們計算n趨近無窮大時，這個數列的極限。數列的極限在微積分中有完整的定義，但一連串形狀的極限則沒有。因此以思考圓本身的方法而言，這個方法不算正式，但以計算圓周長的方法而言，這個方法非常嚴謹。

事實上，這取決於曲線長度的一般定義。微積分是以數列的極限概念著手，接著畫出直線，藉以得出曲線長度的一連串近似值，舉例來說，我可以用這些直線逼近這條曲線：

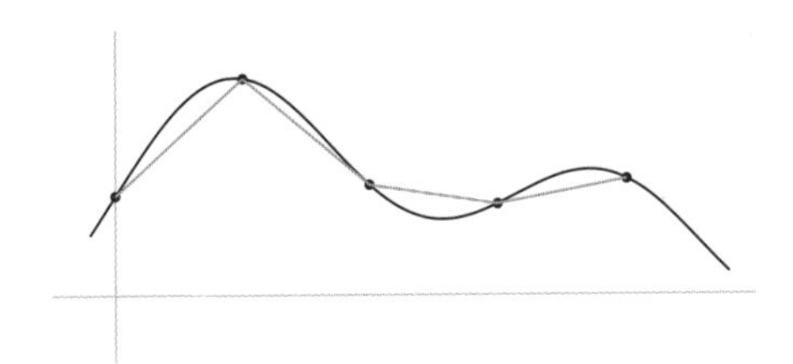

這個近似不算很好，因為點和點之間距離很遠。如果多加上幾個點，近似會比較接近。點越多，它就越接近。這幅圖只有9個點就已經相當不錯：

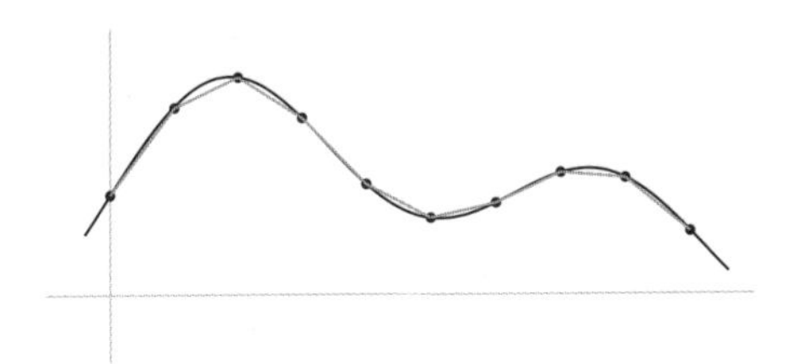

如果在上面的每個點之間再加上一個點，就已經幾乎分辨不出來了——至少我看來是這樣。

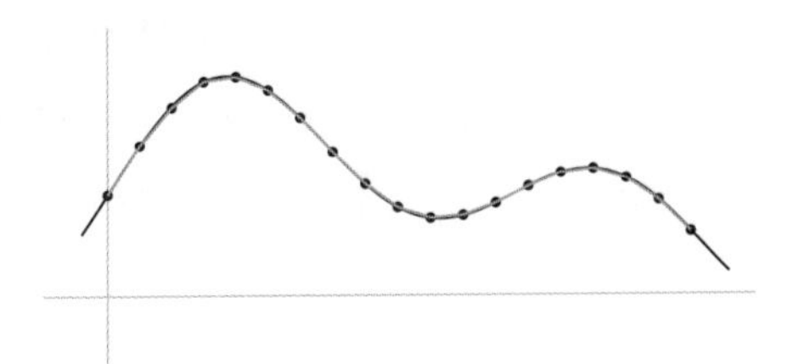

這讓我們得到一連串越來越精確的長度。我們現在有一個數列，其中第n個數是n個間隔相等的直線線段算出的長度，因此我們可以得知這個數列在n趨近無窮大時的結果，這就是曲線長度的定義。

所以現在你或許可以確定，我們可以把圓視為有無窮多條邊；但我們如果認為邊是沒有角的路徑，那麼也可以把圓視為沒有邊；此外，我們還可以因為圓沒有直線邊緣，所以把圓視為沒有邊。只是這樣一來，半圓有幾條邊？因為它只有一條直線的邊，所以有一條邊？或者是兩條邊？說它只有一條邊感覺有點奇怪，除非我們特別指名是「直線的邊」。

我們該怎麼定義「邊」，以便得到（可能）比較直覺的答案，指出半圓有兩條邊？我們可以說邊是兩個角之間的線（包括直線和曲線），因為半圓有兩個角，所以有兩條邊。這個形狀有一個角，所以有一條邊：

因此圓還是沒有邊。

不過在某些數學領域中，我們可以說圓有**任意數量**的邊，因為我們可以把圓分成任意等分。這有點像即使不是完整的圓，我們仍然可以「繞圓圈」一樣。在範疇論中，如果有這樣的箭頭：

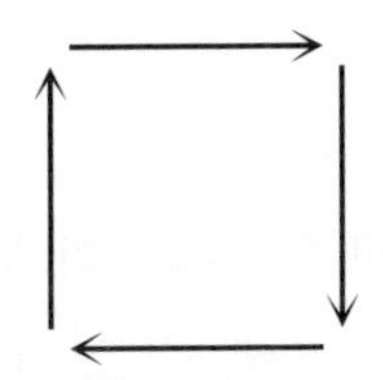

我們或許可以說箭頭在繞圓圈。這或許和角在拓樸學領域中不重要有點關係。一條線是直線或曲線，或是事物彼此形成什麼角度也都不重要，唯一重要的是一個事物有幾個洞。如果我們只關注洞，不關注角，那麼一個形狀的邊緣數將完全不重要，三角形的概念也將完全消失。在這個世界裡，正方形和三角形「相同」，五邊形、六邊形和圓也是如此，這些形狀都可以視為圓，因為拓樸學不在意角或曲率，只看洞，所以圓可能有任意多條邊。

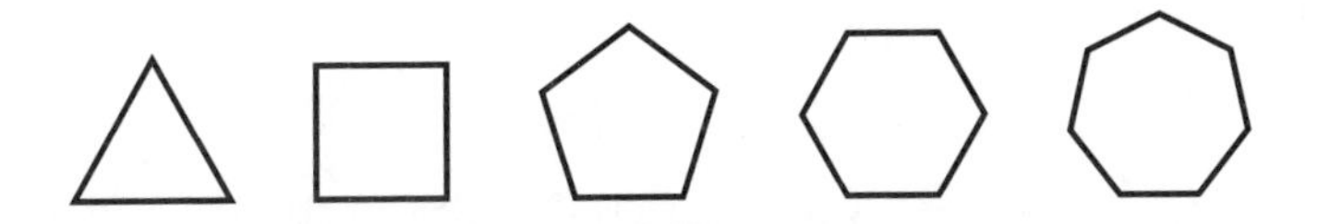

然而，下面的形狀不是圓（我認為白色部分是空隙，所以它有點像皮帶扣，是圓環中間有一條槓），因為它有兩個洞：

這讓我想到網路上人們最愛爭論的一個問題，這個問題和吸管有關。

吸管有幾個洞？

每隔一段時間就有學生來問我這個問題，通常是因為另一個與它有關的論證在網路上流行起來。我一則很高興大眾對這個問題有興趣，但一則又擔心它像運算順序的網路迷因一樣，只是讓某些自以為聰明的人有機會貶低其他人，嘲笑其他人不管認為答案是什麼都很笨。

一如往常，我覺得在數學上有趣的東西不是答案是什麼，因為有效的答案不只一個，而是取決於我們要表達的意思。真正有趣的是我們可以用來思考洞和吸管的各種方法，這又要重新提到我們計算事物的方式：這種事物怎樣算一個，以及兩個事物在什麼時候算相同。

我們可以說吸管有一個洞，或是有兩個，或是無窮多個，或是其實沒有洞。最後一個說法聽來或許令人驚訝，但想像一下，我們想用吸管喝東西，卻發現吸不起來，這時我們檢查吸管，可能會發現吸管上有個洞。我這麼說的意思是吸管上**不應該有洞的地方**有個洞，雖然就其他意義而言，它原本就有好幾個洞，讓我們可以使用它。所以就這個意義而言，功能完全正常的吸管上面應該「沒有洞」。

而在另一個極端，我們或許可以說吸管（即使沒有任何問題）是由一大堆彼此輕輕接觸的分子構成，所以分子間到處都是洞。分子的數目是有限的，所以洞的數目其實不是無窮多，但是數字相當大。

現在我們來想想看比較常見的論點，這個論點介於認為吸管有一個洞（從頭通到尾）和認為有兩個洞（兩端各一個）之間。

所以，如果我們封住一端，吸管還是有一個洞嗎？吸管這時候有一點像襪子，襪子的頂端有一個洞嗎？我個人覺得它是開口而不是洞，但如果我們教小孩穿襪子，或許會要孩子把襪子拿起來，把腳「穿進那個洞」。

通常在數學中，我不認為重點是決定對的答案是什麼，而是決定每個答案在什麼意義下是正確的。如果我們認為吸管有一個洞，那麼我們要怎麼定義洞？同樣地，如果我們認為吸管有兩個洞，也必須以不同的方式定義洞，那麼我們要怎麼做？

拓樸學是數學中研究事物形狀的分支，它依據「相同性」（sameness）的概念，研究哪個形狀和其他形狀可以視為相同。它源自某個事物逐漸變形成另一個事物的概念，就像我們捏黏土一樣。在拓樸學中，如果能用黏土做出某個東西，再東捏西捏變成另一個東西，但不需要把黏土分開或黏在一起，這兩樣東西就視為相同。咖啡杯和甜甜圈兩者「相同」的著名說法就是由此而來，我們首先要知道的是咖啡杯有個把手，而甜甜圈有個洞。

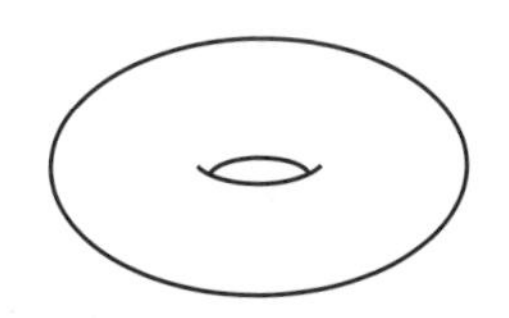

有個偶爾出現的網路迷因這麼說：

數學家認為甜甜圈和咖啡杯相同。
那要不要試試看吃咖啡杯當早餐。

我很懷疑它之所以能吸引大眾注意，是因為大眾喜歡取笑數學家，特別是數學家不食人間煙火，或是數學家討論的概念跟實際生活脫節。

這個網路迷因預先假定我們知道拓樸學中的這種等價性，但同時我們又（可能有意地）不了解它的重點是什麼。我們不是要說咖啡杯真的和甜甜圈相同，就某個意義上，它們兩者不同（也就是最明顯的日常生活方面），但在另一個意義上，它們兩者相同，而且這個意義可以協助我們了解形狀。咖啡杯只是比較明顯的例子，但基本概念是黏土甜甜圈形狀有個洞穿過去，不管怎麼捏黏土，如果要讓這個洞消失，一定不可能不破壞黏土（把它分開）或封住這個洞（黏在一起）。當然，這個黏土概念相當模糊，在數學上也一點都不嚴謹。數學上嚴謹的定義很專業，但它是藉助「連續變形」（continuous deformation）的概念，意思是我們使形狀變成另一個形狀，但必須以「連續」的方式，也就是不把東西分開（也代表不把東西黏在一起，因為這和分開一樣，只是時間順序相反）。

無論如何，現在問題來了：依據這個相同性概念，哪些形狀可以視為彼此相同？每個維度可能有幾種不同的形狀？

有一個洞的甜甜圈和咖啡杯相同，但我們也可以把甜甜圈壓扁，讓它變成鳳梨圈或墊圈的形狀，專業術語是環形（annulus）。

我們也可以拿起這個甜甜圈的形狀，拇指放進洞裡，用兩隻手指把甜甜圈的一部分捏扁。如果繞著這個洞重複這麼做，甜甜圈會變成圓柱形。接著我們可以把它拉長，讓它變成吸管。在這個意義上，吸管確實可以視為只有一個洞，和鳳梨圈（環形）一樣。要說明吸管在這個意義上只有一個洞，另外一種方法是想像把吸管剪得越來越短，最後只剩下一個圓，而圓被視為只有一個洞。

這是拓樸學處理洞的一種方法。數學家不使用「洞」這個字眼，因為從先前的討論就可看出，它太模糊。或許在某些例子中，我們的直覺真的和拓樸學的說法不同，我們可能會非常直覺地說襪子的開口是洞，但在拓樸學術語中，襪子和一片有一條邊但沒有洞的扁平材料「相同」。那麼一條褲子呢？你可能覺得褲子有三個洞，因為有兩個在腿部、一個在腰部。但在拓樸學術語中，褲子其實只有兩個洞。我們可以想像有兩個洞的甜甜圈形狀，把它朝一個方向拉長，做成兩條腿，就會變成褲子了。

但我們還是會覺得腰帶也可以視為一個洞，襪子的開口也應該視為一個洞。在以下的意義上，這個想法是成立的：如果我們放大來看物件的這個部分，它看起來就像一個面上開了一個洞。如果我們在吸管上這麼做，兩端就各有一個洞。我們做的時候，是把吸管想成一個面，而不是一個立體。

這讓我們又朝流形（manifold）理論前進了一步。流形是可能非常扭曲或複雜的面，但我們放大來看時仍然是平的，前提是要放得夠大。球就是個例子，如果放得夠大，看起來就是平的。所以我還是覺得人類以往認為地球是平的其實算是合理，因為他們只看到地球的一小部分。請留意，我不認為現在還這樣認為是合理的，因為如今已經有許多證據證明地球是球形（好吧是壓扁的球形），包括從太空拍攝的照片等等。要繼續相信地球是平的，必須否認許多大多數人認為確定無疑的證據。當然，如果有人質疑，事物就不可能無疑，因為已經有人質疑了。

無論如何，甜甜圈的表面也是流形，稱為**環面**（torus）。現在我們想的只有表面（而不是實心的甜甜圈），它像個彎成圓形的管子，兩頭接在一起。如果是球形，我們可以思考氣球，而不是實心的球。環形有個「洞」穿過中央，但這個洞不一樣。它沒有穿過表面，而是屬於形狀的一部分，不破壞表面，所以沒有邊緣。這種狀況在拓樸學中稱為「虧格」（genus），球形是虧格0，環面是虧格1，我們可以用具有我們希望個數的洞的甜甜圈，觀察它的表面，形成任意虧格的面。

如果真的能在環面上**打**一個洞，它就變成「有洞的環面」，但是在另一種意義上，環面本來就已經有洞。不過我們在表面上打洞的地方是另一種洞，在數學中稱為「穿孔」（puncture），就像自行車輪胎上的破洞一樣，所以這種新形狀有一個穿孔，而且同樣是虧格1。

現在我們可以想像在某個表面上穿孔來製造吸管嗎？這樣我們

必須在球上打兩個洞，再把球拉直。所以就這個意義而言，吸管確實有兩個洞。以某些令人驚訝的方式，這就像說圓有兩個洞，分別是內部的和外部的。這有點像在房子周圍建造圍牆，宣稱自己已經把世界其他地方圍在圍牆裡面，但房子在圍牆外面。

我比較偏好我的「就局部看來像有一個洞」的定義，數學也把它視為圓形邊界。在我們目前所處的領域中，圓不一定是圓的，因為拓樸學中完全沒有距離的概念。髮帶無論怎麼繞，都一樣視為圓。因此襪子的開口是圓形邊界，吸管兩端的開口也是圓形邊界。

所以在這個例子中，重要的是思考我們如何定義事物，以及如何能在不同的觀點間移動，而不是固守一個觀點。我們曾經把吸管視為事先決定的形狀、一群分子、實心物體，以及一個面。每個觀點對於洞的數目的答案都不一樣，或者說洞的數目的不同答案對吸管提出不同的觀點。

在我的數學觀中，數學中最有趣的問題是簡單問題，這類問題很容易描述，但有許多可能答案，取決於我們把重點放在哪裡、我們所處的脈絡，以及在這些脈絡中的相關事物。數學不只是數和方程式，而是形狀、模式、概念和論證。為了以這些更細微的事物進行推論，我們必須決定怎麼看它們、如何對待它們，現在應該思考哪些，哪些又應該稍後思考。我們思考哪些事物應該視為目前就某些意義而言相同，或許還會認為其他某些事物稍後就某些意義而言相同。

我們選擇某個觀點之後，確實就會固守這個觀點一段時間，以便提出可靠的結論，就像我們決定某個遊戲的規則，再依照這些規則玩這個遊戲。但只要我們願意，就能玩另一個遊戲，或更改這個遊戲的規則。說數學變動無常是錯誤的，但說數學完全固定不變也是錯誤的。數學最重要、最強大和最美麗的特質，是它結構堅固但觀點很有彈性。人類的身體也是既堅固又有彈性，我們擁有令人驚奇的骨架，讓我們能以兩腳站立，在這個骨架中有200多塊骨骼、360個關節、600多條肌肉和4,000多條肌腱，因此我們能以各種各樣的方式行動。我們能跑、能跳、能攀登、能爬行、能唱歌，也能微笑和跳舞，數學也是如此。如果我們只看核心中的邏輯規則，就只會注意到它的僵固，忽略它的架構讓數學展現出活潑的歌曲和美麗的舞蹈。

後記 數學是真實的嗎

如同我們在這本書中處理過的所有問題，生活中的所有問題可能也一樣，這取決於我們的意思是什麼。「真實」是什麼？真實性又是什麼？有什麼事物是真實的？

我在第1章提過，大人大多不相信耶誕老人是「真的」，但我個人相信耶誕老人的**概念**是真的，而且對世界有真實影響。就抽象概念而言，它是真實的。

在這個層次上，數學是真實的。我們摸不著它，但世界上也有很多東西是真實的，而我們同樣摸不著。有時候這是因為實際上的理由，例如地心或人類大腦內部等。或者我們摸不著某些東西，是因為它很抽象，例如愛、飢餓、人口密度、貪婪、悲傷、親切、喜悅等。

對於絕大多數問題，我喜歡思考各個答案可以視為有效的意義。在某個意義上，數學不是真實的，但在另一個意義上，數學是真實的。這時更深入的問題又出現了：無論我們認為數學是否是真實的，這是好事還是壞事？

就它是概念的意義而言，數學是真實的，而且概念也是真實的，概念確實存在。這樣很好，因為如果數學不存在，我們就是在研究不存在的東西，這樣完全不合理。

但如果所謂的「真實」是我們摸得著的具象事物，而不是我們在心中創造的幻夢，那麼就這個意義而言，數學不是真實的。這樣也很好，不過整體而言，這個面向可能使數學顯得艱澀又難以親近。數學的力量來自它不具象，抽象性讓我們建立穩固的架構，邏輯論證在其中屹立不搖，但抽象性也讓我們在不同觀點間保持彈性，統一不同脈絡下的不同概念，並在這些脈絡間轉移，獲得進一步的理解。抽象性讓架構形成，也讓舞蹈得以產生，抽象性也讓我們從天真的問題出發，由它編造許多不同的故事，就像作家從一個句子出發，創造出無數個源自微小開端的故事。數學是直覺和嚴謹論證間連續不斷的交互作用，我們以嚴謹精進直覺，再以直覺引導嚴謹。

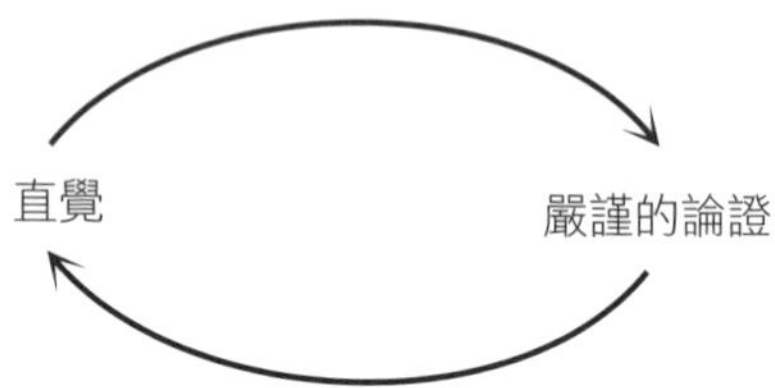

天真問題是出自好奇和疑惑的誠實問題，是最好的問題。數學最美麗、功能強大，但又神祕費解的面向，就是簡單問題可能引出功能強大的數學。這點可能使數學非常難教，同時也非常有成就感，因為我們可以從這些問題開始，踏上漫長又美妙的旅程，讓我們深入了解真實的具象世界。

我希望我們都能更喜歡這類問題，無論是發問還是被問、無論我們是老師還是學生、家長或是小孩、數學家或非數學家。我希望老師、家長和數學家都能鼓勵這些不容易回答的天真問題，尤其是不知道如何回答的時候。我希望我們都能夠學著維持孩子般的數學學習方法，不期望每件事都能理解，也不期望其他人每件事都能理解。我們把不了解的每一刻當成拓展心靈，或是協助別人拓展心靈的機會。

我希望我們能開始把數學視為提出問題和探究答案的領域，而不是答案都已固定、我們應該知道答案的領域。所以我希望我們也都能重新思考我們讚賞的事物，少強調有人能很快地得出許多正確答案，多強調有人相當好奇，並且順從好奇心踏上可能進展緩慢又沒有明確目標的旅程。這趟旅程是在鄉間安靜地漫步，不是開跑車衝向終點。

重要的是，我希望我們能給教育工作者更多空間，把這種數學帶給各種程度的學生。如果我們沒有回答這些最天真、最美麗的問題，這就不應該稱為教育。

有個最天真的問題是問我們為什麼研究數學。研究數學的動力是找出具體用途和數學能提供具體精確答案的「真實世界」問題。但我希望我們也能認可沒那麼具體但用途更廣的數學，這種數學能協助我們更清楚地思考每件事。

如果數學的不真實令人苦惱，有個解決方法是用比較不抽象的方式來呈現。但這樣又可能減損它的力量，也難以展現它真正的特質，而且還會使它較難吸引對天馬行空和可能性興趣高昂、而對工具和機器興趣較低的人。另一個解決方法是採用比較有吸引力的抽象學習方法，鼓勵想像，展現力量和可能性。

沒興趣讀文學作品的人，可能是對探討真實的人和事物的非文學作品更有興趣，但也有可能只是還沒有感受到文學的吸引力。文學和非文學作品我都喜歡，文學是真實的嗎？裡面的事件或許不曾在真實世界中發生過，但對世界的洞察是真實的。我讀《包法利夫人》（*Madame Bovary*）時，學到關於債務暴漲的生動教訓比研究複利時更多；而我讀奧斯汀（Jane Austen）的作品體會到的兩性不平等也勝於研究統計學。

數學是真實的嗎？抽象數學中的概念或許不在具象世界中，但這些概念和其他概念一樣真實，而且如同文學作品一般，它帶來對真實世界的洞察同樣十分真實。

更重要的是，無論我們是否認為數學真實，它都刺激、神祕、靈活、令人欽佩、難以想像、令人滿足、讓人振奮、使人安心、美麗、能力強大、具啟發性。可惜有些人不想讓我們進入數學世界，但又自認為守門人，守著其實不需要存在的門檻。有許多途徑可以進入抽象數學瑰麗的夢幻世界，我相信我們能一起發掘這些風景秀麗的途徑，並且拆解這些門檻，排除障礙。數學會在那裡靜靜地等待，等待著有想像力的人、有夢想的人，以及經常提出問題的人。

謝辭

這本書撰寫於前所未有的重大傷痛期間，包括全球也包括我個人。我想感謝協助我撐過人生中這段艱苦時期的每個人。我有一天或許會寫些關於這段時期的事，但流產可怕，創傷性流產更可怕，而流產導致失去孩子時，更是無法描述或表達的多重創傷。

我最想感謝的是我的心理醫師Aisha Kazi讓我一整天都沒有哭。它仍只是我人生中的一小段時間，但只要存在就是重大勝利。

謝謝Profile的Andrew Franklin和Basic的Lara Heimert的理解和持續不斷地支持。

感謝我的家人。

感謝Northwestern Memorial Hospital挽救我的生命。

除此之外，我還想感謝許多朋友。在此難以一一列出，但我每次開始哭的時候，都知道你們會理解的。